浙江省重点教材建设项目

21世纪职业教育规划教材

环境监察实务

主　编　阮亚男

副主编　曾爱斌

主　审　孙立波

中国人民大学出版社

·北京·

图书在版编目（CIP）数据

环境监察实务/阮亚男主编. —北京：中国人民大学出版社，2012.11
21世纪职业教育规划教材
ISBN 978-7-300-16484-7

Ⅰ.①环…　Ⅱ.①阮…　Ⅲ.①环境监测-高等职业教育-教材　Ⅳ.①X83

中国版本图书馆 CIP 数据核字（2012）第 231922 号

浙江省重点教材建设项目
21世纪职业教育规划教材
环境监察实务
主编　阮亚男
Huanjing Jiancha Shiwu

出版发行	中国人民大学出版社	
社　　址	北京中关村大街 31 号	**邮政编码**　100080
电　　话	010 - 62511242（总编室）	010 - 62511398（质管部）
	010 - 82501766（邮购部）	010 - 62514148（门市部）
	010 - 62515195（发行公司）	010 - 62515275（盗版举报）
网　　址	http://www.crup.com.cn	
	http://www.ttrnet.com（人大教研网）	
经　　销	新华书店	
印　　刷	北京七色印务有限公司	
规　　格	185 mm×260 mm　16 开本	**版　　次**　2013 年 1 月第 1 版
印　　张	18	**印　　次**　2013 年 1 月第 1 次印刷
字　　数	392 000	**定　　价**　38.00 元

当前，环境保护工作正处在前所未有的战略机遇期。党中央、国务院高度重视环境保护，把环境保护摆在落实科学发展观、构建和谐社会、实现经济社会与环境协调发展的重要战略位置。为此，对环境执法监督工作提出了更高的要求。全国环境执法监督体系需要建设和完善，地方环境监管能力需要不断加强，环境监察队伍的执法能力与水平亟待强化和提高。

本书作为高职高专环保类专业的教材，是浙江省"十一五"重点教材建设项目的研究成果（浙教高教〔2011〕10号），也是浙江省精品课程"环境监察"（浙教高教〔2011〕9号）的配套教材，其编写原则是：以工作任务为导向，以模块化构建教学内容，实现"教、学、做"合一，促进学生知识、能力、素质的综合提高。

本书是涵盖了"依法"（环境法规）、"执法"（环境监察）与"管理"（环境管理）三项内容的具有高职高专特色的教材，传授了如何开展地方一线环境监督管理的工作技能。根据"基础充实、理论够用、以实用和技能为主导"的原则,解构现有高职高专学科体系的课程内容(如"环境监察"、"环境管理"和"环境法规"),重构任务导向模块化教学体系,主要包括:对污染源、建设项目、生态环境、污染事故与纠纷等不同的环境执法现场,开展环境监督检查工作的方式、程序、内容以及相应的违法行为的查处等知识和技能进行详细说明;对主要污染物排放量的核算、排污费的计算、环境行政处罚、环境监察工作信息化管理等知识和职业技能进行详细的分析和引导。

本书强调项目化篇章、工作任务导向、任务驱动等教学新理念。以项目分类、任务导向、活动设计和学习情境案例导入进行引领,教学过程体现模块化,设有"教学目标"、"具体工作任务"、"相关知识点"、"思考与训练"和"相关链接(拓展学习)"五个栏目,形成了"课堂模仿实践+课外拓展实践+工学结合实践"的课程教学体系,创新了课程教学模式,使学生进行体验式学习,掌握职业技能,提高职业素质。

在内容的选择方面,本书参考了《环境监察》(第二版)(陆新元主编)、《环境监察》(郭正、陈喜红主编)和《环境法规》(陈喜红主编)等书,也关注了近几年我国环境监察工作的新变化,以及部分环境专项法律、法规的修订。本教材以环境监察与环境保护专业学生就业的范围和岗位为基础,与地方环境监察机构共同开发,谋篇布局、确定内容,既可以作为我国高职高专环境监察专业及相关专业课程的教学用书,也可作为非环境类专业的选修、培训教材,对地方各级环境监督管理人员、企业环境与安全管理人员以及相关从业人员的工作均有很好的参考价值。

本书具体的编写分工如下:前言、认知项目及附录由陶星名编写,项目一至项目六由阮亚男编写,项目七由曾爱斌编写。阮亚男负责全书的统稿工作。全书由孙立波教授审阅。

本书在项目工作任务确定和教材编写的过程中,得到了校企共建单位杭州市环境监察支队的领导和浙江省环保厅行业专家们的大力支持,书中部分案例资料由杭州市环境监察支队提供。

由于编者的水平有限,本书难免存在各种疏漏甚至错误,关于教材的形式也有一些值得商榷之处,敬请各位专家和读者提出宝贵的意见和建议。

编　者

21世纪职业教育规划教材

目　录

21世纪职业教育规划教材

认知项目　环境监察

一、任务导向

　　工作任务 1　认知环境管理与环境监察
　　工作任务 2　认知环境监察的组织与建设

二、活动设计

　　在教学中，以项目工作任务引领教学内容，以模块化构建课程教学体系，开展"导、学、做、评"一体的教学活动。以项目化教学模式，导入案例资料开展讨论，以环境监察的产生和发展为主线，采用引导文教学法和启发式教学法等形式开展教学，通过课业训练和评价达到学生掌握知识和职业技能的教学目标。

三、案例素材

　　【情境案例 1】　2005 年，环境监督执法查处 2.7 万家违法排污企业；全国发生环境污染纠纷 12.8 万起。2006 年 1～5 月份国家环保总局接报并处置突发环境事件 68 起，共造成 16 人死亡，233 人中毒（受伤）。与 2005 年同期相比，突发环境事件总数增加 44 起，同比增加 183%；重特大环境事件 6 起，较大环境事件 19 起，一般环境事件 43 起。

【情境案例 2】 2006—2007 年，国家环保总局联合国家发改委、国家安全生产监督管理总局等几个部门针对饮用水源保护区、重点行业的突出污染问题持续开展了环保专项行动。全国共出动环境监察执法人员 600 多万人次，查处违法案件 5.9 万件，关闭企业 6 000 多家。通过区域流域限批、重点案件督办和工业园整治，在湘赣渝交界地区整治了 40 多家电解锰企业，基本解决锰污染，使流经的清水江水质由劣 V 类恢复到 III 类。对 6 市 2 县 5 区进行了流域限批，全国共挂牌督办环境违法案件 11 231 件，解决了一批群众关心的热点、难点问题，改善了区域环境质量。清理了 2000 年以来在饮用水源二级保护区内建设的排污口，集中解决工业园区内建设项目"三同时"执行不力问题，关闭不符合产业政策的涉铅企业，关停 1.7 万吨/年以下化学制浆生产线。2007 年重点查办了松花江流域污染整治、安徽蚌埠仇岗村等环境污染案件 14 件，国家环保总局领导批示 170 多件。督察督办了淮河、黄河、松花江等重点流域区域环境污染问题，共检查 136 个工业园区、621 家重点污染企业和 133 个河流断面水质。

【情境案例 3】 2009 年，全国共出动执法人员 242 万余人次，检查企业 98 万多家次，立案查处环境违法问题 1 万余件，其中取缔关闭企业 744 家，停产治理 841 家，限期治理 810 家。通过开展环保专项行动，各地严肃查处了一批环境违法案件。开展重金属、类金属污染专项检查，全面排查了涉铅、镉、汞、铬和类金属砷的企业 9 123 家，初步摸清了重金属污染企业的情况，查处了一批违法建设项目、超标排放企业和危险废物违法经营单位，提升了重金属污染企业环境风险应对能力，初步遏制了重金属污染事件频发势头。

模块一　环境管理与环境监察

一、教学目标

能力目标

♦　认知环境监察在环境管理中承担的角色；

♦　能分析环境监察工作的特点和应用的手段。

知识目标

♦　了解环境管理与环境监察的概念和发展历程；

♦　熟悉环境监察的特点和发挥的作用。

二、具体工作任务

◇　描述环境监察在环境管理中承担的角色；

◇　列出图表，分析、归纳环境监察不同发展阶段的主要任务、作用和特点。

三、相关知识点

（一）环境监察的概念

1. 我国的环境管理

（1）环境管理的基本概念。

环境保护是指采取行政、经济、技术、法律等措施，保护和改善生活环境与生态环境，合理利用自然资源，防治污染和其他公害，使之更适合人类的生存和发展。

环境管理就是综合运用经济、技术、法律、行政、宣传教育等手段，调整人类与自然环境的关系，通过全面规划使社会经济发展与环境相协调，达到既满足人类生存和发展的基本需要，又不超出环境的容许极限，最终实现可持续发展的目的。

环境管理的核心是实施社会经济与环境的协调发展，它涉及人类社会经济和生活的方方面面，既关系到人民群众现实的生活质量和身体健康，又关系到人类长远的生存与发展，是一项"公益性"十分突出的事业，因此它早已成为政府的一项基本职能。

（2）环境管理的五个基本手段。

1）法律手段。依法管理环境是防治污染，保障自然资源合理利用并维护生态平衡的重要措施。我国已形成了由国家宪法、环境保护法、与环境保护有关的相关法、环境保护单行法、环保法规、环境标准等组成的环境保护法律体系，这成为管理环境的基本依据。

2）经济手段。运用经济杠杆、经济规律和市场经济理论，促进和诱导人们的生产、生活活动遵循环境保护和生态建设的基本要求。例如，国家实行的排污收费制度、废物综合利用的经济优惠政策、污染损失赔偿、生态资源补偿等。

3）技术手段。是指借助那些既能提高生产率，又能把对环境的污染和生态的破坏控制到最小限度的管理技术、生产技术、消费技术及先进的污染治理技术等，例如，国家推广的环境保护最佳实用技术和清洁生产技术等。利用技术手段可达到保护环境的目的。

4）行政手段。是指国家通过各级行政管理机关，根据国家的有关环境保护方针、政策、法律法规和标准实施的环境管理措施。例如，对污染严重而又难以治理的"十五小"企业实行的关、停、取缔。

5）宣传教育手段。是指通过基础的、专业的和社会的环境宣传教育，不断提高环保人员的业务水平和社会公民的环境意识，使全民爱护环境，实现科学管理环境，提倡社会监督。例如，各种专业环境教育、环保岗位培训、社会环境教育等。

2. 环境管理与环境监察

环境管理的重要工作之一是抓好环境现场管理，尤其是环境监察的现场执法工作。

从广义上讲，环境监察是指专门的执法机构对任何组织和个人贯彻执行环境保护法律法规的情况依法实施监督，并对违法行为进行处理的执法行为，监察的手段可以是法制的、经济的和行政的。

从狭义上讲，环境监察是指专门的执法机构对辖区内的工业污染源及其污染物排放情况进行监督，对海洋及生态破坏事件进行现场调查取证处置，并参与处理的执法行为。重点突出"现场"和"处理"。

3. 我国环境监察的起源和发展

我国环境监察的起源和发展大体经历了四个阶段。

（1）探索起步阶段（1986年以前）。

1972年6月联合国在瑞典首都斯德哥尔摩召开的第一次"人类环境会议"推动了中国当代环境保护的起步。

1973年11月，国家计委、国家建委、卫生部联合批准颁布了我国第一个环境标准——《工业"三废"排放试行标准》。

从第一次全国环保会议到1978年年底党的十一届三中全会这一时期，我国实行计划经济，企业没有自主经营决策权，企业的排污行为实际上是政府的责任，个人行为所能造成的环境污染后果一般较微弱，环境问题主要用行政管理方式加以解决。

1982年7月，国务院颁布了《征收排污费暂行办法》，全国环保部门开始了排污费征收工作，并成为我国早期环境执法的主要形式。

（2）试点阶段（1986—1995年）。

党的十一届三中全会后，我国实行政治经济体制改革，逐步由计划经济向市场经济过渡，经济迅速发展，环境问题彰显。随着市场经济的深入发展，企业经营者为了追求最大利润目标，逃避污染防治降低成本成为市场竞争的主要手段。"有法不依、无力执法"的状况不能适应环境保护工作，建立环境执法专职队伍迫在眉睫。1986—1992年，国家环保总局先后在广东顺德、山东威海等地开展监理试点，探索建设一支与环境法律法规相适应的专职执法队伍。工作范围由过去单一的征收排污费扩展为"三查两调一收费"①。1991年国家环保总局制定颁布了《环境监理工作暂行办法》和《环境监理执法标志管理办法》。

1993年3月，国务院发出了《关于开展加强环境保护执法检查 严厉打击违法活动的通知》，明确"环境保护工作的重点是充分运用法律武器和宣传舆论工具，强化环境执法监督，严厉打击那些造成严重污染和破坏生态环境、影响极坏的违法行为"。在第八届全国人大会议上新成立全国人大环境保护委员会，连续4年查处了一批环境违

---

① "三查"一是对辖区内单位和个人执行环保法规的情况进行监督、检查；二是对各项环境保护管理制度的执行情况监督检查；三是对海洋污染和生态破坏情况进行监督检查。"两调"是调查污染事故和污染纠纷并参与处理；调查海洋和生态环境破坏情况并参与处理。"一收费"即全面实施排污收费制度。

法案件，严厉打击了违法行为，调解了一些污染纠纷。

1995 年，国家环保总局颁布了《环境监理人员行为规范》。同时，人事部批复同意国家环境保护系统环境监理人员按照国家公务员制度进行管理。

（3）发展阶段（1996—2001 年）。

1996 年，国家环保总局颁布了《环境监理工作制度（试行）》和《环境监理工作程序（试行）》，环境监理队伍正式建立，并走向规范化、制度化发展的道路。同年，国务院颁布了《关于环境保护若干问题的决定》，开始实施污染物总量控制制度。1998 年，国家环保总局、国家计委、财政部发出了《关于在杭州等三城市实行总量排污收费试点的通知》。三城市的环境监理机构成功完成了试点工作。

1999 年初，国家环保总局发出了《关于开展排放口规范化整治工作的通知》。其目的是使排污口达到便于采样、计量监测和日常现场监督检查的要求。同时开始建立污染源自动监控系统。同年中旬，国家环保总局发出《进一步加强环境监理工作若干意见的通知》，对环境监理队伍的性质、机构、职能、队伍管理、规范执法行为和标准化建设作了具体规定。初步形成了以环境监察队伍为主体的环境执法监督体系。

（4）深化阶段（2002 年至今）。

2002 年 3 月，国家环保总局发文，组建国家环保总局环境应急与事故调查中心（简称环境应急中心），属总局司级单位，对外称环境监察办公室。这标志着环境监察提升为直属总局的一支环境执法队伍。7 月 1 日，国家环保总局发文要求全国各级环境保护局所属的"环境监理"类机构统一更名为"环境监察"机构，更能体现行政执法的性质，树立执法权威。

2003 年 3 月，国家环保总局发文，要求全国各级环境保护局所属的环境监察队伍开展生态环境监察试点工作。10 月，中央机构编制委员会办公室批复同意国家环保总局成立环境监察局。

2005 年 12 月国务院颁布的《国务院关于落实科学发展观加强环境保护的决定》规定：建立健全国家监察、地方监管、单位负责的环境监管体制；健全环境监察、监测和应急体系；完善环境监察制度，强化现场执法检查；加强环境监察队伍和能力建设。

2006 年 11 月，环境监察局印发了《全国环境监察标准化建设标准》和《环境监察标准化建设达标验收暂行办法》，要求加快推进环境监察标准化建设，提高环境执法能力与水平。2006—2007 年，国家环保总局联合国家发改委、国家安全生产监督管理总局等几个部门针对饮用水源保护区、重点行业的突出污染问题持续开展了环保专项行动。

为实现《国民经济和社会发展第十一个五年规划纲要》确定的主要污染物排放总量减少 10% 的目标，国务院发布了《国务院关于开展第一次全国污染源普查的通知》，决定于 2008 年年初开展第一次全国污染源普查，时期为 2007 年度。经过两年多时间的普查，全面掌握了我国污染源排放的基本情况，初步建立了统一的全国污染源信息数据库。

国家环境保护总局与人民银行、银监会联合推出了"绿色信贷"政策，向人民银行提供环境违法企业的信息，使一批环境违法企业受到了贷款限制；与商务部联合加强了对"两高一资"出口企业或产品的环境监管；与证监会联手开展了对公司上市再融资的环保核查和信息披露。强化排污收费工作，刺激和促进了企业污染治理，迫使企业由被动治污变为主动治污，使防治污染成为企业的自觉行动。

2007年，国家环保总局发布了《国家重点监控企业名单》，污染源自动监控工作将国家重点监控企业作为实施重点。2008年年底，全部国控重点污染源要安装自动监控设备，并与环保部门的污染源监控中心联网，实现实时监控、数据采集、异常报警和信息传输，形成统一的监控网络，提供实时准确的主要污染物排放量信息，为环境现场执法，建立主要污染物减排的统计、监测与考核体系奠定基础。环境执法监督能力得到大幅提高。

党的十七大把环境保护列入党和国家的重要议事日程。温总理要求"建立完备的环境执法监督体系"。周生贤局长把建立完备的环境执法监督体系作为总局重点解决的两件大事之一。

2008年，为贯彻落实《国务院关于落实科学发展观加强环境保护的决定》、《国务院关于印发〈节能减排综合性工作方案〉的通知》提出的"建立企业环境监督员制度，实施职业资格管理"、"扩大国家重点监控污染企业实行环境监督员制度试点"要求，国家环保部从2008年开始举办企业环境监督员制度培训班。

2009年，工业和信息化部、环保部联合发布《关于认真开展2009年整治违法排污企业保障群众健康环保专项行动的通知》，切实解决当前危害群众健康和影响可持续发展的突出环境问题。开展钢铁行业淘汰落后产能和环境污染专项检查，摸清钢铁企业落实国家钢铁产业政策和执行环保法律法规基本情况；对涉砷行业（硫化物、磷矿开采、选矿、冶炼、硫化工、磷化工、砷化物生产）企业进行全面清理；重点查处不符合产业政策和环境准入条件，采用国家明令淘汰的落后生产工艺的企业。

2010年，环保专项行动把重金属污染整治作为重中之重，深化专项整治。全面排查污染源，依法处罚违法排污，切实追究法律、行政责任，开展污染综合整治，坚决遏制重金属污染事件频发态势。联合国家电监会组织对电力行业脱硫设施运行情况开展专项检查，继续加强污水处理厂、造纸厂等重点行业污染治理设施运行情况的专项检查，确保污染减排的措施落到实处，全面完成"十一五"期间污染减排的目标任务。

2011年，环保专项行动主要抓重点行业重金属排放企业环境污染问题的整治和重点企业污染减排的监管，重点对铅蓄电池行业企业遵守环境保护法律法规情况进行全面彻底检查，加大涉重金属危险废物监管力度；加强建成投运的城镇污水处理厂和各类工业园区污水处理厂，以及电力企业（包括企业自备电厂）和钢铁企业的烟气脱硫

环境监察实务

脱硝设施运行情况、旁路铅封情况和连续监测设备运行情况的日常监督检查。为了规范突发环境事件信息报告和提高应对突发环境事件的能力，环境保护部发布了《突发环境事件信息报告办法》；为规范环境行政处罚证据的收集、审查和认定，提高行政执法效能，发布了《关于印发〈环境行政处罚证据指南〉的通知》；为规范工业污染源现场检查活动，制定了《工业污染源现场检查技术规范》（HJ 606—2011），从 6 月 1 日起实施。

（二）我国环境监察的作用与成效

1. 促进了环境保护法律法规的贯彻实施

环境执法是环境立法实现的途径和保障，是防治污染、保障自然资源合理利用并维护生态平衡的重要措施。

2. 促进了产业结构调整和升级

环境监察在贯彻落实国家宏观经济调控措施，遏制重点行业盲目建设势头和高能耗行业的无序扩张态势方面发挥了积极作用，也在控制高能耗、高污染产品出口，防止发达国家污染转移等方面发挥了重要作用。

3. 解决了突出的环境污染问题

"十五"期间，各级环境监察机构按照国务院的统一部署，联合有关部门持续开展了专项行动，分别针对群众反映突出的工业污染反弹、城市污水处理厂超标排放、垃圾处理厂和农村畜禽养殖业污染严重、重污染行业盲目发展以及建设项目违规上马等问题，组织开展了大规模监察。

4. 维护了公众环境权益

2003 年以来，全国各级环保部门通过热线共受理环境污染投诉 114.8 万件，结案率在 97% 左右，主要城市环境投诉满意率在 80% 左右。

根据环境保护部等九部委联合发布的《关于 2010 年深入开展整治违法排污企业保障群众健康环保专项行动的通知》，结合世博环境保障等重点工作，上海市环境监察系统对企事业单位开展检查，对违法排污单位立案查处，责令一批违法企业停产、关闭、搬迁，对不能稳定达标的污染企业实施了限期治理，解决了一批群众反映强烈、举报和投诉集中的难点、热点问题。2010 年全市环保系统行政处罚案件共 1 129 件，处罚金额 3 582.6 万元。

5. 推进了排污收费制度改革

实行排污收费制度是"谁污染谁治理"和"污染者付费"原则的具体化，是用经济手段加强环境保护的一项行之有效的措施。"十五"期间累计收缴排污费 415 亿元，其中 2005 年开征 70 多万户，收缴 122 亿元，比 2000 年增加 110%。2010 年全国（除西藏外）共向近 49 万户排污单位征收排污费 188 亿元，同 2009 年相比，金额增加 24 亿元，增幅为 14.5%。

目前，全国重点污染源申报数据库已基本建立，排污申报从单一服务于排污费征收向构建污染源基础信息数据库等多用途转型已经得到了初步体现。

6. 促进了生态环境保护

按照"立足监督、各负其责、依法'借'权、联合执法"的指导思想，国家环境保护部在 107 个地区进行了生态环境监察试点。试点地区将生态环境监察工作作为落实科学发展观、践行生态文明建设的重要措施，因地制宜，积极探索非污染型建设项目、自然资源开发与利用、农村和农业环境保护等领域环境执法监督的途径和方法，普遍建立了定期会议、案件移送、联合办案、生态环境执法工作程序等制度，在自然保护区、风景名胜区、畜禽养殖、农村饮用水源保护区、查处生态破坏案件等方面的执法监管均取得了明显的成效。

（三）环境监察的特点

1. 委托性

环境监察机构是在环境保护行政主管部门（以下简称环保局或环保部门）的领导下，受其委托在本辖区实施环境监督执法和行政处罚工作。在委托形式上，由环保部门向接受委托的环境监察机构出具书面委托书，对职权范围和委托时限加以说明。

2. 直接性

环境监察的主要工作任务是现场执法，包含大量的环保政策法规宣传，现场检查和取证，询问被检查人，进行现场处置。因此，需要直接面对被监察对象，并且取得的信息是最迅速的。

3. 强制性

环境监察是单方面的执法行为，是环境执法主体的代表。为保障环境监察工作的顺利进行，充分体现执法工作的严肃性和强制性，环境监察员在执行任务时被赋予法律权力。主要依据有：

（1）《中华人民共和国环境保护法》第 14 条规定，县级以上人民政府环保部门或者其他依照法律规定行使环境监督管理权的部门，有权对管辖范围内的排污单位进行现场检查，被检查的单位应当如实反映情况，提供必要资料。

（2）《中华人民共和国环境保护法》第 35 条规定，拒绝环保部门或者其他依照法律规定行使环境监督管理权的部门现场检查或者在被检查时弄虚作假的，拒报或者谎报国务院环保部门规定的有关污染物排放申报事项的，可以根据不同情节，给予警告或者处以罚款。

4. 及时性

环境监察工作的核心是加强排污现场的监督、检查、处理，运用征收排污费、罚款等经济和行政手段强化对污染源的监督处理，这决定了环境监察必须及时、快速、准确、高效。随着环境管理日益现代化，环境监察工作的及时性特征进一步突出，污染日趋严重的环境形势决定了环境监察机构应使用的现代化装备，如监察车、对讲机、摄像机、录音机、照相机、声级计、林格曼黑度计、微机等。环境监察人员应做到赶赴现场快、原因分析快、事故处理快，充分发挥"环境警察"的作用。

5.公正性

环境监察代表国家监督环保法规的执行情况，必须顾全国家和人民的根本利益。不允许监察机构与监察人员直接参与企业的生产经营活动，也不允许监察人员与监察的相对人有直接的利害关系；监察人员的工资福利依照公务员制度进行管理。这些都保障了监察工作的公正性。

模块二　环境监察的组织与建设

一、教学目标

能力目标

✧ 认知环境监察的组织结构和主要工作任务；

✧ 能提出环境监察的建设目标；

✧ 能提出环境监察从业人员必备的条件。

知识目标

✧ 熟悉环境监察的组织结构和主要工作职责；

✧ 了解环境监察的标准化建设指标；

✧ 熟悉从事环境监察必备的知识理论体系。

二、具体工作任务

✧ 列出环境监察的建设内容和配置要求；

✧ 简述环境监察从业人员的权利、义务和任职条件。

三、相关知识点

（一）环境监察的组织

1.环境监察机构的组成

各级环保部门设立的环境监察机构就是在各级环保部门的领导下，依法对辖区内一切单位和个人履行环保法律法规，执行环境保护各项政策、制度和标准的情况进行现场监督、检查、处理的专职机构。

环境监察机构是依据环境保护法律法规，受环保部门委托，专门对污染源现场直接执法的职能机构，是环境管理的基础。

国家环境保护总局（2008年3月升格为国家环保部）规定，我国环境监察机构分为五级，并按省、市、县、乡镇确定环境监察机构的具体名称，如表0—1所示。

表 0—1 我国环境监察机构设置

级别	环保机构的名称	环境监察机构的名称
一	国家环保总局（现为国家环保部）	环境监察局、环境应急与事故调查中心
二	省、自治区、直辖市环保局（厅）	环境监察总队（局）
三	市、州、盟环保局	环境监察支队（局）
四	县（县级市）、旗、区环保局	环境监察大队（分局）
五	乡、镇、街道	环境监察中队

在机构纳入公务员序列之前，各级环保部门可在行政机构内设立环境监察处、科、股。

截至 2009 年年底，全国共设有环境监察机构 3 350 个，在编人员 6 万人（大专以上学历占 60%）。江苏、陕西、河北、安徽、辽宁、江西、广东、甘肃等省成立了环境监察局，重庆市环境监察总队升格为副局级。

2. 环境监察机构的管理体制

环境监察机构受同级环保部门领导并行使现场执法权，业务受上一级环境监察机构指导。

3. 环境监察机构的基本职能

（1）贯彻法律法规。

（2）负责排污（水、气、声、固、危废）收费。

（3）对辖区内依法监督、检查。

（4）负责排污费管理、预决算编制、统计报表编报会审。

（5）负责对海洋和生态破坏事件的调查与参与处理。

（6）参与环境污染事故、纠纷的调查处理。

（7）参与污染治理年度计划的编制、监督检查。

（8）负责对监理人员进行业务培训、交流。

（9）对核安全设施的监督检查。

（10）自然生态保护和农业生态环境监理。

（11）承担上级的其他工作任务。

4. 环境监察机构与其他部门的关系

（1）与环保局机关的关系。

环保部门一般由三个系统组成，即宏观环境管理与决策系统、现场监督执行系统和支持保证系统。

1）宏观环境管理与决策系统：由环保局机关内各主要职能部门组成，如有污染管理、综合计划、法制、宣教等科室，主要运用政策、制度、规划、计划、协调等措施，参与社会经济发展决策，防治环境污染与生态破坏，并统揽全局的业务工作。

2）现场监督执行系统：是以环境监察机构为核心，负责现场监督检查单位和个人执行环保法规的情况，参与处理违法行为，执行环保局的有关行政处罚决定。

3）支持保证系统：由环境监测站、科研所、产业协会、环保学会等组成，为环境监督管理提供技术支持。

（2）与环境监测站的关系。

环境监察工作具有政策性强的特点，环境监测具有科学技术性强的特点。环境监察执法以环保法规为准绳，以监测数据为依据（排污收费、判定违法排污行为）。

环境监测是环境保护的耳目，是环境监督的技术之一，是环境决策的依据，是科学管理环境的基础。合法的监测数据只能由环境监测站提供，环境监察机构只有采样、取证权。

普遍的做法是环境监察机构专门委托培训一些监察员，掌握一些简单项目的现场监测技术，如水样采集、烟尘黑度测试、噪声声级测量等，而且监察人员必须经环境监测人员持证上岗考核合格并持证上岗，其监测数据还要得到监测站的认可，否则不能作为环境监察的依据。

（3）与其他行政执法部门的关系。

具体包括：人大组织的或由工商、城管、交通、公安等部门参加的联合执法检查（人大检查环保，以及多部门参加的联合环境执法）；与交警部门、水资源部门或林业部门共同解决特定污染问题（交通噪声、汽车尾气、水源保护区巡查、污染纠纷、生态保护等）；争取司法部门的支持，保证有关环境行政处罚正确并得以及时执行；争取财政、金融部门的支持（"收支两条线"，排污费催交、扣交、划拨等）。

（二）环境监察的建设

1. 环境监察队伍的建设

按照《关于同意国家环境保护系统环境监理人员依照国家公务员制度进行管理的批复》的要求，环境监察人员应依照公务员制度管理。

目前，我国已经建立了国家、省、市、县四级环境监察网络，环境监察队伍已达7.6万人。环境监察系统大专学历以上人员占60%（2009年年底前），但大多集中在大中城市，县级仍有相当一部分环境监察人员素质低，对法律法规、执法规范、生产工艺、污染治理等不熟悉，影响执法能力。

（1）环境监察人员的基本条件。

1）政治素质好，有事业心、责任感，作风正派，廉洁奉公，熟悉环境监察业务，掌握环境法律法规知识，熟悉环保基本知识，具有一定的组织协调和独立分析处理问题的能力。

2）县及县级以上环境监察机构的环境监察人员一般应具有大专以上文化程度或取得初级以上技术职称，从事环境保护工作两年以上。

各级环境监察人员的录用必须依照公务员的录用办法，公开招考，择优聘用，坚持持证上岗制度。新进入队伍的人员必须通过培训并取得合格证书，否则不得颁给环境监察证件，不得独立执行现场监督管理公务。在职的环境监察人员每5年应接受一次培训。环境监察人员培训由国家和省级环保部门分别组织。

环境监察员在执行任务时应统一标志，佩戴"中国环境监察"证章，出示"环境监察"证件。环境监察标志、监察证章和证件由国家环保部统一监制，省级环保部门统一颁发。

（2）环境监察人员的职业素质。

进入新时期，面对新形势、新任务，要保证严格执法、规范执法、廉洁执法，增强队伍的凝聚力，每一位环境监察人员就必须以更高的标准、更大的努力，自觉提高自身素质，争做中国环保新道路的探索者，进一步强化八种意识，即"全局意识、法制意识、学习意识、敬业意识、协作意识、创新意识、责任意识和廉洁意识"，义不容辞地担负起时代赋予的历史使命和重大责任。

（3）环境监察人员的权力。

1）现场检查询问权（含采样权）。环境监察人员依法进行现场检查时，有权向被监察单位询问和查询与环境有关的生产工艺情况，生产变动情况，污染物产生、治理、排放情况，企业环境管理情况，与企业环境管理和排污数据等有关的资料、记录和相关文件，以了解企业的产污、排污、污染治理、生态破坏等方面的情况，被检查单位应积极配合，不得以任何借口拒绝和阻挠环境监察的合法调查。

2）处罚权。环境监察机构的处罚权有两种情况：第一，地方环境保护法规授权环境监察机构实施行政处罚的，按地方环境保护法规的授权规定执行。第二，地方各级环保部门根据国务院有关决定和国家环保部有关规章的规定，可以在其法定权限内委托环境监察机构实施行政处罚。受委托的环境监察机构应以环保部门的名义行使行政处罚权，并接受委托部门的监督。

3）建议权。环境监察机构的主要职责是现场监察，应该了解现场监察情况，在环保部门需要了解情况，制定环境保护规划，要作出调解或处理决定时，环境监察机构要及时提出建议。

4）执行权。环境监察机构是环保部门所属的唯一的现场执法机构，受环保部门的委托（或法律法规授权），负责环境现场的监督、检查和处理。平时要对环境现场的状况进行检查，发现有异常情况要及时处理，要求排污者立即改正违法行为，调解污染纠纷，发生污染事故时要及时控制污染，减轻污染危害。对环保部门的行政决定要坚决执行。例如在取缔"十五小"的行动中，环境监察机构在合法的情况下，现场执行断电断水，拆毁违法生产设备设施。

（4）环境监察人员的义务。

在执行任务时，必须按照有关规定，执行有关程序，规范执法行为，并有为被检查单位和个人保守业务和技术秘密的义务。

（5）环境监察工作的年度考核要求。

2007年9月发布了《环境监察工作年度考核办法（试行）》。按优秀、良好、合格和不合格有四个等级。

2. 环境监察执法能力的建设

（1）环境监察机构的标准化建设。

标准化建设包括两部分指标：一是人员部分，包括人员编制、人员学历和持证上岗率等；二是执法装备部分，包括交通工具（执法车辆、车载样品保存设备、车载GPS卫星定位仪等）、取证设备（摄像机、照相机、录音设备、林格曼仪、水质快速测定仪、声级计、酸度计、暗管探测仪、烟气污染物快速测定仪、粉尘快速测定仪、标准采样设备、放射性个人剂量报警仪、通信工具、计算机、传真机等）、应急装备（应急指挥系统、应急车辆、车载通信、办公设备、应急防护设备和取证设备等）。

（2）污染源自动监控的建设。

为提高环境执法管理的科学性、信息化，国家环境保护总局 2005 年 9 月发布《污染源自动监控管理办法》，对排污申报、排污收费、污染源适时监控、预防污染事故等发挥明显作用。

根据国家环境保护总局《关于印发〈环境监察局和环境应急与事故调查中心机构建设方案〉的通知》，环境监察局负责建立和维护全国重点污染源数据系统，并纳入统一的信息网络；指导地方环保排污收费以及全国污染源自动化监控体系建设工作。建立健全了国家、省、市三级环境监控中心，对全国 65％的重点污染源实现实时监控，形成监控网络。

目前，污染源自动监控系统能监控水污染物中 COD、TOC、$NH_3 - N$、总磷以及部分重金属，大气污染物中的 SO_2、NO_x、烟尘等主要污染因子，还能够通过视频监视污染源现场情况。

四、思考与训练

（1）简述环境监察具备的特点。

（2）简述环境监察工作的岗位职责。

（3）简述环境监察与环境监测的关系。

（4）技能训练。

任务来源：分组整理、归纳环境监察工作从何时开始，经历了哪些阶段，不同阶段的主要工作任务和手段是什么，以及为适应当前和未来的环境监察需要，应具备哪些职业能力和知识体系。

训练要求：完成本项目模块的工作任务要求。列出图表，分析、归纳不同时期环境监察的主要任务和手段，分析环境监察岗位能力和从业资格。

训练提示：根据所学的知识点进行归纳、整理，上网查询各级环境监察机构的工作内容和执行情况。

污染源环境监察

一、任务导向

工作任务1　污染源的常规监察管理
工作任务2　废水污染源的排放与治理现场监察
工作任务3　废气污染源的排放与治理现场监察
工作任务4　固体废物处理处置与噪声污染源排放现场监察

二、活动设计

在教学中，以项目工作任务引领课程内容，以模块化构建课程教学体系，开展"导、学、做、评"一体的教学活动。以工业污染源废水、废气、固废、噪声治理与排放的现场监察为任务驱动，采用现场教学法、案例教学法和角色扮演等多种方法和手段开展教学，通过项目训练和评价达到学生掌握知识和职业技能的教学目标。

三、案例素材

【情境案例1】　某市环境监察支队接到多名群众举报，该市所辖三个县区域内都存在企业不定时将带颜色的废水直接排入河道的情况，已造成附近河流污染。为此，市环境监察支队领导决定开展一次区域环保突击检查，联合县环境监察大队的环境监察人员，兵分5路，于×××年4月22—24日，对三个县内几十家重点污染行业（纺织印染、化工企业）进行环保突击检查。晚上，执法人员带着照明灯来到一条无名小溪边发现，一股黄水从溪边急速涌出，污染了一半的溪面。拍照取证后，执法人员直奔市某织染有限公司排污口。执法人员发现，依污水处理池而设的排泥管道有异常，原本用来通剩余污泥的管道上，居然有个旁通阀阀门，阀门外又私接一根暗管，直接通向溪边。排出去的是工厂废水沉淀后的污泥，是废水的"浓缩版"！这家企业"名气"很大，环保部门曾依法对它进行过查处。上年7月，县环保监察机构第一次接群众举报，现场发现工厂私设暗管，直接排放污染物。没多久，又接到群众举报。第二次来查发现河水异常，由于工厂门卫拖延开门时间，没有现场查到。由于这家企业已两次被查到非法排污，情节较严重，在对企业进行罚款的同时，市环境监察支队决定向相关部门进行通报，要求当地督促企业进行限期整改。

被查企业中，4家企业被初步确定直接排放污水，2家企业存在漏排。

工作任务1：

1. 根据以上案例资料，编写一份污染源专项检查工作方案。

2. 废水污染源现场监察从哪些方面着手？检查中的哪些事实可以认定为违法行为？

3. 根据突击检查结果，撰写一份污染源现场监察调查报告。

【情境案例2】 为进一步改善城市环境空气质量，某市环保监察支队决定开展区域内工业废气污染专项整治活动。根据污染源信息档案和近期接到的群众的投诉，决定于接下来的一周时间，环境监察人员分批对辖区内的锅炉废气污染治理设施运行情况、工矿生产以及工艺废气的治理情况进行逐个检查。通过检查发现，有三家企业存在环境违法行为。其中，市区北边的一燃煤电厂和某棉纺纺织印染厂烟囱冒黑烟现象严重，其除尘设备存在不正常使用的事实；西北区域某化工厂的生产车间时有飘出带强烈刺激性气味的白色气体，原因是该化工厂的生产车间所产生的酸气没有经过集中收集净化处理直接排放，周围群众反应强烈。

工作任务2：

1. 根据以上案例资料，编写一份工业大气污染专项整治监察工作方案。

2. 根据现场监察结果，撰写一份污染源现场监察调查报告，确定违法行为。

【情境案例3】 某县一大型制酒厂，为了拓宽经营范围，扩建一个用薯干制酒精的车间，粉碎车间紧靠厂墙建设，厂墙外15米左右处就是混合居住区。建成投产后，粉碎机工作时噪声隆隆，并有强烈振动，严重影响了附近居民的生活，导致多人健康受损，神经衰弱或精神异常。居民多次向厂方投诉，厂方仍不积极采取措施，结果居民与厂方发生了严重冲突，并引发了上访等社会问题，干扰了当地正常社会经济秩序。为此，该县的环保局监察机构到现场进行调查，发现粉碎机工作时厂界噪声达到90分贝以上，且没有任何降噪措施。环保局决定，对该厂作出限期整改并处罚款的处理意见。

工作任务 3：编写一份工业企业厂界扰民噪声的现场监察报告。

模块一　污染源的常规监察管理

一、教学目标

能力目标

◇　能识别污染来源；

◇　能对区域污染源进行调查和数据整理；

◇　能监督检查工矿企业生产、环保设施运行管理及企业内部环境管理工作；

◇　能制定污染源监察计划书。

知识目标

◇　了解污染源分类、污染源调查与评价内容和方式；

◇　理解污染源的环境管理要求；

◇　熟悉污染源环境监察内容和程序；

◇　掌握污染源监察计划的构成要素。

二、具体工作任务

◇　开展区域污染源调查和评价工作；

◇　对污染源档案进行整理，对信息档案进行管理；

◇　制定区域污染源监察工作方案；

◇　对区域污染源实施常规监察管理。

三、相关知识点

（一）污染源监察的概念

污染源是指向环境排放有毒有害物质或对环境产生有害影响的场所、材料、产品、设备和装置。污染源分为天然污染源和人为污染源。

排污者是指直接或间接向环境排放污染物的法人、个体工商户或个人。

污染源监察是环境监察机构依据环境保护法律、法规对辖区内污染源污染物的排放、污染治理和污染事故以及有关环境保护法规执行情况进行现场调查、取证并参与处理的具体执法行为。

污染源监察的实质是监督、检查污染源排污单位履行环境保护法律、法规的情况，污染物的排放和治理情况。通过环境监察，发现违法、违章行为，采取诸如排污收费、罚款、限期治理、关停整改等措施，督促排污单位自觉减少污染物的产生与排放，主动采取防治措施，达标排放并实施污染物总量控制，从而达到保护辖区环境质量的目的。

污染源监察是环境监察的重点，是环境保护不可缺少的组成部分。

（二）污染源调查与评价

1. 污染源的类别

污染源按人类活动功能可分为工业污染源、农业污染源、交通污染源和生活污染源。

工业企业（如钢铁、有色金属、电力、矿业、石油采炼、石油化工、造纸、建材等工业行业）生产中的各个环节，如原料粉碎、筛分、加工过程、化学反应过程、燃烧过程、洗选过程、热交换过程，产品的包装与库存等生产设备和场所都可能成为工业污染源。各种工业生产过程由于使用的原料、生产工艺、生产设备不同，排放的污染物种类、组成、性质都有很大区别，产生和排放规律也不同，往往呈现不规则的变化。即便是同一种生产过程，其污染物的产生与排放水平也会因技术水平、规模大小、管理水平、治理水平等不同有很大差异，给环境监察带来困难。

农业污染源主要包括畜禽养殖、秸秆、化肥、地膜、农药在农田中的使用、蓄积与迁移，农副产品加工企业、农村集镇等。

交通污染源是指飞机、船舶、汽车、火车等运输工具及其管理场所、配套设施和服务企业。它们具有移动性、间歇排放污染物等特点。

生活污染源主要是指城市和人口密集的居住区所产生的污染，污染物产生于人们的日常生活、商业活动、公共设施中。

了解污染源的科学分类，有助于把握各类污染源的特点和规律，实施有效的环境监察。

2. 污染源调查

污染源调查是取得污染源详细资料的有效途径。

污染源调查是在环保部门的领导下，环境监察机构可协同其他环境管理部门共同开展环境污染源动态调查和数据采集工作，掌握辖区内污染源的基本情况，稳定辖区内重点污染源、一般污染源名录和各污染源排放的主要污染物的动态数据库。

重点污染源是指环保部门在环境管理中确定的污染物排放量大、污染物环境毒性大或存在较大环境安全隐患、环境危害严重的污染源。对重点污染源应实行重点监控、重点管理。

污染源调查分为普查与详查两种方式。

（1）普查。

首先要确定调查对象，即确定调查辖区内的各种污染源的名录，确定重点污染源和一般污染源，确定污染源的污染要素类型，逐一对各污染单位的原材料消耗、生产工艺及规模，污染性质、排污量、污染治理情况，以及对周围环境影响的污染因素进行深入调查和了解，确定污染排放方式和规律、污染排放强度及污染物流失原因。在污染源普查的过程中，可以获得大量的调查、分析数据及其他资料，普查可以掌握辖区内的污染源分布规律，在普查的基础上确定重点污染源和一般污染源。

（2）详查。

在普查的基础上，对重点污染源进行深入的调查分析。调查的内容主要有排污方式和规律，污染物的物理、化学和生物特性，主要污染物的跟踪分析，污染物流失原因分析等。

3. 污染物调查的主要内容

（1）企业的基本情况。包括企业所在位置、功能区及环境现状；企业经济类型、开工年份、产量、产值、环境管理和检测机构以及人员配置等。

（2）原料、能源和水资源的情况。包括能源的类型、产地、成分、实际消耗量，主要产品的能耗及节能措施；水资源类型、供水方式、重复用水、主要产品的水耗及节水措施；原辅材料的种类、成分、消耗定额，主要产品的原辅材料的消耗量。

（3）生产工艺和排污情况。包括生产工艺流程、主要设备、主要化学反应、主要技术路线及生产工艺的水平；污染物产生的规律、污染物产生的部位、排放方式和去向，以及污染物的种类、毒性、浓度和排放量。

（4）污染治理情况。包括污染治理设施的使用方法、种类、投资情况、运行成本，以及污染治理的效率和存在的问题。

（5）污染危害情况。包括污染危害的程度、原因、损失，以及污染事故的隐患及周围群众的反映。

（6）生产发展情况。包括企业的发展方向、规模、发展趋势，以及预期污染物排放量和影响。

4. 污染源评价

污染源调查可以获得大量调查数据及资料，污染源评价就是依据这些资料，采用科学的分析评价方法，区分各种污染物以及各个污染源对环境的潜在危害，分清主次，找出主要的污染物和污染源，以便确定主要环境问题，提高环境监督管理的效率。

污染源评价通常要考虑污染物排放量和生物毒性两方面的因素，采用等标污染负荷法或排毒系数法进行标化评价。具体的评价方法请参见有关环境评价的专门书籍。在调查污染源和评价污染源的过程中要注意建立污染源档案和重点污染源数据库，以便在日常环境监察工作中方便地查询和使用有关资料。

（三）污染源常规监察任务

1. 对排污单位内部落实环境管理制度的检查

（1）环境管理机构设置的检查。

在《环境保护法》、《建设项目环保设计规定》、《建设项目环境保护设施竣工验收管理规定》、《工业企业环境保护考核制度实施办法》以及一些行业和地方环境保护规定中都提出了企业应建立健全自身环境保护机构与规章制度的要求。

企业环境管理机构的职责主要是编制自身环境保护计划，建立和落实各项企业的环境管理制度，协调企业内部、企业之间、企业与社会之间的环境保护关系，实施企业环境监督管理。根据企业的规模、生产的复杂程度、环境污染的大小等，可采取专门机构、联合机构、专职岗位等多种形式进行设置。

（2）企业环境管理人员设置的检查。

企业环境管理机构必须有相应的人员去落实环境保护责任。在这个管理体系中，厂长（法人代表）是当然的企业污染防治法定责任者，承担政府环境保护责任目标中所规定的污染物削减和防止造成污染的责任目标。为了落实责任、达到目标，需要在企业内部将责任目标层层分解，制定管理规则，进行监督检查和考核，做到具体工作专人具体负责。

企业环境管理人员可以是专职或兼职，但必须具备一定的业务素质。根据《关于深化企业环境监督员制度试点工作的通知》，大力推进企业环境监督制度。企业环境监督员制度是指在特定企业（通常指国家重点监控污染企业，有条件的地区可扩大到省级或市级重点监控污染企业）设置负责环境保护的企业环境管理总负责人和具有掌握环境基本法律和污染控制基本技术的企业环境监督员，规范企业内部环境管理机构和制度建设，全面提高企业的自主环境管理水平，推动企业主动承担环境保护社会责任。具体参见国家环保部 2008 年发布的《企业环境监督员制度建设指南（暂行）》。

（3）企业环境管理制度建设检查。

企业落实自身环境管理制度主要检查以下几方面：

1）企业环境保护规划和计划。企业环境保护计划是根据规划目标所制定的年度计划，是有关措施落实的具体时间计划。

2）企业环境保护目标责任制。包括污染物排放的标准、总量控制的指标、污染物削减的指标、排污许可证的指标等。企业内部的环境管理要做到目标化、定量化、制度化管理。

3）有关的专项管理制度。为了使企业的各项环境保护工作规范化，企业还应根据自身的生产排污特点，制定一些相关的具体规章制度，常见的有：环境监测制度、污染防治设施运行操作规程及管理制度、危险化学品的管理制度、环境突发事件的应急管理和报告制度、污染源档案管理制度、环保人员的岗位责任制度等。

2. 污染源检查

按照环境保护部发布的《工业污染源现场检查技术规范》（HJ 606—2011）有关规定，工业污染源现场检查主要包括以下内容：

（1）环境管理手续检查。

检查排污者的环评审批和验收手续是否齐全、有效。检查排污者是否曾有被处罚记录以及处罚决定的执行情况。

（2）了解生产设施。

了解排污者的工艺、设备及生产状况，看是否有国家规定淘汰的工艺、设备和技术，了解污染物的来源、产生规模、排污去向，具体内容应包括：

1）原辅材料、中间产品、产品的类型、数量及特性等情况；

2）生产工艺、设备及运行情况；

3）原辅材料、中间产品、产品的贮存场所与输移过程；

4）生产变动情况。

（3）污染治理设施检查。

了解排污者拥有污染治理设施的类型、数量、性能和污染治理工艺，检查是否符合环境影响评价文件的要求；检查污染治理设施管理维护情况、运行情况及运行记录；检查是否存在停运或不正常运行情况，是否按规程操作；检查污染物处理量、处理率及处理达标率，以及有无违法、违章的行为。

（4）污染源自动监控系统检查。

按照《污染源自动监控管理办法》等法规的要求进行检查。

（5）污染物排放情况检查。

检查污染物排放口（源）的类型、数量、位置的设置是否规范，以及是否有暗管排污等偷排行为。

检查排放口（源）等排放污染物的种类、数量、浓度、排放方式等是否满足国家或地方污染物排放标准的要求。

检查排污者是否按照《环境保护图形标志——排放口（源）》（GB 15562.1）、《环境保护图形标志固体废物贮存（处置）场》（GB 15562.2）以及《〈环境保护图形标志〉实施细则（试行）》的规定，设置环境保护图形标志。

（6）环境应急管理检查。

开展现场环境事故隐患排查及治理情况监察；检查排污者是否编制和及时修订突发性环境事件应急预案；应急预案是否具有可操作性；是否按预案配置应急处置设施和落实应急处置物资；是否定期开展应急预案演练。

3. 排污量的核定监察

排污收费的工作基础是做好排污申报工作。排污申报工作主要分年申报和月核定工作，最重要的是做好月核定工作。环境监察对排污单位污染源的日常检查，还应包括对排污单位各类污染源的排放情况的测算。对生产能力、生产规模、原材料消耗，废水废气的排放、固体废物和超标噪声的排放情况，不仅要有定性的估计，还应该有定量的测算，为环境监督和排污收费工作服务。

4. 污染物排放总量控制的监察

（1）贯彻国家产业和技术政策，对属于国务院和省级人民政府明令关停、取缔和淘汰的落后生产能力、工艺设备、产品等排污单位，不得给予排污总量控制指标。

（2）排污单位排放污染物必须满足国家和地方污染物排放标准，超过标准排放污染物的排污单位，首先要做到稳定达标排放各种污染物。

（3）总量控制的地区应确定排污总量控制指标，确定主要污染物的削减计划。所有建设项目的污染物排放指标必须纳入所在区域或流域的污染物排放总量控制计划。当建设项目新增加的污染物排放量超过该区域污染物总量控制计划或严重影响城市、区域环境质量时，总量控制指标只能在该区域内调剂，不得给予新增加的排污总量控制指标。

（4）排污单位进行改制、改组或兼并后，其排污总量不得超过原指标值；对于分离出来的排污单位，其排污总量控制指标原则上应从原单位排污总量控制指标中划拨。

（四）污染源的环境监察管理

1. 污染源监察的信息管理

按污染源的位置分布、所属行业类别、排放污染物的类型、规模大小、经济类别、所属流域、污染物排放去向等分类，建立污染源信息的动态数据库，并利用计算机等现代化管理设备对数据进行管理。目的是对辖区内的污染源进行污染调查、排污核算、分类管理，在此基础上制定具体的环境监察计划。

（1）信息资料的收集。

为了对污染源进行分类管理，首先要收集污染源的信息，污染源的信息采集有以下方法：

1）污染源调查。污染源调查获取的资料是污染源监察工作的基础。在有条件的地方，环境监察机构在环保局领导下会同其他环境管理部门共同开展环境污染源调查工作。通过全面调查，建立重点污染源、一般污染源名录和各污染源排放的主要污染物的动态数据库。

2）排污申报登记。《排污费征收使用管理条例》明确规定，环境监察机构负责辖区内排污单位的排污申报登记的申报和核定工作，通过排污申报登记制度的实施对污染源进行定量化管理。

3）环境保护档案材料登记。环保部门在环境统计中获得的污染源信息，执行环境影响评价制度、"三同时"制度等监督管理中积累的污染源的档案材料，以及环境监察机构在日常环境监察中对有关污染源进行调查、处理和减排核查中积累的材料，均为获取污染源信息的重要来源之一。

4）其他信息来源。通过污染源自动监控数据、群众举报、信访、12369环保热线、领导批示、媒体报道、其他部门转办等得到其他信息来源。

（2）信息资料的加工整理。

污染源原始数据库建立后，下一步就是要采用科学的评价方法，结合本辖区环境的特点，找出不同地区、不同行业的主要污染源和主要污染物，确定目前的主要环境危害，绘制重要污染源分布图，图中不仅仅要标记出污染源的位置和名称，还应该将污染负荷标识清楚。在此基础上，制定污染源现场检查计划。

2. 污染源现场监察计划方案

计划方案包括监察对象、内容、频次和具体时间、人员、设备配置与路线安排等。

（1）监察对象。

污染源监察的对象是辖区内的一切排污单位。被检查单位有义务接受现场检查，应该如实反映情况，不许弄虚作假。

（2）监察内容。

检查排污单位的污染物排放情况，与污染排放有关的生产工况状况，污染治理设施的运行、操作和管理情况，监测计量设施的运行和记录、建设项目环评、"三同时"制度执行和限期治理情况，污染事故及纠纷的情况等。每次具体制定计划方案时要明确监察目的和监察重点内容。

（3）监察频次和具体时间。

1）重点污染源监察每月不少于一次；

2）一般污染源监察每季度不少于一次；

3）建设项目、限期治理项目监察每月不少于一次；

4）海洋生态、自然保护区、生态示范区、综合治理工程、烟尘控制区、噪声达标区监察每季度不少于一次；

5）机动车尾气、禁鸣路段等按规定监察；

6）对扰民严重的餐饮、娱乐服务企业的污染，群众来信来访和举报的污染源及时进行随机监察。

除了要满足污染源监察制度规定的频率外，还应根据本地区的污染源特点和环境特点，适当增加监察范围和频率并进行突击性监察，如北方取暖期间应增加锅炉和窑炉的监察次数，环保专项行动应增加污染源的监察次数等，"两考"期间应加强对夜间建筑施工和噪声污染的监察。

对污染源应采取定期、不定期的检查、抽查、暗查。在保证重点污染源每月一次、一般污染源每季度一次检查的同时，还应保证必要的抽查、暗查频次，在确保污染治理设施正常运转和稳定达标排放基础上，逐步实施污染物排放总量。

（4）人员、设备配置与路线安排。

1）现场检查人员。每次污染源监察计划方案的制定要确定具体的人员安排，以及有哪些部门参与等。

工业污染源现场检查活动由两名以上环境监察人员实施。执行工业污染源现场检查任务的人员应出示有效执法证件。

2）设备配备。根据污染源现场检查的具体任务，可选择配备必要的设备，主要包括：

a. 记录本及检查文书；

b. 交通工具；

c. 通信器材；

d. 全球定位系统；

e. 录音、照相、摄像器材；

f. 必要的防护服及防护器材；

g. 现场采样设备；

h. 快速分析设备；

i. 便携式电脑（含无线上网卡）；

j. 打印设备；

k. 其他必要的设备。

此外，制定计划时还要对路线进行科学、合理的安排。

3. 污染源的现场监察

按制定的监察计划进行现场环境监察，检查排污单位的污染物排放情况，生产工况状况、污染治理设施运行管理情况，并监测记录台账、建设项目环境管理制度执行情况、污染事故及纠纷的情况等。如发现异常情况，应及时处理。有时需要委托监测站采样分析，以获取污染源违章排污的确凿证据。

污染源现场检查活动中取得的证据包括：书证、物证、证人证言、试听材料和计算机数据、当事人陈述、环境监测报告和其他鉴定结论、现场检查（勘察）笔录等。现场取得的证据须经相关人员签字。

4. 视情处理

实施现场检查的人员在污染源检查中，对存在环境违法或违规行为的，根据问题性质、情节轻重，可以按照法律法规的规定，当场采取责令减轻、消除污染，责令限制排污、停止排污，责令改正等处理措施。

对环境违法事实确凿、情节轻微并有法定依据的，可按照《环境行政处罚办法》规定的简易程序，当场作出行政处罚决定；超过上述处罚范围，填写《环境监察行政处罚建议书》，报环保部门。

5. 定期复查

对异常情况按规定期限进行复查，以监督检查污染源单位整改措施的落实，切实保证违法行为得到纠正。

6. 总结归档

要求按期总结污染源监察情况，注明发现的问题、处理意见以及处理结果等，并写出相应的监察报告。对所有的原始记录、材料要分类归档备查。

（五）污染源的监察形式

1. 定期检查

定期检查是针对辖区重点污染源所采取的监察措施。实施现场检查前必须了解和掌握污染源的生产工艺，包括工艺流程、主要化学反应过程及工艺技术指标，了解和掌握产污的关键设备、工艺特点和基本情况，产污节点、产污种类和数据，排放的方式和去向，污染治理设施的基本情况，对外的环境影响等。此外，还应了解以往监察

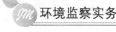

中记录的被监察对象的行为特征，据此预先确定好现场检查的重点目标、步骤、路线、发现有关线索，抓住问题的要害。

2. 定期巡查

定期巡查是根据辖区污染源分布情况，按一定的路线对各种污染源分片、定人、定职、定范围进行巡视检查，这种检查主要是查看污染源排污口表观特征的变动情况，如排污量变化大小，排放去向有无变化，排放规律有无变化等，定期巡查的重点是污染物排放与处理情况和有关环境敏感区的环境保护情况，有以下几种形式：

（1）重点污染源巡查。针对定期检查中发现的问题以及重点污染源的排污特征，定期复查和巡视检查其整改情况、排污变动情况等。

（2）一般污染源巡视。对一般污染源的排污口进行巡视检查，对水量、颜色、气味进行必要的简易测定，查看其水量、水质的变动情况；对烟囱的排烟黑度进行测定，查看烟气污染状况，巡视废气的颜色、气味，大气环境的表观特征等，查看工艺废气的排放情况，检测厂界噪声，确定噪声影响等，发现问题要深入排污单位内部追根溯源，视情况进行处理。

（3）废物倾倒巡查。一些排污单位无视环保法规，为了减少清运、处理费用，随意倾倒废渣、污泥、垃圾、废液等。这类随意倾倒行为一般地点比较固定，如废弃的坑、谷，偏僻的角落、路边、湖边、河边等，要通过巡视及时发现废物倾倒行为。有时还要根据发现的倾倒物的性状，通过分析、判断找出倾废嫌疑者，确认并给予处罚。

（4）重点保护区巡视。如饮用水源保护区的保护工作直接关系到人民的身体健康，生态保护区如防护林和植被的破坏造成水土流失、泥石流甚至洪水和塌方、滑坡等灾难。

3. 定点观察

许多城市在适当位置设立固定观察点，采用望远镜或烟尘自动监视仪进行巡视，发现问题并进行拍照或录像，及时取证处理。定点观察所监视的对象一般是各类烟囱或排气筒。观察点一般设在辖区较高的建筑物上，这样可以将所有的烟囱置于监视范围内，其优点是可以节约大量人力、物力，并能进行连续监测，能够及时发现和纠正超标排烟行为。

4. 不定期检查

一些违反环保法规的行为有时很难通过定期检查发现如污染物偷排行为、环保设施擅自停运行为、稀释排污行为等。不定期检查的类型有：

（1）突击检查。即对目标污染源进行不预先通知的检查。对某一地区或行业的普遍环境问题进行突击检查，重点检查目标源的各类生产与环保记录和污染物处理及排放情况。

（2）临时性检查。在日常环境监察中经常会出现一些意想不到的突发性环境污染事件，如一些污染事故、信访案件，有时环境问题还会成为社会热点，引起普遍关注。

在一些特别时期也需要安排临时性检查，如举办大型国际会议、举办重要的国际运动会以及举行有关庆典活动等对环境质量要求较高的活动时，为了保证有关活动的正常进行，避免产生不良的政治影响和国际影响，要注意开展环境监察工作。2005年北京市奥运工程全面开工，施工工地超过5 000个。北京市环境监察机构对建筑施工工地进行专项检查，全年共检查工地6 300家，对462家环保措施不达标的工地发放限期整改通知，促使施工方全面整改，落实各项扬尘控制措施，全年累计曝光十余家建筑施工企业。

5. 特殊形式的检查

（1）污染源执法检查。

我国正处在社会主义初级阶段，法制建设还不十分完善，法制意识比较淡薄。对此，很多地方的环境监察机构采取有针对性的污染源执法大检查，由主抓环保的政府有关首长和环保局领导带队，以监察机构为主，检查重点污染源的执法情况，这种方法应以对环境影响突出的重点污染源或污染行为为主，采取边检查、边纠正、边处理的方法，特别要注意宣传，扩大影响，以儆效尤。

（2）联片监察。

在污染源监察中，为了提高效率、便于管理，一般采取"分片监察、任务包干、责任到人、奖罚分明"的原则。为了互相学习互相促进，并协助解决一些难点监察问题，采取定期联片监察方法，即在辖区内将不同辖区的监察机构和监察人员混合编队，分别联合检查污染源的执法情况，亦即进行交叉监察。

（3）节假日、夜间检查。

一些违法排污单位为了逃避检查，利用节假日、夜间等监察人员休息的时间集中排污，为此，必须加强节假日和夜间巡视检查。

（4）污染源监视。

有些违法排污单位的排污行为十分隐蔽和"巧妙"，不定期、时间短，很难查到。环境监察人员可采取长期蹲点的办法，配以先进的技术手段，日夜监视，直到发现问题，并立即派人进行现场取证。

（5）组织部门进行联合执法检查。

环保部门是环境执法的综合管理部门。但有些处理权、监督权与其他执法部门相衔接，因此在污染源监察中可采取联合执法方法解决，具体的做法是：由人大或环委会牵头，以环境监察队伍为主，组织公安、法院、交通、工商、城管等执法单位联合行动，解决那些权限不清的环境污染行为。

目前较常见的有以下几类污染源的联合执法检查情况：

1）社会生活噪声污染源。主要包括歌舞厅、录像厅、咖啡厅、饭店、小吃部、各种用声响设备招揽生意的经营点等，这类地点为了招揽生意常常在室外安装或直接使用高音喇叭，群众反应强烈。管理工作涉及工商、城管、公安等部门。交通噪声和汽车尾气监察,交通工具的管理以交通部门为主,环境监察机构应发挥优势,积极参与噪声和尾气监督管理。

2) 向各类保护区排污的单位,因常常隶属不同行政区域部门,必须联合执法。有时需要省人大或全国人大牵头,如跨省界、跨流域的污染问题的监督检查等。

四、思考与训练

(1) 污染源监察可以采用哪些形式?

(2) 工业污染源常规监察管理从哪几个方面着手?

(3) 技能训练。

任务来源:按照"情境案例1"提出的要求,完成相应的工作任务。

训练要求:根据案例资料,4~5人一组进行讨论,编写一个详细的污染源监察专项检查工作方案。

训练提示:按照污染源的监察形式、工业污染源专项监察要点、监察计划要素等方面的要求完成。

相关链接

【资料1】 随着我国经济的持续高速增长,经济与资源、环境的矛盾日益尖锐,一些地方的污染排放总量居高不下,已经超过了当地环境的承载能力,严重制约了经济的可持续发展,成为影响我国经济健康、快速发展的突出问题。一些企业,甚至包括一些大型企业,通过"旁通管道"、设"暗管"、外运偷排等方式偷排偷放,严重影响了当地环境质量的改善。2003年以来,根据国务院部署,国家环境保护总局联合国家发展和改革委员会、监察部、工商总局、安监总局、司法部、电监会持续深入开展了整治违法排污企业保障群众健康环保专项行动,先后开展了对重点行业、城市污水处理厂、"十五小"企业、工业园区、新建项目等方面的专项检查和集中整治,挂牌督办了许多违法企业,解决了许多群众关心的热点、难点环境问题。

此外,随着我国社会主义市场经济的建立和发展,市场主体受到经济活动中的利益驱动,为降低生产成本,许多排污单位还存在不正常运行污染治理设施和偷排的行为。市场经济发展的客观因素,经常使企业变动生产计划,原材料的来源、品质,产品的类型、规格与生产工艺经常随着市场的形势发生无法预测的变化,从而造成污染物类型、数量、排放规律等与排污申报登记的数值的不同。所有这一切都需要我们加强污染源现场监察工作。

【资料2】 环境保护部、国家统计局、农业部2010年初联合发布《第一次全国污染源普查公报》,意味着历时两年多的第一次全国污染源普查工作结束。

从普查结果反映出的环境问题看,既有过去熟知的一些情况,如工业污染结构突出、集中在少数行业,经济发达地区污染物排放总量大等,也有不少通过普查反映出来的突出问题，如农业源对水污染的贡献程度高，机动车排放污染物对城市大气污染影响大等问题。第一次全国污染源普查对象共计 592.6 万个，其中工业源 157.6 万个，农业源 289.9 万个，生活源 144.6 万个，集中式污染治理设施 4 790 个。

污染源普查显示：机动车氮氧化物排放量占排放总量的 30%，对城市空气污染影响很大；农业源污染物排放中，化学需氧量排放量为 1 324.09 万吨，占排放总量的 43.7%。农业源也是总氮、总磷排放的主要来源，其排放量分别为 270.46 万吨和 28.47 万吨，分别占排放总量的 57.2% 和 67.3%，对我国水环境的影响较大。

模块二　废水污染源的排放与治理现场监察

一、教学目标

能力目标

◇　能识别不同行业的废水中主要控制的环境指标；

◇　能进行工业企业废水治理及排放的现场检查工作；

◇　能分析和认定企业违法排污行为；

◇　基本能承担水污染环保设施运行管理工作。

知识目标

◇　了解不同废水污染源排放的主要污染物及其危害性；

◇　掌握废水污染源治理与排放的监察要点和操作方法；

◇　理解废水治理与排放的违法行为的法律规定。

二、具体工作任务

◇　识别废水污染源排放的主要污染物及其危害性；

◇　使用简便的快速测定方法判断废水水质异常现象和排水量的核定；

◇　制定工业废水污染源治理与排放的现场监察方案并进行现场监察操作；

◇　辨析废水处理装置运转中可能采用的作弊手段和违法行为。

三、相关知识点

（一）废水中主要控制的环境指标和污染物的来源

水污染物及其来源如表 1—1 所示，主要工业污染源的废水中的主要污染物质（即常规监测项目）如表 1—2 所示。

表 1—1   水污染物及其来源

污染类型			污染物	污染标志	废水来源
物理性污染	热污染		热的冷却水、热废水	升温、缺氧或气体过饱和、富营养化	动力、电站、冶金、石油、化工等废水
	放射性污染		铀、钚、锶、铯	放射性污染	核研究、生产、试验、核医疗、核电站
	表观污染	浑浊	泥、渣、沙、漂浮物	浑浊	地表径流、生活污水、工业废水
		颜色	腐殖质、色素染料、铁、锰	颜色	地表径流、食品、印染、造纸、冶金类废水
		臭味	酚、氯、胺、硫醇、硫化铵等	恶臭	食品、制革、炼油、化肥、农肥
化学性污染	酸碱污染		酸、碱等	pH 值异常	矿山、化工、化肥、造纸、电镀、酸洗废水
	重金属污染		汞、镉、铬、铜、铅、锌等	毒性	矿山、冶金、电镀、仪表类废水
	非金属污染		砷、氰、氟、硫、硒的化合物等	毒性	化工、火电、农药、化肥类废水
	需氧有机物污染		糖类、蛋白质、油脂、木质素等	耗氧导致水体缺氧	食品、印染、制革、造纸、化工类工业废水、生活污水、农田排水
	农药污染		有机氯农药类、多氯联苯、有机磷农药等	水中生物中毒	农药、化工、炼油工业废水、农田排水
	难降解有机物污染		酚、苯、醛类等	耗氧、异味、毒性	制革、化工、炼油、煤矿、化肥工业废水、地表径流
	油类污染		石油及其制品	漂浮、乳化油增加	石油开采、炼油、油轮废油水等
生物性污染	病原菌污染		病菌、虫卵、病毒等	水体带菌、传播疾病	医院、屠宰、畜牧、制革等工业废水、生活污水、地表径流
	霉菌污染		霉菌素等	毒性、致癌	制药、酿造、食品、制革废水
	藻类污染		无机、有机氮磷	富营养化、水体恶化	化肥、化工、食品废水、生活污水、农田排水

表1—2　　　　　　　　　　　主要工业污染源的废水中的主要污染物质

主要工业行业或产品	主要污染物质（常规监测项目）
黑色金属矿（包括磁矿石、赤矿石、锰矿等）	pH值、SS、硫化物、铜、铅、锌、镉、汞、六价铬等
钢铁（包括选矿、烧结、炼铁、炼钢、铁合金、轧钢、炼焦等）	pH值、SS、硫化物、氟化物、COD、挥发酚、氰化物、石油类、铜、铅、锌、镉、汞、六价铬等
选矿	SS、硫化物、COD、BOD、挥发酚等
有色金属矿山与冶炼（包括选矿、烧结、冶炼、电解、精炼等）	pH值、SS、硫化物、氟化物、COD、挥发酚、铜、铅、锌、镉、汞、六价铬等
火力发电、热电	pH值、SS、硫化物、挥发酚、铅、锌、镉、石油类、热污染等
煤矿（包括洗煤）	pH值、SS、硫化物、砷等
焦化	COD、BOD、挥发酚、SS、硫化物、氰化物、石油类、氨氮、苯类、环芳烃等
石油开采	pH值、SS、硫化物、COD、BOD、挥发酚、石油类等
石油炼制	pH值、硫化物、石油类、挥发酚、COD、BOD、SS、氰化物、苯类、环芳烃等
硫铁矿	pH值、SS、硫化物、铜、铅、锌、镉、汞、六价铬等
磷矿、磷肥厂	pH值、SS、氟化物、硫化物、砷、铅、总磷等
雄黄矿	pH值、SS、硫化物、砷等
萤石矿	pH值、SS、氟化物等
汞矿	pH值、SS、硫化物、砷、汞等
硫酸厂	pH值、SS、硫化物、氟化物等
氯碱	pH值、COD、SS、汞等
铬盐工业	pH值、总铬、六价铬等
氮肥厂	COD、BOD、挥发酚、硫化物、氰化物、砷等
磷肥厂	pH值、氟化物、COD、SS、总磷、砷等
有机原料工业	pH值、COD、BOD、SS、挥发酚、氰化物、苯类、硝基苯类、有机氯等
合成橡胶	pH值、COD、BOD、石油类、铜、锌、六价铬、环芳烃等
橡胶加工	COD、BOD、硫化物、石油类、六价铬、苯类、环芳烃等
塑料工业	COD、BOD、硫化物、氰化物、铅、砷、汞、石油类、有机氯、苯类、环芳烃等

续前表

主要工业行业或产品	主要污染物质（常规监测项目）
化纤工业	pH值、COD、BOD、SS、铜、锌、石油类等
农药厂	pH值、COD、BOD、SS、硫化物、挥发酚、砷、有机氯、有机磷等
制药厂	pH值、COD、BOD、SS、石油类、硝基苯类、硝基酚类、苯胺类等
染料	pH值、COD、BOD、SS、硫化物、挥发酚、硝基酚类、苯胺类等
颜料	pH值、COD、BOD、SS、硫化物、汞、六价铬、铅、砷、镉、锌、石油类等
油漆、涂料	COD、BOD、挥发酚、石油类、镉、氰化物、铅、六价铬、苯类、硝基苯类等
其他有机化工	pH值、COD、BOD、挥发酚、石油类、氰化物、硝基苯类等
合成脂肪酸	pH值、COD、BOD、油类、SS、锰等
合成洗涤剂	COD、BOD、油类、苯类、表面活性剂等
机械工业	COD、SS、挥发酚、石油类、铅、氰化物等
电镀工业	pH值、氰化物、六价铬、COD、铜、锌、镍、锡、镉等
电子、仪器、仪器工业	pH值、COD、苯类、氰化物、六价铬、汞、镉、铅等
水泥工业	pH值、SS等
玻璃、玻璃纤维工业	pH值、SS、COD、挥发酚、氰化物、铅、砷等
油毡	COD、石油类、挥发酚等
石棉制品	pH值、SS等
陶瓷制品	pH值、COD、铅、镉等
人造板、木材加工	pH值、COD、BOD、SS、挥发酚等
食品制造	pH值、COD、BOD、SS、挥发酚、氨氮等
纺织印染工业	pH值、COD、BOD、SS、挥发酚、硫化物、苯胺类、色度等
造纸	pH值、COD、BOD、SS、挥发酚、木质素、色度等
皮革及其加工业	六价铬、总铬、硫化物、色度、pH值、COD、BOD、SS、油类等
绝缘材料	COD、BOD、挥发酚等
火药工业	硝基苯类、硫化物、铅、汞、锶、铜等
电池	pH值、铅、锌、汞、镉等

（二）废水污染源的样品采集

参照国家环保部 2009 年发布《水环境标准/［水质采样样品的保存和管理技术规定］》（HJ 493—2009）、《水环境标准/［水质采样技术指导］》（HJ 494—2009）的有关规定，原国家环境保护局发布的国家环境保护标准《水质采样　样品的保存和管理技术规定》（GB 12999—91）废止。新标准于 2009 年 11 月 1 日实施。

1. 采样点位置

废水监测采样，事先应了解废水的排放规律和废水中污染物浓度的时空分布规律，以确定采样点位、采样时间及频率。由于水污染源一般经管道或渠、沟排放，截面积比较小，不需设置断面，是直接确定采样点位的。

（1）在车间或车间设备设施排放口设置采样点监测第一类污染物；在工厂废水总排放口布设采样点监测第二类污染物。除第一类污染物以外的其他监测项目一般都按本要求布设采样点位置。

（2）已有废水处理设施的工厂，在处理设施的排放口布设采样点，为了解废水处理效果，在进、出口分别设置采样点。

（3）在厂区内排污渠道上，采样点应设在渠道较直、水量稳定、上游无污水汇入的地方。在厂区内的排污支管和干线上，通常在窨井内。

（4）当废水以水路形式排到公共水域时，为了不使公共水域的水倒流进排放口，在排放口应设置适当的堰，采样点布设在堰溢流处。

（5）污水处理厂的进、出水口常选作采样点；此外，还可根据污水处理厂工艺控制的要求在各处理构筑物进、出水口及构筑物内适当位置布点。

（6）封闭管道的采样。在封闭管道中采样，也会遇到与开阔河流采样中所出现的类似问题。采样器探头或采样管应妥善地放在进水的下游，采样管不能靠近管壁。湍流部位，例如在"T"形管、弯头、阀门的后部，可充分混合，一般作为最佳采样点，但是对于等动力采样（即等速采样）除外。采集自来水或抽水设备中的水样时，应先放水数分钟，使积留在水管中的杂质及陈旧水排出，然后再取样。采集水样前，应先用水样洗涤采样器容器、盛样瓶及塞子 2 至 3 次（油类除外）。

2. 采样频次

（1）监督性监测。

地方环境监测站对污染源的监督性监测每年不少于 1 次，如被国家或地方环保部门列为年度监测的重点排污单位，应增加到每年 2～4 次。因管理或执法的需要所进行的抽查性监测由各级环保部门确定。

（2）企业自控监测。

工业污水按生产周期和生产特点确定监测频次。一般每个生产周期不得少于 3 次。

（3）科研监测。

对于污染治理、环境科研、污染源调查和评价等工作中的污水监测，其采样频次可以根据工作方案的要求另行确定。

（4）调查性监测。

根据管理需要进行调查性监测，监测站事先应对污染源单位正常生产条件下的一个生产周期进行加密监测。周期在 8 小时以内的，1 小时采 1 次样；周期大于 8 小时的，每 2 小时采 1 次样，但每个生产周期的采样次数不少于 3 次。采样的同时测定流量。

（5）瞬时样与混合样的监测。

排污单位如有污水处理设施并能正常运行使污水能稳定排放，则污染物排放曲线比较平稳，监督性监测可以采瞬时样；对于排放曲线有明显变化的不稳定排放污水，要根据曲线情况分时间单元采样，再组成混合样品。正常情况下，混合样品的采样单元不得少于 2 次。

3. 采样方法

（1）污水的监测项目根据行业类型有不同要求。

在分时间单元采集样品时，测定 pH 值、COD、BOD₅、DO、硫化物、油类、有机物、余氯、粪大肠菌群、悬浮物、放射性等项目的样品，不能混合，只能单独采样。

（2）自动采样与等比例采样。

自动采样用自动采样器进行，有时间等比例采样和流量等比例采样。当污水排放量较稳定时，可采用时间等比例采样，否则必须采用流量等比例采样。

（3）采样的位置。

采样的位置应在采样断面的中心，在水深大于 1 米时，应在表层下 1/4 深度处采样，水深小于或等于 1 米时，在水深的 1/2 处采样。

4. 流量测量方法

（1）污水流量计法。

污水流量计的性能指标必须符合污水流量计技术要求。

（2）容积法。

容积法是将污水纳入已知容量的容器中，测定其充满容器所需要的时间，从而计算污水量的方法。本方法简单易行，测量精度较高，适用于污水量较小的连续或间歇排放的污水。对于流量小的排放口用此方法。

（3）流速仪法。

通过测量排污渠道的过水截面积，以流速仪测量污水流速，计算污水量。多数用于渠道较宽的污水量测量。测量时需要根据渠道深度和宽度确定点位垂直测点数和水平测点数。本方法简单，但易受污水水质影响，难用于污水量的连续测定。

（4）溢流堰法。

是在固定形状的渠道上安装特定形状的开口堰板，过堰水头与流量有固定关系，据此测量污水流量。根据污水量大小可选择三角堰、矩形堰、梯形堰等。溢流堰法精度较高，在安装液位计后可实行连续自动测量。

在排放口处修建的明渠式测流段要符合流量堰（槽）的技术要求。

（5）量水槽法。

在明渠或涵管内安装量水槽，测量其上游水位可以计量污水量。常用的有巴氏槽。用量水槽测量流量与溢流堰法相比，同样可以获得较高的精度（±2％至±5％）和进行连续自动测量。

在选用以上方法时，应注意各自的测量范围和所需条件。以上方法无法使用时，可用统计法。

（6）其他类型的测量。

如污水为管道排放，所使用的电磁式或其他类型的测量计应定期进行计量检定。

5. 水样的保存

各种水质的水样，从采集到分析这段时间内，由于物理的、化学的、生物的作用会发生不同程度的变化，这些变化使得进行分析时的样品已不再是采样时的样品，为了使这种变化降低到最小的程度，必须在采样时对样品加以保护。

（1）样品的冷藏、冷冻。

在大多数情况下，从采集样品后到运输到实验室期间，应将样品放在1℃～5℃的环境中冷藏并暗处保存。冷藏并不适用长期保存，对废水的保存时间更短。零下20℃的冷冻温度一般能延长贮存期。分析挥发性物质不适用冷冻程序。如果样品包含细胞、细菌或微藻类，在冷冻过程中，会使细胞组分破裂、损失，同样不适用冷冻。一般选用塑料容器，强烈推荐聚氯乙烯或聚乙烯等塑料容器。

（2）添加保存剂。

1）控制溶液 pH 值。测定金属离子的水样常用硝酸酸化至 pH 值 1～2，既可以防止重金属的水解沉淀，又可以防止金属在器壁表面上的吸附，同时在 pH 值为 1～2 的酸性介质中还能抑制生物的活动。

用此法保存，大多数金属可稳定数周或数月。测定氰化物的水样需加氢氧化钠调至 pH 值 12。测定六价铬的水样应加氢氧化钠调至 pH 值 8，因在酸性介质中，六价铬的氧化电位高，易被还原。保存总铬的水样，则应加硝酸或硫酸至 pH 值 1～2。

2）加入抑制剂。为了抑制生物作用，可在样品中加入抑制剂。如在测氨氮、硝酸盐氮和 COD 的水样中，加氯化汞或加入三氯甲烷、甲苯作防护剂以抑制生物对亚硝酸盐、硝酸盐、铵盐的氧化还原作用。在测酚水样中用磷酸调溶液的 pH 值，加入硫酸铜以控制苯酚分解菌的活动。

3）加入氧化剂。水样中恒量汞易被还原，引起汞的挥发性损失，加入硝酸——重铬酸钾溶液可使汞维持在高氧化态，汞的稳定性大为改善。

4）加入还原剂。测定硫化物的水样，加入抗坏血酸对保存有利。含余氯水样，能氧化氰离子，可使酚类、烃类、苯系物氯化生成相应的衍生物，为此在采样时加入适当的硫代硫酸钠予以还原，除去余氯干扰。样品保存剂如酸、碱或其他试剂在采样前应进行空白试验，其纯度和等级必须达到分析的要求。

6. 样品的运输

水样采集后必须立即送回实验室,根据采样点的地理位置和每个项目分析前最长可保存时间,选用适当的运输方式。水样运输前应将容器的外(内)盖盖紧。装箱时应用泡沫塑料等分隔,以防破损。

每个水样瓶均需贴上标签,内容包括采样点位编号、采样日期和时间、测定项目、保存方法,并写明用何种保存剂。

7. 常用的现场快速测定方法

为了迅速判别污染状况,需要进行一些必要的现场监测。适宜进行现场监测的指标和监测方法如下所述:

(1) 物理性状观测。对污水排放检查时,应首先进行目视观察,查看颜色、水生物、漂浮物、污浊或油膜等与记录的正常情况有无较大差异,嗅味是否异常等,一般用文字来表述。

1)水温。可采用水温计,也可采用水温测定仪。

2)浊度。采用便携式浊度计。

3)透明度。采用塞氏盘法。将塞氏圆盘沉入水中后,观察至不能看见它时的深度。

(2) pH 值的测定。一般采用玻璃电极法。

(3) 溶解氧的测定。采用便携式溶解氧仪。

(4) COD 的测定。COD 速测仪的检测方法有光度法、化学滴定法、库仑滴定法等。其中库仑滴定法方法简便、试剂用量少,简化了用标准溶液标定的步骤,缩短了加热回流时间,适合于在现场测定 COD。一般不超过 2 小时即可得出数据。

(5) BOD 的测定。相对于检压库仑式 BOD 测定仪、测压法来说,微生物电极法更快捷,它可在 30 分钟内完成一次测定。

(三) 用水量与污水排放量的核定

污水排放量是指按所有污水排放口加总后的污水排放量(体积单位为 m³)。它包括外排的生产废水、厂区生活污水、直接冷却水、矿井水等,不包括独立外排的间接冷却水(清污不分流的间接冷却水应计算在内),按规定排污单位应将生产污水与生活污水分流管理,这样工业废水不包括生活污水。

排污单位应将生产废水中的间接冷却水进行分流管理,不得从总污水排放口排出,以稀释排放浓度。如生活污水与间接冷却水与生产废水混合从总排放口排放,均应计入排污单位的污水排放量。

污水排放量的计量有使用各种流量计测量的,可以直接读出污水的流量,除了连续计量数据外,因为污水流量是不稳定的动态值,一般监测值不稳定,利用新鲜用水量的多少,再用系数法推算出污水排放量的平均值更为合理(所谓新鲜水量推算法);还有些使用三角薄壁堰测出水头高度,计算污水排放量的;对于许多排污不规律、排污量不确定,所报排污量不真实的小排污单位,还可以采用排污系数法,根据实测、物料衡算或国家环保部门确定的行业排污系数和排污单位的产品量计算其污水排放量。

目前多数环境监察机构都是用排污单位的新鲜用水量来估算其污水排放量。如排污单位的新鲜水没有进入其产品，一般其污水排放量可以估算为新鲜水量的 0.8～0.9 倍，如有相当部分变成产品（如啤酒、饮料行业），则其污水排放量应以新鲜水量减去转成产品数量的 0.8～0.9 倍，还有部分行业水的重复利用率很高，如轧钢、选矿等行业水的重复利用率都高达 80%～90%，水经过多次使用，蒸发和流失都很大，这时用新鲜水量推算污水排放量时所用的系数就比较小，有时甚至会降低到新鲜水量的40%～50%。

新鲜水量数据不完整的小企业的污水排放量可以由地市级环保部门根据实际测算数据，确定单位产品的排污系数。

石油化工类生产耗水的 75%～80% 用于冷却；造纸、有色冶金耗水的 80%～90% 用于反应介质。

各行业耗水系数相差也较大，如：啤酒生产耗水在 8 m³/t 啤酒～15 m³/t 啤酒，制糖生产耗水在 150 m³/t 糖～160 m³/t 糖，棉纺印染耗水在 240 m³/t 布，毛纺印染耗水在 440 m³/t 布，粘胶纤维长丝耗水在 400 m³/t 产品，造纸化学制浆耗水在 200 m³/t 纸～350 m³/t 纸。具体数字还要根据产业的实际发展情况而定。

应推行清洁生产工艺，减少生产工艺用水。提高工业用水的重复利用率，既可以减少资源浪费、减少污染排放，同时，由于国家的资源、能源政策，水价不断提高，排污费的征收标准不断提高，减少用水量对排污者来说，还可以降低生产成本。

1. 污水排放量的计算

工业污水的排放量可采取水平衡法、实测法和排放系数法等求取。

（1）水平衡法。在工业企业内部或任意一个用水单元，都存在水平衡的关系，具体工业用水量和排水量的关系如图 1—1 所示。

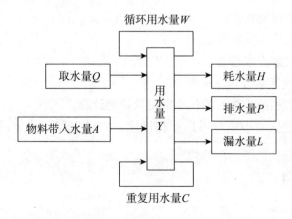

图 1—1　水平衡关系图

根据水平衡关系式：

$$Q+A=H+P+L \tag{1—1}$$

可计算排水量：

$$P=Q+A-H-L \tag{1—2}$$

（2）实测法。

废水排放量采用实测法是最直接、最准确的方法，实测时应首先测定废水的流量或流速（如果测的是流速则应乘以水流截面积），从而计算得出废水排放量。

（3）排放系数法。

排放系数法估算有两种方法：一种是根据用水量和排水量的关系进行估算。

$$P=K_{p_1}W \tag{1—3}$$

式中：P——工业废水排放量，m^3/年；

K_{p_1}——排水系数，即排水量与用水量比值，按工业类型选取，一般在 $0.6\sim 0.9$；

W——企业年用水量，m^3/年。

另一种是根据单位产品的排水量进行估算。

$$P=K_{p_2}G \tag{1—4}$$

式中：K_{p2}——单位产品排水系数，m^3/年；

G——工业产品年产量。

2. 污水中污染物排放量的计算

（1）实测法。

污水中污染物排放量多根据排放口的监测数据，一般使用实测法计算，公式如下：

$$G=KQC \tag{1—5}$$

式中：G——废水中污染物排放量，t/年或 t/天；

C——污染物的实测浓度，mg/L；

Q——单位时间废水排放量，m^3/年或 m^3/天；

K——单位换算系数，废水为 10^{-6}。

（2）缺乏监测数据的小企业的污染物排放量的计算。

对于缺乏监测数据的小企业可以根据国家和省环保部门确定的产品排污系数 K，用系数法根据产量进行估算。公式如下：

$$G=KM(1-\eta) \tag{1—6}$$

式中：M——产品总量；

η——污水处理设施对该污染物的去除率。

在使用物料衡算法和排污系数法确定排污单位的污水中污染物的排污量时，一定要结合工业企业的生产工艺、使用的原料、生产规模、生产技术水平和污染防治设施的去除率等，才能合理反映排污量。

在污水污染物的申报登记统计中某种污染物除了要统计排放量外，还要统计去除量、达标排放量和超标排放量，排污单位所有污水排放口中该污染物能够做到全年稳定达标排放的每个排放口该污染物的排放量之和为达标排放量，未达标的即为超标排放量。

3. 污水去向核实

排污单位在统计污水排放量时，还要分别填写污水排放的去向，包括直接排入海量、直接排入江河湖库量、排入城市管网量、排入城镇污水处理量和其他去向量。

直接排入海量是指直接排入海域的污水量之和。直接排入是指未经城市下水道或其他中间体，直接排入海域的污水。

直接排入江河湖库量是指直接排入江河湖库的污水量之和。直接排入是指未经城市下水道或其他中间体，直接排入江河湖库的污水。排入城市管网量是指每一排放口排入城市管网的污水量之和。

排入城镇污水处理厂量是指每一排放口直接或间接排入城镇污水处理厂的污水量之和。

其他去向量是指每一排放口除直接排入海（江河湖库）量、城市管网量外的污水量之和。

污水排放去向根据排污单位的排污口实际流入的海或江河湖库的具体名称，按《水体/流域代码表》填写污水排放去向代码。

（四）水污染源处理与排放的现场监察

根据环境保护部发布的《工业污染源现场检查技术规范》（HJ 606—2011）有关规定，水污染源现场检查主要包括以下内容。

1. 水污染防治设施检查

（1）设施的运行状态。

检查水污染防治设施的运行状态及运行管理情况，是否不正常使用、擅自拆除或闲置。

（2）设施的历史运行情况。

检查设施的历史运行记录，结合记录中的运行时间、处理水量、能耗、药耗等数据，结合判断历史运行记录的真实性，确定水污染防治设施的历史运行情况。

（3）处理能力及处理水量。

检查计量装置是否完备，处理能力是否能够满足处理水量的需要。

核定处理水量与生产系统产生的水量是否相符，如处理水量低于应处理水量，应检查未处理废水的排放去向。

检查是否按照规定安装了计量装置和污染物自动监控设备，其运行是否正常；检查污水计量装置是否按时计量检定，是否在检定有效期内。

（4）废水的分质管理。

检查对于含不同种类和浓度污染物的废水，是否进行必要的分质管理。

对于污染物排放标准规定必须在生产车间或设施废水排放口采样监测的污染物，检查排污者是否在车间或车间污水处理设施排放口设置了采样监测点，是否在车间处理达标，是否将污染物在处理达标之前与其他废水混合稀释。有一些企业污水排放浓度不能达标往往进行加水稀释，这是违背节能减排要求的，也是违法的。

（5）处理效果。

检查主要污染物的去除率是否达到了设计规定的水平，处理后的水质是否达到了相关污染物排放标准的要求。

（6）污泥处理、处置。

检查废水处理中排出的污泥产生量和污水处理量是否匹配，污泥的堆放是否规范，是否得到及时、有效的处置，是否产生二次污染。污水处理过程中所产生的污泥很不稳定，如不及时处理而随处堆放，可产生二次污染。故应对污水处理过程所产生的污泥经合适的处理方法进行无害化、减量化处理后，再进行填埋或焚烧。

2. 污水排放口的检查

（1）检查污水排放口的位置是否符合规定。

是否位于国务院、国务院有关部门和省、自治区、直辖市人民政府规定的风景名胜区、自然保护区、饮用水源保护区以及其他需要特别保护的区域内。

（2）检查排污者的污水排放口数量是否符合相关规定。

（3）检查是否按照相关污染物排放标准以及 HJ/T 91、HJ/T 373 的规定设置了监测采样点。

（4）检查是否设置了规范的便于测量流量、流速的测流段。

3. 污水排放量的复核

（1）有流量计和污染源监控设备的，检查运行记录。

（2）有给水计量装置的或有上水消耗凭证的，根据耗水量计算排水量。

（3）无计量数及有效的用水量凭证的，参照国家有关标准、手册给出的同类企业用水排水系数进行估算。

4. 排水水质的检查

检查排放废水水质是否达到国家或地方污染物排放标准的要求。检查监测仪器、仪表、设备的型号和规格以及检定、校验情况，检查采用的监测分析方法和水质监测记录。如有必要可进行现场监测或采样。

5. 排水分流及废水的重复利用检查

（1）检查排污单位是否实行清污分流、雨污分流。工业污水与间接冷却水、雨水应严格实行排水的清污分流，以减少治理设施的负荷，减少污水排放。

（2）检查处理后废水的回用情况。从生产工艺、设备、循环用水等方面检查单位产品用水量是否超过国家规定的标准；污水的重复使用，既可节约水资源和减少废水排放，在达标排放情况下，又可减少污染物排放数量。

6. 事故废水应急处置设施检查

检查排污企业的事故废水应急处置设施是否完备，是否可以保障对发生环境污染事故时产生的废水实施截流、贮存及处理。

7. 污染防治设施的变动检查

在生产设施处于正常生产状态下，任何擅自改建、拆除及停运污染防治设施的行为都是违法的。根据《水污染防治法实施细则》的规定，需要停运、拆除或者闲置、改造、更新污染物处理设施的，应当提前向所在的环保局申报，申明理由，并征得其同意。7 日内仍未上报的，应当视为拒批。污染防治设施需拆除、闲置和更新改造的，环保局自接到申请之日起 1 个月内应予批复，逾期不批复的，视为同意。设施确需暂停运行的，应在 10 日内批复，逾期不批复的，视为同意。

污染防治设施因事故或其他突发性原因暂停运转，无法提前申报的，排污单位除采取必要措施避免或减少污染损害外，还应自停运之时起，24 小时内以电话等形式向当地环保局或其环境监察机构报告情况，同时补办申报手续。停运后将使环境受到严重污染或对社会安全带来重大影响的重点生产设施，需相应停止运行或停止向环境排放，并通报可能受到污染危害的单位和居民，以减少污染危害和损失。

（五）水污染治理与排放现场监察工作步骤

水污染治理与排放现场监察工作程序分为五个步骤。

1. 收集信息

掌握辖区所有的水污染防治设施的资料与信息，如设备的数量、分类、分布情况，各污染防治设施的运行特点和存在的问题，常见的违章单位和违章行为。这些信息资料一般来自三个方面：一是从环保系统内部得到的；二是通过日常现场监察获得的；三是通过群众举报、环保热线、媒体报道等获得的。

2. 现场监察活动计划的制定

水污染源监察检查活动计划的内容主要包括：监察目的、时间、路线、对象、重点内容、参加人员、设备工具等。对于重点污染源和一般污染源，应保证规定的监察频率。对辖区内的污染防治设施按计划每年至少应计划监察和随机监察各一次。计划监察要进行全面的检查，定期检查，需要污染源单位做好充分准备。在这种情况下，一般反映的是污染防治设施在最佳状态下运转情况和最佳处理效果，随机监察是反映污染防治设施未经特别准备，正常工作状态下的污染防治设施的一般管理水平、运转情况和处理效果。

3. 现场监察

检查水污染防治设施；检查污水排水口；污水排放量的复核；排水水质的检查；排水分流及废水的重复利用检查；事故废水应急处置设施检查；污染防治设施的变动检查。

应及时进行现场调查取证。取证内容包括：物证、书证、证人证言、视听资料和计算机数据、当事人陈述、环境监测报告及其他鉴定结论、现场笔录等。现场取证根据实际情况而定。

4. 视情处理

实施现场检查的人员在废水污染源检查中，对存在环境违法或违规行为的，根据问题性质、情节轻重，可以按照法律法规的规定，当场采取责令减轻、消除污染，责令限制排污、停止排污，责令改正等处理措施。

对环境违法事实确凿、情节轻微并有法定依据。可按照《环境行政处罚办法》（环境保护部令第 8 号）规定的简易程序，当场作出行政处罚决定；超过上述处罚范围的，填写《环境监察行政处罚建议书》，报环保局。

5. 总结归档

将所有记录、材料分类归档；按年总结，注明运行率、处理率、达标率，并按规定向上级报告。

（六）辨析废水处理装置运转中可能采用的作弊手段

有些企业为了降低废水处理装置的运转费用，有时往往不顾对环境可能带来的危害而在运转中采用一些作弊手段以对付执法部门的检查。从技术上分析，可能有下列手段。

1. 通过铺设暗管或利用设计时为了检修所设置的超越管进行偷排

这一类企业通常会利用处理设施的一部分对废水的表观性状进行适当处理后排放，其他耗电设施平时不运转。由于表观性状得到一定处理，而对 COD、BOD 等污染物质肉眼不能发现，致使外人不能发现排放的废水是否达标排放。需要通过监测采样分析加以确定。

一般情况下，若污水处理厂（站）只有一条生产线或污水处理设施分期建设时，有必要设置超越管，除此外，均可不设超越管。

2. 利用所谓的工艺水进行稀释以对付执法部门的取样检查

有的处理工艺在设计时采用了加压溶气气浮，用于溶气的水采用自来水。在这种情况下，为了对付取样，往往在取样期间采用了很高的溶气比，相当于采用大量的清洁水进行稀释，取样测定结果达标。对此，应尽量避免企业采用自来水作为溶气水源，而应尽量采用回流加压溶气气浮方式。

3. 一边处理一边偷排

执法部门在进行检查时往往可通过触摸电动设备以判断企业是否长期运转，但这对生产负荷严重增加的企业没有办法。企业可能长期开启废水处理设施，但由于污染物产生量大幅度增加，使现有污水处理设施难以满足处理要求，因此企业一方面运行，另一方面偷排。对这种情况，只能摸清企业的排污口，并对其生产和污染物产生量进行核算才能找出证据。

4. 企业污水处理设施没有正常运转

有的企业可能较长时间没有正常运转，但在执法部门检查前一段时间开始运转，并在处理流程中靠近出水管的地方通过埋设的暗管加入自来水，造成处理出水水质良好的假象，这就给执法人员执法造成了困难。若该企业的废水处理设施中含有生物处理单元，则可通过对微生物表观性状的观察来判断该企业是否正常运转了污水处理设施。

5. 将运转费用很高的处理工艺作为污水处理的常规工艺

若将运转费用很高的处理工艺作为污水处理的常规工艺时，显而易见，企业是难以承受这样巨大的运转费用的，势必造成该工艺不会经常运行，也就是说，废水处理达标的可能性极小。

（七）污染防治设施违法行为的认定

1. 污染防治设施违法行为的类型

按照《中华人民共和国环境保护法》及其专项法的规定，污染防治设施违法行为的类型可分为八种：

（1）限期完善的污染防治设施，逾期未完成且排放污染物没有达到要求的；

（2）设施处理量低于应处理量的；

（3）拒报或谎报处理设施情况的；

（4）处理产生的二次污染物未妥善处置的；

（5）擅自拆除或闲置处理设施，污染物排放超标的；

（6）拒绝环境保护部门现场检查或弄虚作假的；

（7）设施停运，造成污染和危害在 24 小时内未报当地环保部门的；

（8）不按规定使用污染防治设施的。

2. 污染防治设施违法行为的认定

（1）未履行法律责任行为的认定。此类违法行为主要指排污单位未履行法律、法规规定的防治污染的责任的行为。

（2）擅自拆除处理设施的认定。排污单位的处理设施在拆除前未征得县级以上环保局的批准，并已自行拆除，可视为擅自拆除行为。

（3）闲置处理设施的认定。有以下几种情况：处理设施未与相应产生污染的生产设施同时运行；已有的处理设施搁置不用；虽然处理设施在运行，但已失去作用，也相当于闲置。污染防治设施经环保部门批准在规定时间内停运，逾期无故仍不启动，视为擅自闲置。

（4）拒绝环保部门现场检查或弄虚作假违法行为的认定。包括：拒绝环保部门进入现场；排污单位不积极配合，虚报、谎报，提供虚假材料。

（5）污染物超标排放的认定。污染防治设施不正常使用后所排放的污染物超过国家或地方规定的污染物排放标准。

（6）"不正常使用"污染物处理设施的认定。根据环境保护部发布的《工业污染源现场检查技术规范》（HJ 606—2011）的有关规定，排污者有下列行为之一的，可以认定为"不正常使用"污染防治设施：

1）将部分或全部废水不经过处理设施，直接排入环境；

2）通过埋设暗管或者其他隐蔽排放的方式，将废水不经处理而排入环境；

3）非紧急情况下开启污染物处理设施的应急排放阀门，将部分或全部废水直接排入环境；

4）将未经处理的废水从污染物处理设施的中间工序引出直接排入环境；

5）将部分污染物处理设施短期或长期停止运行；

6）违反操作规程使用污染物处理设施，致使处理设施不能正常发挥处理作用；

7）污染物处理设施发生故障后，排污者不及时或不按规程进行检查和维修，致使处理设施不能正常发挥作用；

8）违反污染物处理设施正常运行所需的条件，致使处理设施不能正常运行的其他情形。

（7）"故意"的认定。排污者明知自己的行为可能导致污染处理设施不能正常发挥处理作用，并希望或放任该结果的发生，环保部门可以认定为"故意"不正常使用污染物处理设施。

对污染防治设施违法违章行为的认定是进行处理的前提。在认定过程中，作为监察人员，对法律、法规中有关设施违法行为的规定要熟知；对污染防治设施的工艺技术过程及有关的技术参数要了解和掌握；对设施违章行为的特点要有把握。只有这样才能准确地认定违法行为，及时予以处理。

四、思考与训练

（1）工业废水中主要控制的环境要素指标有哪些？

（2）简述环境监察工况调查的内容。

（3）水污染源监察的要点有哪些？

（4）企业的哪些行为可以认定为闲置处理设施？

（5）技能训练 1：某工业生产企业的废水污染治理设施运行管理与排放现场监察。

1）实训目的。对辖区区域内的某排污单位的污染物治理设施的运行与管理情况、污染物排放情况进行现场监察实训活动，培养环境监督管理一线检查和企业内部环境管理的技能。

2）实训工具。

现场监测仪器：废水采样器、废水采样瓶、pH 试纸、pH 值快速测定仪；

取证必备工具：交通车辆、通信工具、照（摄）相器材、纸笔；

实训所需资料：监察所需的现场检查记录表、监测采样表、实训指导书。

3）实训地点和形式。某生产工厂生产车间及其工业废水处理站现场。

分组实训：4～5人一小组进行现场实训，现场采样、记录、检查、询问以及编写报告，分工明确。

4）实训任务。进行工业废水处理与排放现场监察实训，监督检查工厂污染源是否存在偷排、漏排、不合格排放废水；是否闲置废水污染物处理设施、设备；是否有私设暗管直接排放未经处理合格的废水；企业内部环境管理是否到位；污泥处理是否存在二次污染情况。

5）实训要求。

a. 能编写现场监察工作方案；

b. 基本了解工业企业工况运行与产污环节；

c. 熟悉污染治理设施运行操作与管理；

d. 能够进行污染物合格排放表观判断；

e. 能够进行废水污染源现场监察操作；

f. 能够进行废水污染源现场采样；

g. 能编写工厂污染源治理运行管理与排放现场监察报告。

6）实训步骤。废水污染源监察操作步骤如图1—2所示。

第一步	信息收集。一是从环保系统内部得到的信息；二是通过日常现场监察获得的信息；三是通过群众举报、环保热线、媒体报道等获得的信息。
第二步	制定污染源现场监察活动计划。计划的内容包括：监察目的、时间、路线、对象、重点内容、参加人员和设备工具等。
第三步	水污染源现场监察。按制定的监察任务进行现场环境监察，及时做好现场调查取证和记录。
第四步	视情处理。分析与认定环境违法或违规行为，根据问题性质、情节轻重执行行政处罚法定程序。
第五步	总结归档。按期总结污染源监察情况，并写出相应的监察报告。对所有的原始记录、材料要分类归档备查。

图1—2 废水污染源监察操作步骤

（6）技能训练2：

任务来源：根据情境案例1提出的要求，完成相应的工作任务。

训练要求：根据上述案例资料，4～5人一组进行讨论，提出废水污染源现场监察的主要内容和现场取证手段，对检查结果的事实进行分析和违法行为认定，并撰写一份环境监察报告。

训练提示：按照废水污染源现场监察要求和方法、违法行为的认定等方面的知识点的应用加以完成。

模块三　废气污染源的排放与治理现场监察

一、教学目标

能力目标

◇　能识别不同行业产生的废气主要污染物；

◇　能对工业生产的燃烧废气和工艺废气的处理及排放进行现场检查；

◇　能承担工厂废气处理和运行管理工作；

◇　能分析、认定废气污染源排放与治理的违法行为。

知识目标

◇　了解废气污染源排放的环境指标及危害性；

◇　掌握废气污染源排放与治理的现场监察任务和操作方法；

◇　了解企业环境管理和环保设备运行的基本知识。

二、具体工作任务

◇　识别废气污染源排放的环境指标及来源；

◇　使用简便的快速监测方法判断烟尘排放异常情况；

◇　对燃烧废气污染源排放与治理制定现场监察方案并进行现场监察；

◇　对生产工艺废气、粉尘和恶臭污染源的排放与管理进行现场监察；

◇　分析和判断与废气污染源有关的违法行为。

三、相关知识点

（一）大气污染的主要形式

大气污染的排放一般可分为有组织排放和无组织排放两大类。大型锅炉、窑炉、反应器等，排气量大，污染物浓度高，设备封闭性好，排气便于集中处理，容易进行组织排放。在生产过程中，某些污染源产生大气污染物的点比较分散或难以收集，如原料堆放场产生扬尘或挥发成分的挥发等形成的无组织排放。大气污染的主要形式包括以下几种。

1. 燃料燃烧产生的废气污染

燃料燃烧的污染源主要是各类锅炉，在燃料燃烧过程中产生的废气污染，还有各类工业炉窑在生产过程中使用燃料产生的废气污染中，有相当比例是由于使用燃料产生的废气污染，其余为生产工艺原辅料及燃料产生的废气污染。工业燃料燃烧污染源主要是火电、冶金、建材的各类工业锅炉和炉窑，燃料燃烧产生的废气污染与燃料成

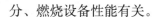

分、燃烧设备性能有关。

2. 生产工艺产生的废气污染

生产工艺过程废气排放量是指在钢铁、有色金属冶炼、建材工业、人造纤维、石油化工等行业在生产工艺过程中，如物料加工、破碎、筛分、输送、冶炼、气体泄漏、液体蒸发等都会产生大气污染，产生和排放的废气污染成为生产工艺废气污染。

生产工艺过程产生的废气污染分为有组织排放和无组织排放。有组织排放是将产生的废气使用固定的排气筒，收集、处理并向高空排放，无组织排放是从设备的各部位分散地、成面源性地排放。有组织排放的工艺废气，比较容易控制和计量，便于监控，无组织排放的工艺废气，既不便于控制，也不便于计量。《污染源监测技术规范》规定，无组织排放有毒有害气体的，应加装引风装置，进行收集、处理，以便于监督管理。

3. 流动污染源产生的废气污染

交通污染源主要是机动车船和飞机。交通工具主要靠燃油提供动力，其尾气排放主要含有氮氧化物、碳氮化合物、铅、碳氧化物等污染物质，另外机动车在运行过程中还会产生大量扬尘。

4. 扬尘污染源产生的废气污染

采矿、道路施工、建筑施工、仓储、运输、装卸及某些农业活动会产生大量扬尘，极易造成局部污染。在许多城市环境管理过程中，扬尘污染正在引起人们的极大关注，一些省市对生产、运输和贮存过程中产生扬尘污染作出一些限制性规定，并对违反相关规定的行为确定了处罚规定。

(二) 大气污染物排放的主要控制指标

大气污染物的种类包括几十种，常见的污染物主要有 SO_2、烟尘、粉尘、NO_x 和 CO 等。

废气污染源的主要污染物质如表 1—3、表 1—4 所示。

表 1—3　　　　　　　　　　　主要工业废气污染源的主要污染物质

主要工业行业或产品	主要污染物质（常规监测项目）
燃料燃烧（火电、热电、工业、民用锅炉）	SO_2、NO_x、烟尘、烃类（油气燃料）等
黑色金属冶炼工业	SO_2、NO_x、CO、粉尘、氰化物、硫化物、氟化物等
有色金属冶炼工业	SO_2、NO_x、粉尘（含铜、砷、铅、锌、镉等）、CO、氟化物、汞等
炼焦工业	SO_2、CO、烟尘、粉尘、硫化氢、苯并 [a] 芘、氨、酚
矿山	粉尘、NO_x、CO、硫化氢等

环境监察实务

续前表

主要工业行业或产品	主要污染物质（常规监测项目）
选矿	SO_2、硫化氢、粉尘等
有机化工	酚、氰化氢、氯、苯、粉尘、酸雾、氟化氢等
石油化工	SO_2、NO_x、硫化氢、烃、苯类、酚、醛、粉尘等
氮肥工业	硫化氢、氰化氢、氨、粉尘等
磷肥工业	粉尘、氟化物、酸雾、SO_2等
化学矿山	NO_x、粉尘、CO、硫化氢等
硫酸工业	SO_2、NO_x、粉尘、氟化物、酸雾等
氯碱工业	氯、氯化氢、汞等
化纤工业	硫化氢、粉尘、二氧化碳、氨等
燃料工业	氯、氯化氢、SO_2、氯苯、苯胺类、硫化氢、硝基苯类、光气、汞等
橡胶工业	硫化氢、苯类、粉尘、甲硫醇等
油脂化工	氯、氯化氢、SO_2、氟化氢、氯磺酸、NO_x、粉尘等
制药工业	氯、氯化氢、硫化氢、SO_2、醇、醛、苯、肼、氨等
农药工业	氯、硫化氢、苯、粉尘、汞、二硫化碳、氯化氢等
油漆、涂料工业	苯、酚、粉尘、醇、醛、酮类、铅等
造纸工业	粉尘、SO_2、甲醛、硫醇等
纺织印染工业	粉尘、硫化氢等
皮革及皮革加工业	铬酸雾、硫化氢、粉尘、甲醛等
电镀工业	铬酸雾、氰化氢、粉尘、NO_x等
灯泡、仪表工业	粉尘、汞、铅等
水泥工业	粉尘、SO_2、NO_x等
石棉制品	石棉尘等
铸造工业	CO、SO_2、NO_x、氟化氢、粉尘、铅等
玻璃钢制品	苯类
油毡工业	沥青烟、粉尘等
蓄电池、印刷工业	铅尘等
油漆施工	溶剂、苯类等

表 1—4 废气污染物的类别

类别	污染物
无机气态污染物	SO_2、NO_x、CO、氯气、氯化氢、氟化物、氰化物
无机雾态污染物	硫酸雾、铬酸雾、汞及其化合物
颗粒状污染物	一般性粉尘、石棉尘、玻璃棉尘、炭黑尘、铅及其化合物、铬及其化合物、铍及其化合物、镍及其化合物、锡及其化合物、烟尘
有机烃或碳氢氧化合物	苯、甲苯、二甲苯、苯并 [a] 芘、甲醛、乙醛、丙烯醛、甲醇、酚类、沥青烟
有机碳氢氧或其他	苯胺类、氯苯类、硝基苯、丙烯腈、氯乙烯、光气
恶臭污染物	硫化氢、氨气、三甲氨、甲硫醇、甲硫醚、二甲二硫、苯乙烯、二硫化碳

（三）大气污染源处理与排放现场监察

根据环境保护部发布的《工业污染源现场检查技术规范》（HJ 606—2011）有关规定，大气污染源现场检查主要包括以下内容。

1. 燃烧废气的检查

燃烧废气污染源是大气环境监察的主要对象，工业污染源主要包括工业锅炉和炉窑两大类，锅炉的规格都比较大；餐饮、娱乐、服务业的锅炉、茶（浴）炉大灶、商灶等，一般规格都比较小；还有居民炉灶等。几乎所有排污单位都有燃烧废气的烟尘、SO_2 和 NO_x 等污染问题，但主要是由锅炉、炉窑或其他燃烧设备生产引起的。其环境监察要点为：

（1）检查燃烧设备的审验手续及性能指标。

了解锅炉的性能指标是否符合相关标准和产业政策；检查环保设备的配套状况及环保审批、验收手续。

锅炉房的烟囱高度应符合《锅炉大气污染物排放标准》规定的要求。各种锅炉的烟囱应按规定设置便于永久采样的监测孔及相关设施，如安装了自动监测设施，应保证设施能够正常运行。

（2）检查燃烧设备的运行状况。

检查除尘设备的运行状况，干清除是否漏气或堵塞，湿清除灰水的色泽和流量是否正常；检查灰水及灰渣的去向，防止二次污染。

（3）检查二氧化硫的控制。

检查燃烧设备的设置、使用是否符合相关政策要求，用煤的含硫量是否符合国家规定，是否建有脱硫装置以及脱硫装置的运行情况、运行效果。

（4）检查氮氧化物的控制。

检查是否采取了控制氮氧化物排放的技术和设备。

2. 工艺废气、粉尘和恶臭污染物的检查

（1）检查废气、粉尘和恶臭排放是否符合相关污染物排放标准的要求。

对有组织排放大气污染源排放有异味污染物的一定要督促其进行净化，达到排放标准，如检查屠宰、制革、炼胶、饲料加工、食品发酵、石油生产等向大气排放恶臭的物质及治理情况。对无组织排放大气污染源排放有异味污染物的，应要求其对排放有毒气体进行有组织收集，并进行必要的净化。

确定无组织排放大气污染源排放的主要污染物及其浓度，确定排放每种污染物的排放量。一般都是大致估算无组织排放污染物的排放量。污染物无组织排放量的确定目前还比较困难，一般都是与企业协议估算确定。

（2）检查可燃性气体的回收利用情况。

（3）检查可散发有毒、有害气体和粉尘的运输、装卸、贮存的环保防护措施。

对有组织排放大气污染源排放有毒污染物的一定要督促其进行净化，达到排放标准，如检查含汞、铅、锡、氟、氯、硫化物、氯气、酸雾等无机有毒物质和苯、醛、醇、硝基苯、丙烯腈等有机有毒物质的废气和粉尘排放和治理情况。对无组织排放大气污染源排放有毒污染物的，应要求其对排放有毒气体进行有组织收集，并进行必要的净化。

3. 大气污染防治设施的检查

（1）除尘系统检查。

检查除尘器是否得到较好的维护，保持密封性；除尘设施产生的废水、废渣是否得到妥善处理、处置，避免二次污染。

燃料燃烧时产生的烟尘包括黑烟和飞灰两部分，它们的产生量与燃料成分、设备、燃烧状况有关。常用的测烟尘的方法有林格曼仪法、收尘法、光电透视法、烟尘测定仪法。

检查烟尘的排放首先要依据《锅炉大气污染物排放标准》（GB 13271—2001）检查排放的烟尘是否达标，然后再测算排放的烟尘数量是否与排污申报相一致。

层式燃烧方式锅炉的烟尘排放一般使用林格曼黑度计检查排气口，应注意正确使用黑度计。

对于非层式燃烧的锅炉的烟尘排放量一般不应采用黑度法确定，而应采用实测方法进行测定，即先采样确定排烟浓度和废气排放量，再测算烟气中排放的烟尘总量。

在现场检查时对黑度超标的，不仅要进行查处，更要对产生的原因进行分析，要求其采取措施进行纠正。锅炉排放烟尘超标可能有多种原因：锅炉刚点火的初始烟尘；锅炉设备的原因；燃烧状况不好；加煤不均匀，有空洞；通风不恰当，挡板位置不对；渣坑未封住，有冷空气进入；集尘设备不密封，有磨损，锁气器未锁，未及时清灰造成堵塞；操作工未按规范操作等。

应查炉灰与炉渣。若含碳量高则说明燃烧不完全，可在煤种、设备、操作等方面找原因。

应查除尘、集尘设备。干清除要防止漏气或堵塞；湿清除要检查灰水的色泽与流量，流量太小是不正常的，无灰水说明不运行。要检查灰水及灰渣的去向，防止二次污染。

还应严查擅自将除尘设施停止运行的偷排行为，对这种行为要严厉查处。

要检查采用的除尘方式，确定去除率，烟尘、粉尘排放的控制技术包括：重力沉降室、旋风除尘器、静电除尘器、袋式除尘器、湿式除尘器。常见的除尘设施和各类除尘器的除尘效率如表1—5、表1—6所示。

表1—5　　　　　　　　　　　　　　　常见的除尘设施

处理设施	作用	用途
重力沉降室	含尘气进入沉降室流速降低，颗粒物在重力作用下沉降	除尘效率较低，常用于一级除尘
惯性除尘器	利用粉尘的惯性力大于气体的惯性力，将其分离	除尘效率较低，常用于一级除尘
旋风除尘器	利用旋转的含尘气流产生的惯性力将颗粒物分离	除尘效率可达80%左右，一般作预除尘
袋式除尘器	含尘气流穿过许多滤袋时粉尘被滤出、排除	除尘效率较高，可达99%以上
静电除尘器	利用静电力从废气中分离尘颗粒	除尘效率较高，可达95%以上
湿式除尘器	利用洗涤液与含尘气体充分接触，将尘粒洗涤、净化	除尘效率较高，可达90%以上

表1—6　　　　　　　　　　　　　　　各类除尘器的除尘效率

除尘方式	平均除尘率(%)	除尘方式	平均除尘率(%)	除尘方式	平均除尘率(%)
立帽式	48.5	SG旋风	89.5	同济（DE）旋风	90.7
干式沉降	63.4	XZY旋风	80.0	C型、CLP（XLP）	83.3
湿法喷淋、冲击、降尘	76.1	XZS旋风	80.9	管式水膜	75.6
XSW（原DG）双级旋风	80.6	双级涡旋—6.5、10	86.5	麻石水膜	88.4
XPW（原PW）平面旋风	81.1	XCZ旋风	88.5	其他旋风水膜	83.3
CLG、DGL旋风	79.9	XPX旋风	93.0	管式静电	85.1
XZZ－D450旋风	90.3	XCZ旋风（原新CZT）	92.0	板式静电	89.7
XZZ－D550、750	93.6	XDF旋风	75.1	玻璃纤维布袋	99.0
XZD/G－578110	94.0	埃索式旋风	93.3	百叶窗加电除尘	95.2

续前表

除尘方式	平均除尘率(%)	除尘方式	平均除尘率(%)	除尘方式	平均除尘率(%)
XZD/G—φ980×2~φ1 260×4	88.9	扩散式旋风	85.8	湿式文丘里水膜两级除尘	96.8
XS－1A~4A 旋风	92.3	陶瓷多管旋风	71.3	SW 型钢管水膜	93.0
XS－65A~20A 旋风	88.0	金属多管旋风	83.3	立式多管加灰斗抽风除尘	93.0
XND/G 旋风	92.3	XWD 卧式多管旋风	94.1	电除尘	＞97.0

废气处理设施的主要参数是去除率，一般废气处理设施的铭牌上都标有去除率，但这是理想状态下的去除率，实际去除率一般都会小于此值。如有监测值可以计算实际运行的去除率：

$$\eta = (C_1 - C_2)/C_1 \tag{1—7}$$

式中：η——处理设施的去除率；

C_1——处理设施进口粉尘浓度，mg/m^3；

C_2——处理设施出口粉尘浓度，mg/m^3。

二级除尘的总去除率为：

$$\eta = 1 - (1 - \eta_1)(1 - \eta_2) \tag{1—8}$$

烟尘的产生量与锅炉的燃烧方式、燃煤的灰分、除尘率和燃煤消耗量有关，烟尘的排放量可以利用实测法、检测法、林格曼黑度法和烟尘物料衡算法等测算出来。还要检查废气治理设施的运行状态，检查运行记录和监测报告，确定废气处理设施的实际处理率和正常运行天数。许多排污单位虽然具备了除尘和脱硫设施，但由于考虑污染治理成本，只有在检查时才将治理设施正常运转，平时尤其是夜间经常擅自停运治理设施，造成污染大量排放。对擅自停运治理设施、偷排污染物的违法行为，必须通过明察、暗访、群众举报，进行严厉查处。

下面介绍燃煤烟尘量的计算方法。燃煤烟尘主要包括黑烟和飞灰两部分。黑烟是指烟气中未完全燃烧的炭粒，燃烧越不完全，烟气中黑烟的浓度越大。飞灰是指烟气中不可燃烧的矿物质的细小固体颗粒。黑烟和飞灰的产生量都与炉型和燃烧状态有关。烟尘的计算可采用以下两种方法：

第一，实测法。在一定的测试条件下，测出烟气中烟尘的排放浓度，然后用以下公式计算：

$$G_d = 10^{-6} Q_y \overline{C} T \tag{1—9}$$

式中：G_d——烟尘排放量，kg/年；

Q_y——烟气平均流量，m³/小时；

$\overline{C}$——烟尘排放平均浓度，mg/m³；

T——排放时间，小时/年。

第二，估算法。对于无测试条件和数据的或无法进行测试的，可采用以下公式计算：

$$G_d = \frac{BAd_{fh}(1-\eta)}{1-C_{fh}} \tag{1—10}$$

式中：B——耗煤量，t/年；

A——煤的灰分，%；

d_{fh}——烟气中烟尘占灰分量的百分数，%，其值与燃烧方式有关，具体可查阅相关手册；

η——烟尘系统的除尘效率，未装除尘器时，$\eta=0$；

C_{fh}——烟尘中的可燃物的质量百分数，%，一般取15%～45%，电厂煤粉炉可取4%～8%，沸腾炉可取15%～25%。

（2）脱硫系统检查。

检查是否对旁路挡板实行铅封，增压风机电池等关键环节是否正常；检查脱硫设施的历史运行记录，结合记录中的运行时间、能耗、材料消耗、副产品产生量等数据，综合判断历史运行记录的真实性，确定脱硫设施的历史运行情况；检查脱硫设施产生的废水、废渣是否得到妥善处理、处置，避免二次污染。

各种脱硫技术的平均效果如表1—7所示。

表1—7　　　　　　　　　　各种脱硫技术的平均效果

脱硫技术	燃煤设施	脱硫率	脱硫技术	技术类型	脱硫率
旋转喷雾干燥烟气脱硫	电站锅炉	80%	脱除黄矿石	浮选	30%～40%
石灰石—石膏法脱硫		>90%	分风力选、空气中介硫化床选、摩擦选、磁选、电选	干法选煤	20%～40%
磷铵肥法脱硫		>95%			
角管式锅炉炉内喷钙脱硫	工业炉窑	50%	燃烧时加入固硫剂，如碳酸钙粉吸收剂注入等	燃烧过程脱硫	50%～60%
工业型煤固硫		50%	煤中掺有固硫剂	型煤脱硫	50%
循环流化床脱硫		80%	用石灰干法涤气脱硫，适用于高硫煤	碱性烟气脱硫	一般可达85%（80%～90%）

SO_2的排放量与燃煤的含硫率、耗煤量、脱硫率有关，可以用物料衡算法和实测

法进行测算。

化石燃料（煤、原油、重油等）普遍含有硫分。煤中的硫分一般为 0.2％～5％。燃煤中硫分高于 1.5％ 为高硫煤，城市燃煤高于 1％ 的也视为高硫煤。液体燃料主要包括：原油、轻油（汽油、煤油、柴油）和重油。原油硫分在 0.1％～0.3％，重油硫分在 0.5％～3.5％，原油中的硫元素通常富集于釜底的重油中，一般轻油中的硫分要低于 0.1％。燃料燃烧后，其所含硫分同时氧化，形成硫氧化物，一般以 SO_2 计。SO_2 随烟气进入大气后在相对湿度大、气压低，且有颗粒物存在的情况下可以生成硫酸雾。

为了严格控制 SO_2 的排放总量，国家对含硫 3％ 以上的煤矿限制开采；对开采含硫 1.5％ 以上的煤要求进行脱硫洗选；城市用煤的含硫量国家限定应低于 1％；对大型燃烧设备要求有脱硫装置，改进燃烧设备和增设脱硫设施；限制在城市附近新建燃煤电厂和其他大量排放 SO_2 的工业企业；两控区内的 SO_2 应逐步实行总量控制。

为了测算排污单位燃料燃烧过程中的 SO_2 的产生量和排放量，应检查其燃料消耗的种类、产地，含硫量、脱硫措施的脱硫率等项指标，通过核定以上各项指标，可以采用物料衡算法计算 SO_2 排放的总量。

二氧化硫的计算：

1）燃煤。煤炭中的全硫分包括有机硫、硫铁矿和硫酸盐，前两种为可燃性硫，燃烧后生成二氧化硫，第三种为不可燃硫，燃烧后进入灰分。通常情况下，可燃性硫占全硫分的 80％～90％，计算时可取 85％。在燃烧过程中，可燃性硫和氧气反应生成二氧化硫。每 1 kg 硫燃烧将产生 2 kg 二氧化硫。因此，燃煤产生的二氧化硫可以用下式进行计算：

$$G(SO_2) = 2 \times 85\% \times B \times S = 1.7BS \tag{1—11}$$

式中：$G(SO_2)$ ——二氧化硫的产生量，kg；

B ——耗煤量，kg；

S ——煤中的全硫分含量，％。我国各地的煤含硫量不一样，具体数值可由煤炭生产厂提供煤质报告或自行测定所使用用煤的含硫量。

2）燃油。燃油产生的二氧化硫计算公式与燃煤基本相似，具体如下：

$$G(SO_2) = 2 \times B \times S \tag{1—12}$$

式中：B ——耗油量，kg；

S ——燃油中的硫含量，％。

3）天然气。天然气燃烧产生的二氧化硫主要是由其中所含的硫化氢燃烧产生的，因此二氧化硫的计算公式如下：

$$G(SO_2) = 2.857B\varphi_{H_2S} \tag{1—13}$$

式中：B ——气体燃料量，m^3；

φ_{H_2S}——气体燃料中硫化氢的体积百分数,%;

2.857——1 标准立方米二氧化硫的质量,kg。

以上燃烧系统如果没有配置脱硫设施,燃烧产生的二氧化硫将全部排放;如果燃烧系统有脱硫装置,则二氧化硫的排放量为:

$$G_p = (1-\eta)G(SO_2) \tag{1—14}$$

式中:G_p ——二氧化硫的排放量,kg;

η ——脱硫效率,%。

(3)其他气态污染物净化系统检查。

检查废气收集系统效果;检查净化系统运行是否正常;检查气体排放口主要污染物的排放是否符合国家或地方标准;检查处理中产生的废水和废渣的处理、处置情况。

检查锅炉是否有低氮燃烧措施,是否有脱硝措施,确定 NO_x 排放量。NO_x 排放量与燃煤的含氮率、锅炉燃烧的炉温及是否采用低氮燃烧和脱硝技术有关。

下面介绍氮氧化物的计算方法。燃料燃烧生成的氮氧化物主要有两个来源:一是燃料中含氮的有机物,在燃烧时与氧反应生成的大量一氧化氮,通常称为燃料型 NO;二是空气中的氮在高温下氧化为氮氧化物,通常称为温度型氮氧化物。燃料含氮量的大小对烟气中氮氧化物浓度的高低影响很大,而温度是影响温度型氮氧化物量的主要因素。对于燃料燃烧产生的氮氧化物量可用以下公式计算:

$$G(NO_x) = 1.63B[\beta N + 10^{-6}V_yC(NO_x)] \tag{1—15}$$

式中:$G(NO_x)$ ——燃料燃烧生成的氮氧化物的量,kg;

B ——煤或重油耗量,kg;

N ——燃料中氮的含量,可查表或自行测定;

β ——燃料氮向燃料型 NO 的转变率,%,与燃料含氮量 N 有关,一般燃烧条件下,燃煤层燃炉可取 25%～50%;N≥0.4%时,燃油锅炉为 32%～40%,煤粉炉可取 20%～25%。

4. 废气排放口的检查

(1)检查排污者是否在禁止设置新建排气筒的区域内新建排气筒。

(2)检查排气筒高度是否符合国家或地方污染物排放标准的规定。

(3)检查废气排气通道上是否设置采样孔和采样监测平台。

有污染物处理、净化设施的,应在其进出口分别设置采样孔。采样孔、采样监测平台的设置应当符合 HJ/T397 的要求。

5. 无组织排放源的检查

(1)对于无组织排放有毒气体、粉尘、烟尘的排放点,有条件做到有组织排放的,检查排污单位是否进行了整治,实行有组织排放。

(2)检查煤场、料场、货场的扬尘和建筑生产过程中的扬尘,是否按要求采取了防治扬尘污染的措施或设置了防尘设备。

（3）在企业边界进行监测，检查无组织排放是否符合环保标准的要求。

（四）废气样品的监测

1. 有关参数测定

废气采样时必须同时测定烟气的温度、含湿量、成分、压力、流速及流量等参数。

2. 烟尘采样

烟尘采样是在选定的点位，用等速采样方法吸取一定量的烟尘气样，收集其中的尘粒并定量，根据抽取的烟气量求出烟尘气中的含量。由于烟气中的颗粒具有惯性，如果采样速度与烟道气流速度不等时，采到的样品中所含颗粒的代表性不强。等速采样即气体进入采样口的速度与采样点气体在烟气道中的流速相等（误差不能超过10%）。等速采样的方法有：普通采样管法、平行管采样法、平衡采样法。

3. 烟气采样

一般由于烟气中的气态和气溶胶中有害组分在烟道中分布均匀，因此不需等速采样，也不需多点采样，在烟道的中心位置采样即可。采样方法与空气监测的采样方法相同，将采样瓶的入口接到采样管出口处采集。

4. 固定污染源排放烟气黑度的测定

一般采用烟尘黑度计（林格曼仪）以目视法观测烟气，按林格曼烟气浓度图观测、分级。仪器一般前端为测烟望远镜，由目镜调节和接口装置组成。目镜在目测时调节，仪器内应有各国通用的标准林格曼烟气浓度图，缩制在望远镜焦面近处的分划板上。它的黑度等级分为六级。在仪器后端可安装照相机，可以拍下照片作为证据。

目视法观测烟气参考《固定污染源排放烟气黑度的测定 林格曼烟气黑度图法》（HJ/T 398—2007）。

5. SO_2 的测定

用于连续测定大气中 SO_2 的监测仪器以紫外荧光监测仪应用最为广泛。

（五）工业废气治理与排放现场监察操作步骤

1. 收集信息、分类建档

掌握辖区所有的污染防治设施的资料与信息，如设备的数量、分类、分布情况，各污染防治设施的运行特点和存在的问题，常见的违章单位和违章行为。这些信息资料一般来自三个方面：一是从环保系统内部得到的；二是通过日常现场监察获得的；三是通过群众举报获得的有关污染防治设施停运、拆除或运转异常的信息。

对辖区内所拥有的污染防治设施都应建立详细的档案，记录的内容应包括：基本情况（所属单位及生产、经营情况，建设日期、类型，"三同时"验收技术资料等）、技术参数（处理的污染物来源、成分，防治设施的处理效果，排放情况等）、管理情况（负责人、管理机构、有关管理制度和有关规定等）、存在的问题（污染防治设施存在哪些缺陷和隐患，如哪些设施不稳定，与生产负荷是否相适应，设施维护的情况，是否能正常运行，发生突发污染事故的可能性和实际状况等）、违章情况（发生过哪些违章行为，处理结果等记录情况）。

2. 制定计划方案

废气污染源现场检查活动计划的内容主要包括：检查目的、时间、路线、对象、重点内容、参加人员、设备工具等。对于重点污染源和一般污染源，应保证规定的检查频率。对辖区内的污染防治设施按计划每年至少应计划监察和随机监察各一次。计划监察要进行全面的检查，定期检查，需要污染源单位做好充分准备。

3. 现场监察

（1）检查燃料燃烧产生废气的治理与排放。

锅炉使用燃料的检查；燃烧设备的检查；检查除尘设施和烟尘排放量；检查脱硫措施、确定脱硫率和 SO_2 的排放量；检查是否有低氮燃烧和脱硝措施，确定 NO_x 的排放量。现场是否需要进行固定污染源排放烟气黑度的测定，判断是否超标排放。

（2）检查工艺废气、粉尘和恶臭污染源的治理与排放。

检查排污单位的大气污染源，确定有无组织排放；检查有组织排放大气污染源的污染排放；检查无组织排放大气污染源的污染排放；检查大气污染源是否排放有毒污染物；检查大气污染源是否排放有异味污染物。

4. 视情处理

实施现场检查人员在废气污染源检查中，对存在环境违法或违规行为的，根据问题性质、情节轻重，可以按照法律法规的规定，当场采取责令减轻、消除污染，责令限制排污、停止排污，责令改正等处理措施。

对环境违法事实确凿、情节轻微并有法定依据的，可按照《环境行政处罚办法》规定的简易程序，当场作出行政处罚决定；超过上述处罚范围，填写《环境监察行政处罚建议书》，报环境保护行政主管部门。

5. 总结归档

将所有记录、材料分类归档；按年总结，注明其运行率、处理率、达标率，并按规定向上级报告。

（六）废气污染源有关的违法行为的认定

1. 排放废气的违法行为

（1）向大气排放污染物超过国家和地方规定排放标准。

（2）未采取有效污染防治措施，向大气排放粉尘、恶臭气体或者其他含有有毒物质气体。

（3）未经当地环保部门批准，向大气排放转炉气、电石气、电炉法黄磷尾气、有机烃类尾气。

（4）未采取密闭措施或者其他防护措施，运输、装卸或者贮存能够散发有毒有害气体或者粉尘物质。

（5）城市饮食服务业的经营者未采取有效污染防治措施，致使排放的油烟对附近居民的居住环境造成污染。

2. 燃烧、焚烧的违法行为

（1）在人口集中地区和其他依法需要特殊保护的区域内，焚烧沥青、油毡、橡胶、塑料、皮革、垃圾以及其他产生有毒有害烟尘和恶臭气体的物质。

（2）在人口集中地区、机场周围、交通干线附近以及当地人民政府划定的区域内露天焚烧秸秆、落叶等产生烟尘污染的物质。

（3）当地人民政府规定的期限届满后继续燃用高污染燃料。

（4）新建的所采煤炭属于高硫分、高灰分的煤矿，不按照国家有关规定建设配套的煤炭洗选设施。

（5）排放含有硫化物气体的石油炼制、合成氨生产、煤气和燃煤焦化以及有色金属冶炼的企业，不按照国家有关规定建设配套脱硫装置或者未采取其他脱硫措施。

3. 产生扬尘的违法行为

（1）在城市市区进行建设施工或者从事其他产生扬尘污染的活动，未采取有效扬尘防治措施，致使大气环境受到污染。

（2）未采取防燃、防尘措施，在人口集中地区存放煤炭、煤矸石、煤渣、煤灰、砂石、灰土等物料。

4. 违法经营、使用或闲置设备的行为

（1）排污单位不正常使用大气污染物处理设施，或者未经环境保护行政主管部门批准，擅自拆除、闲置大气污染物处理设施。

（2）生产、销售、进口或者使用禁止生产、销售、进口、使用的设备，或者采用禁止采用的工艺。

（3）将淘汰的设备转让给他人使用。

5. 违反有关法律制度的行为

（1）拒报或者谎报国务院环境保护行政主管部门规定的有关污染物排放申报事项。

（2）拒绝环保部门或者其他监督管理部门现场检查或者在被检查时弄虚作假。

四、思考与训练

（1）简述大气污染的主要形式。

（2）简述生产工艺废气环境监察的要点。

（3）工业企业燃烧废气排放和污染治理设施的环境监察从哪些方面着手？

（4）技能训练1：某生产企业的废气污染源治理与排放现场监察。

1）实训目的。对当地环保职能部门所辖区域内的某排污单位的废气污染物治理设施的运行与管理情况、污染物排放情况进行现场监察实训活动，培养环境监督管理一线检查和企业内部环境管理的技能。

2）实训工具。

现场监测仪器和取证必备工具：林格曼黑度望远镜、交通工具（车辆）、通信工具、照相（摄像）器材、纸笔。

实训所需资料：监察所需的现场检查记录表、现场监测表、实训指导书。

3）实训地点和形式。某工厂生产车间工艺废气收集及治理现场、锅炉房及炉渣堆放场。

分组实训：4～5人一小组进行现场实训，现场采样、记录、检查、询问以及编写报告，分工明确。

4）实训任务。进行工业废气处理与排放现场监察实训，监督检查工厂是否存在不合格排放废气；是否闲置废气污染物处理设施、设备；企业内部环境管理是否到位。

5）实训要求。

a. 能编写现场监察工作方案；

b. 基本了解工业企业工况运行与产污环节；

c. 熟悉污染治理设施运行操作与管理；

d. 能够进行污染物合格排放表观判断；

e. 能够进行废气污染源现场监察操作；

f. 能够进行烟尘林格曼黑度现场监测；

g. 能编写工厂废气污染源治理运行管理与排放现场监察报告。

6）实训步骤。工业废气污染源监察操作步骤如图1—3所示。

第一步	收集信息并分类建档。掌握辖区所有的大气污染防治设施的资料与信息，对辖区内所拥有的大气污染防治设施都应建立详细的档案。
第二步	制定计划方案。包括检查目的、时间、路线、对象、监察内容、参加人员、设备工具等。
第三步	现场监察。检查辖区内燃料燃烧产生废气的治理与排放；检查工艺废气、粉尘和恶臭污染源的治理与排放。
第四步	视情处理。对即时违章行为依法进行分析与认定。
第五步	总结归档。编写工业废气污染源现场监察报告。

图1—3　工业废气污染源监察操作步骤

（5）技能训练2。

任务来源：根据情境案例2完成相应的工作任务。

训练要求：根据案例资料，4～5人一组进行讨论，编写一份工业大气污染专项整治监察工作方案，并根据现场监察结果，撰写一份污染源现场监察调查报告。

训练提示：按照工业废气污染源监察要点、监察计划要素以及违法行为的认定等方面的知识点的应用加以完成。

模块四　固体废物处理处置与噪声污染源排放现场监察

一、教学目标

能力目标

◇　能进行工业固体废物排放量的核定；

◇　能应用环境法律和政策对固体废物的处理处置进行现场监察；

◇　能进行各类噪声污染源的现场监察。

知识目标

◇　了解固体废物的来源及分类；

◇　熟悉工业固废管理政策和监察内容；

◇　熟悉各类噪声污染源排放的管理要求。

二、具体工作任务

◇　识别各类固体废物处理与管理的政策；

◇　分析、判断固体废物的违法排放行为；

◇　进行固废处理与处置现场监察；

◇　制定工业噪声污染源现场监察方案并进行厂界噪声现场监察。

三、相关知识点

（一）固体废物的环境监察

1. 固体废物的产生源和分类

《固体废物污染环境防治法》所定义的固体废物，是指在生产、生活和其他活动中产生的丧失原有利用价值或者虽未丧失利用价值但被抛弃或者放弃的固态、半固态和置于容器中的气态的物品、物质以及法律、行政法规规定纳入固体废物管理的物品、物质。主要包括固体颗粒、垃圾、炉渣、污泥、废弃的制品、破损器皿、残次品、动物尸体、变质食品、人畜粪便等，还包括禁止排入水体的废酸、废碱、废油、废有机溶剂等高浓度的液态废物。

按产生来源，固体废物主要包括工业固体废物、建筑垃圾、农业固体废物和生活垃圾等。

（1）工业固体废物。

工业固体废物是指在工业生产活动中产生的固体废物。工业固体废物按其特性又可以分为一般工业固体废物和危险废物。

1）一般工业固体废物。一般工业固体废物又分为Ⅰ类和Ⅱ类两类。

Ⅰ类：按照《固体废物浸出毒性浸出方法》（GB 5086—1997）规定的方法进行浸出试验而获得的浸出液中，任何一种污染物的浓度均未超过《污水综合排放标准》（GB 8978—1996）中最高允许排放浓度，且 pH 值在 6～9 的一般工业固体废物。

Ⅱ类：按照《固体废物浸出毒性浸出方法》（GB 5086—1997）规定的方法进行浸出试验而获得的浸出液中，有一种或一种以上的污染物浓度超过《污水综合排放标准》（GB 8978—1996）中的最高允许排放浓度，或者 pH 值在 6～9 之外的一般工业固体废物。

2）危险废物。根据国家环保部联合国家发改委发布的《国家危险废物名录》共 46 种危险废物，该名录自 2008 年 8 月 1 日起施行。危险废物是根据国家规定的危险废物鉴别方法认定的，具有爆炸性、易燃性、易氧化性、毒性、腐蚀牲、易传染疾病等危险特性之一的废物。在计量时，规定单位（t）保留两位小数。

（2）建筑垃圾。主要有砖石、水泥块、垃圾等。

（3）农业固体废物。主要有秸秆、废旧农具、农膜、畜禽养殖粪便、烂草等。

（4）生活垃圾。主要有灰渣、脏土、废塑料、废玻璃、废金属、杂品、厨房垃圾等。

为了防止固体废物污染环境，一般要采取综合利用和无害化处理的方法，短期贮存应以综合利用、无害化处置和永久性贮存为最终目的。各类污染源产生的主要固体废物如表 1—8 所示。

表 1—8　　　　　　　　　　各类污染源产生的主要固体废物

来源	产生的主要固体废物
矿业	剥离废石、废旧设备、木材、砖瓦、混凝土等建筑废料等
冶金	高炉渣、钢渣、铁合金渣、铅鼓风炉渣、铜反应炉渣、新罐渣、新窑渣、锑竖炉渣、锡钢化炉渣、汞沸腾炉渣等
石化工业	硫铁矿渣、铬渣、电石渣、合成氨煤灰渣、磷渣、白土渣、盐泥、酸渣、碱渣、添加剂渣、废催化剂渣、硼矿渣、氯化钙、页岩渣、油泥、废石膏、水处理污泥、炉灰渣、废旧设备、建筑废料等
机械交通工业	金属碎屑、沙石、废模型、废设备、废汽车、废仪表、废电器、水处理污泥、工业炉窑渣、建筑废料等
轻纺食品工业	铬渣、废橡胶、废塑料、废布、废纤维、废染料、金属碎屑、废玻璃瓶、废罐头盒、炉灰渣、水处理污泥、建筑废料、酸造渣等
工业	钴进出渣、镍冶炼渣、赤泥、铬渣、砷铁渣、含砷烟尘、碱渣、废旧设备、建筑废料等
电器仪表工业	金属碎屑、废塑料、废玻璃、碱渣、酸渣、废油、废溶剂、废电器、废仪器、炉渣、重金属渣、水处理渣、建筑废料等
建材工业	水泥窑灰、建筑废料等

续前表

来源	产生的主要固体废物
居民生活固体废物	锅炉渣、灰渣、脏土、废金属、废玻璃、废器皿、杂品、建筑废料、污泥、粪便、厨房垃圾、废塑料、废纸张、废布头等
农业固体废物	秸秆、杂草、烂果菜、糠秕、人畜粪便、废旧农具、废农药容器、农膜塑料等

固体废物的分类如图1—4所示。

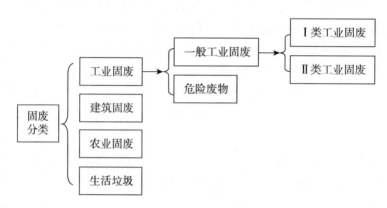

图1—4　固体废物的分类

2. 固体废物的环境政策

我国对固体废物的政策是鼓励综合利用，允许无害化处置，存贮必须有符合环保要求的专设场，必须以综合利用和处置为最终目的，禁止固体废物排放，尤其严禁向水体排放。目前固体废物污染环境防治政策是严禁危险固体废物随意排放，要求集中处置，对固体废物要求减量化、无害化和资源化。

2004年12月29日修订的《固体废物污染环境防治法》规定了国家污染防治的政策。

对一般性固体废物的违规贮存、处理，免除了排污费，但强调了不免除污染防治的责任，同时按规定进行处罚。

原国家环保局于1992年10月1日颁布实施《防止尾矿污染环境管理规定》。该规定明确企业产生的尾矿必须排入尾矿设施，对无尾矿设施或尾矿设施不完善的企业，应限期建成或完善；贮存含属于有害废物的尾矿，其尾矿库必须采取防渗漏措施；尾矿库必须有防治尾矿流失和尾矿扬尘的措施；产生尾矿的企业应加强尾矿设施的管理和检查，消除泄漏和事故隐患。

3. 危险废物污染防治技术政策

（1）危险废物污染防治的技术政策。

国家环境保护部对危险废物管理的总原则是减量化、资源化、无害化。危险废物的减量化主要促进企业采用低废、少废、无废工艺；禁止采用《淘汰落后生产能力、工艺和产品的目录》中明令淘汰的技术工艺和设备。

1) 对已经产生的危险废物管理，必须按照国家有关规定申报登记，建设符合标准的专门设施和场所妥善保存并设立危险废物标示牌，按有关规定自行处理处置或交由持有危险废物经营许可证的单位收集、运输、贮存和处理处置。

2) 危险废物的收集和运输。应使用符合国家标准的专门容器分类收集。要严格按照危险废物运输的管理规定进行危险废物的运输，减少运输过程中的二次污染和可能造成的环境风险。

3) 危险废物的越境转移应遵从《控制危险废物越境转移及其处置巴塞尔公约》的要求，危险废物的国内转移应遵从《危险废物转移联单管理办法》及其他有关规定的要求，禁止在转移过程中将危险废物排放至环境中。

4) 危险废物的资源化应首先考虑回收利用，减少后续处理处置的负荷，回收利用过程应达到国家和地方有关规定的要求，避免二次污染。

5) 危险废物的贮存。产生单位必须建设专门的危险废物贮存设施进行贮存，并设立危险废物标志，或委托具有专门危险废物贮存设施的单位进行贮存，贮存期限不得超过国家规定。贮存危险废物的单位需拥有相应的许可证。

6) 危险废物的焚烧设施的建设、运营和污染控制管理应遵循《危险废物焚烧污染控制标准》及其他有关规定。医院临床废物、含多氯联苯废物等一些传染性的，或毒性大，或含持久性有机物污染成分的特殊危险废物宜在专门焚烧设施中焚烧。

7) 危险废物的填埋。必须按入场要求和经营许可证规定的范围接受危险废物，达不到入场要求的，须进行预处理并达到填埋场入场要求。

（2）特殊危险废物污染防治。

特殊危险废物是指毒性大，或环境风险大，或难于管理，或不宜用危险废物的通用方法进行管理和处理处置，而需要特别注意的危险废物，如医院的临床废物、多氯联苯类废物、生活垃圾焚烧飞灰、废电池、废矿物油、含汞废日光灯管等。

1) 鼓励医院临床废物的分类收集，分别进行处理处置，禁止一次性医疗器具和敷料的回收利用；

2) 含多氯联苯的废物应尽快集中到专用的焚烧设施中进行处置，不宜采用其他途径进行处置；

3) 生活垃圾焚烧产生的飞灰不得在产生地长期贮存，不得进行简易处置，不得排放，需进行安全填埋处置；

4) 生产电池的企业应按照国家法律和产业政策，调整产业政策，调整产品结构，按期淘汰含汞、镉电池，避免含汞、镉电池混入生活垃圾焚烧设施，废铅酸电池必须进行回收利用，不得用其他办法进行处置，其收集、运输环节必须纳入危险废物管理；

5) 废矿物油的管理应遵循《废润滑油回收与再生利用技术导则》等有关规定，禁止将废矿物油任意抛洒、掩埋或排入下水道以及用作建筑脱模油，禁止继续使用硫酸/白土法再生废矿物油；

6）加强废日光灯管产生、收集和处理处置的管理，鼓励重点城市建设区域性的废日光灯管回收处理设施。

（3）城市污水处理厂的污泥归类。

国家环境保护部在《关于解释城市污水处理厂污泥是否属于工业固体废物的复函》中已明确：城市污水处理厂的污泥属于环保设施运营产生的固体废物，属于工业固体废物。但一般工业污水处理厂的污泥不仅属于工业固体废物，有些因其含有有毒污染物，也应列入危险废物管理。

4. 工业固体废物排放量的计算

应先确定排污者回收固体废物的产生量、综合利用量、处置量和贮存量，都必须符合环境保护规定的要求，再进行工业固体废物排放量的计算。不符合环境保护要求的固体废物的综合利用量、处置量和贮存量，应视为工业固体废物排放量。工业固废排放量的计算公式如下：

工业固废排放量＝工业固废产生量－贮存量－综合利用量－处置量
＋综合利用和处置往年贮存量

（1）确定工业固废综合利用量。

工业固废综合利用量是指通过回收、加工、循环、交换等方式，从固废中提取或转化出可利用的资源、能源或其他原料的固废。

《国家经委关于开展资源综合利用若干问题的暂行规定》中列举了综合利用的目录，对综合利用的方式从六个方面作了明确规定。《控制危险废物越境转移及其处置巴塞尔公约》中关于综合利用的作业方式作出了明确规定，如表1—9所示。

表1—9　　　　　　　　　　　　固体废物的回收和综合利用

固体废物的名称	综合利用	处置
煤矸石	煤矸石的综合利用要实行"谁利用、谁受益"的原则，应以大宗利用为重点，将煤矸石发电、煤矸石建材及制品、复垦回填以及煤矸石山无害化处理等作为重点。	回填
有色金属尾矿	含石英为主的尾矿可生产蒸压硝酸盐矿砖、生产玻璃、碳化硅等，含方解石、石灰石的尾矿可生产水泥；含二氧化硅和氧化铝的尾矿可用于耐火材料生产；矿山废石可用于铺路、筑尾矿坝等。	井下填充和填埋露天材料场
粉煤灰	可用于生产粉煤灰烧结砖、粉煤灰蒸养砖、粉煤灰硅酸盐砌块、加气混凝土、粉煤灰陶粒，可代替黏土作水泥的原料，可用作生产水泥的混合材料或用于筑路。	回填

续前表

固体废物的名称	综合利用	处置
高炉渣	作水泥的混合材料，用于生产矿渣硅酸盐水泥、石膏矿渣水泥、钢渣矿渣水泥；生产矿渣砖，用于筑路、地基工程、铁路道渣；用于混凝土骨料、轻骨料、矿渣棉；利用高钛矿渣作护路材料。	—
钢渣	用于钢铁冶炼溶剂、生产水泥、筑路、生产建材，用于制钢渣硅肥、磷肥、酸性土壤改良剂，用于回收废钢。	造地
铬渣（铬浸出渣）	加入还原剂，在一定温度条件下使六价铬转成三价铬解毒，解毒之后可制作建材。	解毒之后可用于填埋
化学石膏	化学石膏可用作水泥参合料，制作石膏板、生产熟石膏，磷石膏可用于制硫铵和碳酸钙，还可用作土壤改良剂。	—
废催化剂	因含有稀贵金属可根据不同特点精制提纯，作为二次资源加以利用。	—
石油炼制工业固体废物	含油量高的罐底泥、池底泥可当作燃料；作污水处理的油泥可用于制砖；有机酸废液经过化学处理可制成二次产品；油页岩渣可生产多功能建材。	—
石化工业固体废物	废酸、废碱液经化学处理可回收有用成分；反应废物一般可以作为燃料加以利用。	—
石油化纤固体废物	废酸、碱液经化学处理可回收有用成分；涤、腈、锦、维、丙纶聚合单体废品可经再加工制成纤维。	—

（2）确定工业固体处置量的数量。

工业固废处置量指固废焚烧或最终置于符合环境保护规定要求的场所并不再取回的工业固废量，包括处置往年的固废量。

2001年国家颁布实施了《一般工业固体废物贮存、处置场污染控制标准》（GB 18599—2001），规定了一般工业固体废物贮存、处置场的选址设计、运行管理、关闭与封场，以及污染控制与监测等要求。

处置方式和综合利用方式最主要的区别是处置并没有使固废资源化，剩下的仍然是废物。

（3）确定工业固体废物贮存的数量。

固废贮存必须以综合利用或处置为目的，将固废暂时堆存在专设集中的堆存场中，专设的贮存场和贮存设施必须符合环境保护的要求（有防扩散、防流失、防渗漏、防止污染大气及水体的措施）。注意实际工作中固废的贮存和排放往往不好区分，贮存必须以综合利用及处置为最终目的，同时环保部门和当事人应有明确的时间约定，即当事人应在多长时间内将废物处理掉，现在有些环境监察机构就明确规定贮存的时间不能超过三个月，否则视为排放。

5. 固体废物的监察任务

（1）检查固体废物的来源和种类。

通过分析排污单位使用的原料、产品、生产工艺确定应产生固体废物的种类、产生规律、产生方式，检查产生的固体废物哪些属于一般固体废物，哪些属于危险废物，利用物料核算确定各种固体废物和危险废物的产生量。

（2）确定一般固体废物的排放量。

对一般性固体废物，看是否有贮存设施，是否有处置和综合利用的设施。按《固体废物污染防治法》的规定，建设工业固体废物贮存、处置的设施、场所，必须符合国务院环保部门规定的环境保护标准。如果没有建设以上设施、场所的，其生产过程固体废物的产生量即视为排放量。有以上设施，但不符合环境保护标准，则不符合环境保护标准贮存和处置的产生量也应视为排放量。

（3）严查危险废物的管理。

贮存危险废物必须采取符合国家环境保护标准的防范措施，贮存期不得超过1年；确需延长期限的，必须报经原批准经营许可证的环保部门批准，法律、行政法规另有规定的除外。

危险废物的收集、贮存、运输、处置危险废物的设施或场所，必须设置危险废物的识别标志。对没有设置识别标志的，应处罚，并责令改正。

对产生危险废物的排污单位，必须按照国家的有关规定，要求其对危险废物进行无害化处理。对于不按规定处置的，应责令其限期处置，逾期不处置或处置不符合国家有关规定的，应指定有能力代为处置的单位代其处置，处置费用由产生危险废物的单位承担。以填埋方式处置危险废物不符合规定的，还应缴纳危险废物排污费。

（4）严格危险废物的管理制度。

查处未经许可擅自从事收集、贮存、处置危险废物。危险废物的运入和运出应填写危险废物转移联单，并履行报告制度。应严格检查固体废物的处置和贮存场所与设施是否严格符合防扬散、防流失、防渗漏的环保要求。

根据《危险废物转移联单管理办法》的相关规定，转移和接受危险废物的单位应遵循以下要求：

1）需进行危险废物交换和转移活动的单位，应向有关部门提出申请，经批准领取危险废物转移联单后，方可进行交换、转移活动。在交换过程中，交换双方必须严格遵守环保部门和其他依法行使监督职能的有关部门的规定，不得擅自更改。

2）交换和转移危险废物前，危险废物的产生单位必须首先对危险废物的有害特性和形态做出鉴别，然后对危险废物进行安全包装，并按照《危险货物包装标志》（GB 190—2009）的规定在包装明显位置上附以标签，并如实填写《危险废物转移联单》（联单保存5年）。

3）危险废物的运输者和接收者若发现危险废物的名称、数量等与《危险废物转移联单》填写内容不符，有权拒绝运输、拒绝接受，并向受理申请的环保部门报告，受理申请的环保部门应当及时组织调查，做出处理决定。

4）危险废物运输单位必须得到接受危险废物的单位所在地的环保部门的许可。在转移危险废物的过程中，必须使用专门的或有安全防护设施的运输工具，能有效地防止危险废物在转移途中散落、泄露和扬散，并具备对可能发生的事故采取应急措施的能力。

5）在危险废物交换和转移的过程中，发生事故或其他突发性事件，造成或者可能造成环境污染时，有关责任单位必须立即采取措施消除或者减轻对环境的污染危害。及时通报可能受到污染危害的单位和居民，并向事故发生地县级以上环保部门报告，接受调查和处理。

6）接收危险废物的单位，必须具有相应的符合环保和安全要求的利用、处置和贮存的场地、厂房和设备，落实事故防范和应急措施。

（5）注意固体废物贮存和处置场所的安全性。

如尾矿库遇暴雨可能产生泥石流等安全隐患，还要防止产生二次污染，如煤矸石场的自燃、尾矿库遇风产生扬尘。

（6）检查固体废物的综合利用和无害化处置。

鼓励排污单位在固体废物的管理方面实现减量化、无害化、资源化。

6．固体废物处理处置设施的监察任务

（1）固体废物中有些废物在收集、贮存、运输、利用、处置时易随风飘扬，形成二次污染，因此，在监察时要检查其防扬散措施是否齐全。

（2）固体废物中的有害物质易随雨水向地层渗入，造成地下水和土壤污染，应检查其防渗漏措施是否齐全，在贮存时是否设置人造或天然衬里，是否配备浸出液收集、处理装置。

（3）危险性固体废物不正确处置会造成大气、水体、土壤等的严重污染，因此对危险废物的检查要严格。第一要检查其是否具有识别标签；第二要检查在贮存、处置、运输中是否采取了防护措施；第三要检查危险废物管理制度包括监控系统是否健全。

7．固废处理处置与排放违法行为的认定

（1）有关工业固体废物处理处置与排放的违法行为。

1）不按照国家规定申报登记工业固体废物，或者在申报登记时弄虚作假的。

2）对暂时不利用或者不能利用的工业固体废物未建设贮存的设施、场所安全分类存放，或者未采取无害化处置措施的。

3）将列入限期淘汰名录被淘汰的设备转让给他人使用的。

4）擅自关闭、闲置或者拆除工业固体废物污染环境防治设施、场所的。

5）在自然保护区、风景名胜区、饮用水水源保护区、基本农田保护区和其他需要特别保护的区域内，建设工业固体废物集中贮存、处置的设施、场所和生活垃圾填埋场的。

6）擅自转移固体废物出省、自治区、直辖市行政区域贮存、处置的。

7）拒绝县级以上人民政府环保部门或者其他固体废物污染环境防治工作的监督管理部门现场检查的。

（2）有关生活垃圾处理处置与排放的违法行为。

1）从事畜禽规模养殖未按照国家有关规定收集、贮存、处置畜禽粪便，造成环境污染的。

2）随意倾倒、抛撒或者堆放生活垃圾的。

3）擅自关闭、闲置或者拆除生活垃圾处置设施、场所的。

4）工程施工单位不及时清运施工过程中产生的固体废物，造成环境污染的。

5）工程施工单位不按照环境卫生行政主管部门的规定对施工过程中产生的固体废物进行利用或者处置的。

6）在运输过程中沿途丢弃、遗撒生活垃圾的。

（3）有关危险废物收集、运输与处理处置的违法行为。

1）不设置危险废物识别标志的。

2）不按照国家规定申报登记危险废物，或者在申报登记时弄虚作假的。

3）擅自关闭、闲置或者拆除危险废物集中处置设施、场所的。

4）将危险废物提供或者委托给无经营许可证的单位从事经营活动的。

5）不按照国家规定填写危险废物转移联单或者未经批准擅自转移危险废物的。

6）将危险废物混入非危险废物中贮存的。

7）未经安全性处置，混合收集、贮存、运输、处置具有不相容性质的危险废物的。

8）将危险废物与旅客在同一运输工具上载运的。

9）未经消除污染的处理将收集、贮存、运输、处置危险废物的场所、设施、设备和容器、包装物及其他物品转作他用的。

10）未采取相应防范措施，造成危险废物扬散、流失、渗漏或者造成其他环境污染的。

11）在运输过程中沿途丢弃、遗撒危险废物的。

12）无经营许可证或者不按照经营许可证规定从事收集、贮存、利用、处置危险废物经营活动的。

13）将境外的固体废物进境倾倒、堆放、处置的；进口属于禁止进口的固体废物或者未经许可擅自进口属于限制进口的固体废物用作原料的；经中华人民共和国过境转移危险废物的。

（4）有关固体废物污染控制的其他违法行为。

1）尾矿、矸石、废石等矿业固体废物贮存设施停止使用后，未按照国家有关环境保护规定进行封场的。

2）未采取相应防范措施，造成工业固体废物扬散、流失、渗漏或者造成其他环境污染的。

3）在运输过程中沿途丢弃、遗撒工业固体废物的。

（二）环境噪声的监察

1. 环境噪声污染

（1）噪声。

噪声泛指强度超过一定标准，影响、干扰人们正常工作、生活和休息的声音。随着城市工业、交通运输、建筑施工等行业的发展，噪声已成为现代城市中一个严重的环境污染问题。

近年来，随着人们环境意识的提高和对生活质量要求的提高，环境噪声污染已成为城市人密切关注的突出敏感问题。2002 年统计年报显示，在大中城市噪声问题投诉比例占环境问题投诉的 44.8%，其中主要投诉的是生活噪声和建筑施工噪声的扰民问题。

（2）环境噪声的监察对象。

主要包括工业企业噪声、建筑施工噪声、交通运输噪声和社会生活噪声。

1）工业企业噪声，是指在工业生产活动中使用固定的设备时产生的干扰周围生活环境的声音。

2）建筑施工噪声，是指在建筑施工过程中产生的干扰周围生活环境的声音。

3）交通运输噪声，是指在交通运输中产生的干扰周围生活环境的声音。

4）社会生活噪声，是指人为活动所产生的除工业噪声、建筑施工噪声和交通运输噪声之外的干扰周围生活环境的声音。

（3）环境噪声的测量距离。

环境噪声的测量主要是测量噪声源及由此产生的 1 米外敏感处的环境噪声值。

2. 工业噪声源的监察

（1）工业噪声源的特征。

工业噪声源包括各种风机、空压机、电机、锻压冲压设备、内燃机、电动机、球磨机、高压气流管、阀门和振动设备等。噪声在 70～120 dB。

（2）工业环境噪声源的监察。

1）检查产生噪声的设备。检查产生噪声设备是否为国家禁止生产、销售，进口、使用的淘汰产品。如许多老式风机，由于能耗高，噪声可达 100 dB 以上，已被明令禁止使用。

应检查产生噪声设备的布局是否合理。很多情况下，企业噪声对环境的影响是由于产生噪声的设备过于接近厂界造成的。

2）检查产生噪声设备的管理。一些设备在运行一个时期以后，由于机械力的作用，会产生位移、偏心、固定不稳等现象，产生额外的噪声与振动。转动、传动部件的磨损，也会使噪声升高，超过原设计与申报的噪声值。在监察中应督促企业加强设

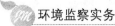

备的维护，及时更换磨损部件，降低噪声。

3）检查噪声控制设备的使用。噪声控制设备常见的有隔声罩、隔声门窗、消声器、隔振器及阻尼等。设备加装防噪装置后会给设备的操作带来一些不便，如安装隔声罩后，在维护机器时就需要将隔声罩拆开，有时工人怕麻烦，在维护完工后，不及时将隔声罩装上。隔声门窗的安装会使室内空气流通性下降，室温也会有所升高，操作工人有时会违反规定将门窗打开，这就失去了安装隔声门窗的意义。在现场监察中要注意查看噪声控制设备是否完好，是否按要求使用。

4）监督噪声源的工作时间。产生噪声设备的管理还包括生产时间的合理安排，为了减少对环境的影响，有关设备应避免在中午、夜间等干扰休息时间运行。

5）检查噪声污染防治设施是否执行环保手续。检查噪声污染防治设施是否符合设计要求，对新建设施看其是否办理"三同时"手续，是否经环保部门竣工验收。检查污染防治设施在管理上是否到位，有无擅自拆除或闲置现象。

6）现场检查噪声污染排放情况及防治效果。根据国家《工业企业厂界噪声测量方法》及《建筑施工场界噪声测量方法》，进行现场监测，看其经治理后噪声排放是否达到国家《工业企业厂界噪声标准》及《建筑施工场界噪声限值》。

3. 工业企业厂界噪声的监测

（1）测点位置的选择。

测量工业企业外噪声应在企业边界线 1 米处进行，根据初测结果声级每涨落 3 分贝（不大于 3 dB 为稳态噪声）布置一个测点。

若无边界以城建部门划定的建筑红线为准。

若厂界与居民住宅相连，厂界噪声无法测量时，测点应选在居室中央，室内限值应比相应标准值低 10 dB（A）。测点（即传声器位置，下同）应选在法定厂界外 1 米，高度 1.2 米以上的噪声敏感处。如厂界有围墙，测点应高于围墙。

（2）测量仪器。

精度为 Ⅱ 级以上的声级计或环境噪声自动监测仪，其性能符合《声级计电声性能及测量方法》，应定期校验。灵敏度差不得大于 0.5 dB（A）。测量时传声器加风罩。

（3）测量条件。

在企业正常工作时间内进行；分昼、夜两部分；应在无雨、无雪天气中测，风力在 5.5 米/秒以上时停止测量。

（4）读数方法。

用声级计采样时，仪器动态特性为"慢"响应，采样时间间隔为 5 秒；用环境噪声自动监测仪采样时，仪器动态特性为"快"响应，采样时间间隔不大于 1 秒。计权特性"A"，时间"特慢性"，同时记录两测点间距离（米）。

测量时间：稳态噪声测量 1 分钟的等效声级；周期性噪声测量一个周期的等效声级；非周期性非稳态噪声测量整个正常工作时间的等效声级。

（5）测量记录与数据处理。

本底噪声应低于所测噪声 10 dB（A）以上，否则修正。避免外来突发噪声。

背景值修正：若测量值与背景值差值小于 10 dB（A），按表 1—10 进行修正。

表 1—10　　　　　　　　　　　　　　背景值修正表

差值（dB）	3	4～6	7～9
修正值（dB）	−3	−2	−1

工业企业厂界噪声测量记录包括：工厂名称，适用标准类型，测量仪器，测量时间，测量人，测点编号，主要声源，昼间、夜间测量值，并附测点示意图。

在测量时间内，声级起伏不大于 3 dB（A）的噪声视为稳态噪声，否则称为非稳态噪声。在测量时间内，声级变化具有明显的周期性的噪声为周期性噪声。厂界外噪声源产生的噪声为背景噪声。

4. 建筑施工噪声的监察

《环境噪声污染防治法》规定："在城市范围内向周围生活环境排放建筑施工噪声的，应当符合国家规定的建筑施工场界环境噪声排放标准。"（第 28 条）"在城市市区范围内，建筑施工过程中使用机械设备，可能产生环境噪声污染的，施工单位必须在工程开工十五日前向工程所在地县级以上地方人民政府环保部门申报该工程的项目名称、施工场所和期限、可能产生的环境噪声值以及所采取的环境噪声污染防治措施的情况。"（第 29 条）"在城市市区噪声敏感建筑物集中区域内，禁止夜间进行产生环境噪声污染的建筑施工作业，但抢修、抢险作业和因生产工艺上要求或者特殊需要必须连续作业的除外。"（第 30 条第 1 款）

（1）建筑施工噪声源的特征。

城市建设中（包括房屋、道路、桥梁等施工）越来越多地采用机械化施工设备，提高了建设速度，同时也产生了噪声，干扰了人民群众的生活。特别是在市区的建筑施工，受噪声影响的人数更多。建筑施工噪声声级一般为 80～100 dB（A）。主要噪声源包括推土机、打桩机、混凝土搅拌机、空压机、振捣棒、卷扬机、风动工具以及一些运输工具等。建筑施工场界噪声限值如表 1—11 所示。

表 1—11　　　　　　　　　　　　建筑施工场界噪声限值

施工阶段	主要噪声源	噪声限值/dB（A）	
		昼间	夜间
土石方	推土机、挖掘机、装载机等	75	55
打桩	各种打桩机	85	禁止施工
结构	混凝土搅拌机、振捣棒、电锯等	70	55
装修	吊车、升降机等	65	55

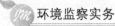

（2）建筑施工噪声污染的控制。

施工过程噪声的产生是不可避免的，要减少影响可采取以下措施：

1）设立隔声墙壁，将高噪设备与噪声敏感区隔开；

2）合理设置高噪声施工操作位置，使其远离敏感区；

3）合理安排施工时间，在中午和夜间停止高噪声施工活动；

4）采用低噪声设备或施工方法等。

这些都需要通过监察来督促施工企业实施。施工噪声引起的扰民纠纷最常见，许多工地就在居民楼附近，要严格限制施工的时间。如接到扰民举报，应立即检查，限期整改。

5. 社会生活噪声的监察

《环境噪声污染防治法》规定："新建营业性文化娱乐场所的边界噪声必须符合国家规定的环境噪声排放标准；不符合国家规定的环境噪声排放标准的，文化行政主管部门不得核发文化经营许可证，工商行政管理部门不得核发营业执照。经营中的文化娱乐场所，其经营管理者必须采取有效措施，使其边界噪声不超过国家规定的环境噪声排放标准。"（第43条）"禁止在商业经营活动中使用高音喇叭或者采用其他发出高噪声的方法招揽顾客。在商业活动中使用空调器、冷却塔等可能产生环境噪声污染的设备、设施的，其经营管理者应当采取措施，使其边界噪声不超过国家规定的环境噪声排放标准。"（第44条）"在已竣工交付使用的住宅楼进行室内装修活动，应当限制作业时间，并采取其他有效措施，以减轻、避免对居民造成环境噪声污染。"（第47条）

6. 饮食、娱乐、服务企业环境监察

（1）服务业的范畴与特点。

饮食、娱乐、服务企业一般被称为"三产"，主要是分布在商业区和生活区的浴池、酒楼、饭店、美发美容厅、音像门市部、各种修理店、饮食烧烤摊等。

这类企业具有以下特点：数量多，规模小，与生活居住区混杂，尽管排污总量小、强度低，但由于紧邻居民住宅，扰民影响大，纠纷多。

（2）饮食、娱乐、服务企业的环境监察任务。

1）落实"三产"的排污申报登记制度，逐渐使"三产"的环境管理纳入制度化。

2）达到一定规模的"三产"新扩改项目，一定要落实环评和"三同时"制度，以免产生扰民纠纷。对此，原国家环保总局于1999年1月20日发布的《关于新建饮食娱乐服务设施应当执行环境影响评价制度的复函》已有明确规定。

3）原国家环保局、工商局于1995年2月21日发布的《关于加强饮食娱乐服务企业环境管理的通知》规定：a. 饮食业必须设置收集油烟、异味的装置，并通过专门的烟囱排放。b. 燃煤锅炉必须使用型煤或其他清洁燃料，燃煤的炉灶必须配装除尘器，禁止原煤散烧。排放的烟尘，应达到国家和地方的排放标准。c. 在居民楼内，不得兴办产生噪声的娱乐场点、机动车修配厂及超标排放噪声的加工厂。在城镇人口集中区内兴办以上场所，必须采取相应的隔声措施，并限制夜间经营时间，达到规定的噪声标准。d. 宾馆、饭店和商业等经营场所安装的空调产生噪声和热污染的，经营单位应采取措施防治。e. 禁止在居民区内兴办产生恶臭、异味的修理业、加工业的服务企业。f. 严格限制在无排水管网处兴办产生和排放污水的饮食服务业。

原国家环保总局于 2000 年 9 月 30 日颁发《关于加强饮食业油烟污染防治监督管理的通知》。该通知规定：环境监察机构应将防治饮食业油烟污染监督管理纳入正常的环境管理范围；严格执行环境保护"三同时"制度，将饮食业单位纳入强制管理范围；对饮食业单位执行排污申报登记，将群众反映强烈、居民集中的严重污染单位列入限期治理名单；应组织有关监测单位对油烟净化设备进行检测；对阻挠饮食业油烟治理工作，干扰市场公平竞争的行为，发动新闻媒体及社会各界进行监督，对违反市场经济规范的行为予以曝光。

7. 高考期间环境噪声污染的监察

原国家环保总局先后下发《关于加强社会生活噪声污染管理的通知》、《关于在高考期间加强环境噪声污染现场监督管理的通知》、《关于在高考期间加强环境噪声污染监督管理的通知》、《关于继续做好中高考期间噪声污染控制和现场监督检查的通知》等文件，对高考期间环境噪声污染的监督管理做出了明确的规定：

（1）各级环境监察机构在高考期间和高考前半个月内要设值班电话，并在当地新闻媒体上公布，提出按国家有关环境噪声标准对各类环境噪声源进行严格控制，对于群众的举报要及时查处，并在 24 小时内将处理结果告知举报人。对于那些影响较大、危害严重的噪声污染事件通过新闻媒体予以曝光。

（2）加强对建筑施工工地、室内装修、营业性娱乐文化场所、室外群众性娱乐活动和其他可能产生噪声污染的场所的晚间和夜间巡查，保证每一个可能产生噪声污染的场所处于有效的监督之下，发现噪声扰民行为要坚决制止，对违反规定的行为要依法从严处罚。

（3）派专人加强对距离学校 100 米范围内的建筑施工作业、各种高音广播喇叭等的现场监督，坚决制止环境噪声污染行为。

（4）积极配合当地公安部门，严格加强对禁鸣区域路段的机动车辆喇叭噪声污染的管理，配合当地公安部门严肃处理违规行为。

8. 噪声排放违法行为的认定

（1）有关工业噪声污染治理与排放的违法行为。

1）拒报或者谎报规定的环境噪声排放申报事项的；

2）未经环保部门批准，擅自拆除或者闲置环境噪声污染防治设施，致使环境噪声排放超过规定标准的；

3）对经限期治理逾期未完成治理任务的；

4）生产、销售、进口禁止生产、销售、进口的设备的；

5）拒绝环保部门或者其他依照本法规定行使环境噪声监督管理权的部门、机构现场检查或者在被检查时弄虚作假的。

（2）有关噪声排放的其他违法行为。

1）建筑施工单位在城市市区噪声敏感建筑的集中区域内，夜间进行禁止进行的产生环境噪声污染的建筑施工作业的；

2）机动车辆不按照规定使用声响装置的；

3）在城市市区噪声敏感建筑物集中区域内使用高音广播喇叭的；

4）在城市市区街道、广场、公园等公共场所组织娱乐、集会等活动，使用音响器材，产生干扰周围生活环境的过大音量的；

5）未经当地公安机关批准，进行产生偶发性强烈噪声活动的；

6）未采取有效措施，从家庭室内发出严重干扰周围居民生活的环境噪声的。

四、思考与训练

（1）固体废物的排放量如何核定？

（2）对工业企业的噪声源如何开展环境监察？

（3）饮食、娱乐、服务企业环境监察如何开展？

（4）技能训练。

任务来源：根据情境案例 3 完成相应的工作任务。

训练要求：编写工业企业厂界扰民噪声的现场监察方案，对现场实施噪声监察，并提交环境监察报告。

训练提示：运用厂界噪声的现场监察内容和违法行为认定等相关知识点完成。

项目二

建设项目环境监察

一、任务导向

工作任务 1　建设项目环境监察

工作任务 2　限期治理项目环境监察

二、活动设计

在教学中，以项目工作任务引领课程内容，以模块化构建课程教学体系，开展"导、学、做、评"一体的教学活动。以建设项目与限期治理项目的环境监察为任务驱动，采用案例教学法和启发式教学法等多种形式开展教学，达到学生掌握职业知识和职业技能的教学目标。

三、案例素材

【情境案例 1】　某开发区新建一规模化造纸厂，由工艺生产车间、辅助生产车间和公用设施工程组成。工艺车间包括备料、花浆、浆板车间。年生产漂白木浆 30 万吨。项目总投资近 53 亿元。厂址附近有一条河，作为工厂纳污水体（功能为一般工业用水）。制浆过程有废水、废气、废渣和噪声产生。初步工程分析表明，该项目废水排放量每日为 5 000 多吨，经过处理排放；燃料以烧煤为主，有袋式除尘装置。工厂经过近一年的试运行，现已正式投产。

工作任务 1：

1. 建设项目环境管理制度如何执行（至正式生产前）？

2. 列出该项目的排污口设置的环保要求。

3. 若该项目未经办理环保手续就投入造纸生产，应如何处理？

4. 若工程经验收监测，该项目的废水、废气排放均未达到地方环保要求，应如何处理？

【情境案例 2】　某市酒厂多年来一直向城市内河排放处理后的废水。某年 2 月，该厂扩大生产能力，但一直没有办理相应的环保手续。经监测站监测，当年连续两季度排放废水严重超标。环境监察机构经过检查将处理意见上报上级部门。上级部门下达了要求限期治理的处罚决定书，在期限过后经监测站监测，发现该厂仍然严重超标排放。

工作任务 2：

1. 对于扩大再生产建设项目如何进行监察管理？

2. 限期治理项目如何进行环境监察，分析违法行为并提出处理意见。

3. 对多次超标排污项目应如何处理？

模块一　建设项目环境监察

一、教学目标

能力目标

◇　认知建设项目环境管理制度；

◇　能开展建设项目全过程的环境监察；

◇　能分析、判断建设项目的违法行为并提出正确的处罚意见。

知识目标

◇　掌握建设项目环境管理制度；

◇　熟悉建设项目监督管理内容和技术要求；

◇　了解排污口规范化设置管理规定；

◇　掌握建设项目现场监察要点。

二、具体工作任务

◇　运用环境影响评价制度，认定违反环评制度的行为并作出行政处罚意见；

◇ 列出"三同时"验收步骤，对违反"三同时"制度行为提出针对性的行政处
罚意见；

   ◇ 列出污染源排放口规范化管理要求；

   ◇ 制作建设项目环境监察的方案和现场监察报告。

三、相关知识点

（一）建设项目环境影响评价的管理

1. 建设项目及其分类

建设项目是一个统称，它大体上包括新建、扩建、改建、技术改造的工业项目和
非工业开发建设项目。依据《建设项目环境保护管理条例释义》，环境保护工作中所称
的"建设项目"是指"中华人民共和国领域内（包括海域）的工业、交通、水利、农
林、商业、卫生、文教、科研、旅游、市政、机场等对环境有影响的新建、扩建、改
建、技术改造项目，包括区域开发建设项目以及中外合资、中外合作、外商独资等一
切建设项目"。

所有对环境有影响的建设项目均须实施环境保护管理，具体来说，一般分为以下
六类：

（1）新建的项目（如工厂、矿山、道路、码头、仓库、住房和公共设施）。

（2）扩建和技术改造建设项目。

（3）区域（或）流域开发项目。

（4）生态建设项目。

（5）引进的建设项目（如外来资金独资建设的项目、中外合资项目、中外合作项
目）。

（6）军事设施建设项目。

另外，按照工程和设施建设，分为以下四类：

（1）基本建设。

（2）技术改造。

（3）房地产开发（包括开发区建设、新区建设、老区改造）。

（4）其他。

2. 建设项目环境影响评价法的规定

（1）建设项目环境影响评价制度。

《中华人民共和国环境影响评价法》（以下简称《环评法》）第2条规定，本法所
称环境影响评价，是指对规划和建设项目实施后可能造成的环境影响进行分析、预
测和评估，提出预防或者减轻不良环境影响的对策和措施，进行跟踪监测的方法与
制度。

（2）建设项目环境影响评价的管理。

1）建设项目环境影响评价的管理实行分类管理。《环评法》规定，建设单位应当

按照下列规定组织编制环境影响报告书、环境影响报告表或者填报环境影响登记表（以上统称环境影响评价文件）：

a. 可能造成重大环境影响的，应当编制环境影响报告书，对产生的环评影响进行全面评价；

b. 可能造成轻度环境影响的，应当编制环境影响报告表，对产生的环境影响进行分析或者专项评价；

c. 对环境影响很小，不需要进行环境影响评价的，应当填报环境影响登记表。

《建设项目环境影响评价分类管理名录》由原国家环保总局 2002 年第 14 号令公布，自 2003 年 1 月 1 日起施行。2008 年 8 月 15 日修订通过，自 2008 年 10 月 1 日起施行。

2）环境影响评价文件的分级审批。原国家环保总局于 2004 年 12 月 2 日发布了《关于加强建设项目环境影响评价分级审批的通知》，通知中规定：

a. 建设对环境有影响的项目，不论投资主体、资金来源、项目性质和投资规模，应当依照《环境影响评价法》和《建设项目环境保护管理条例》的规定，进行环境影响评价，向有审批权的环保部门报批环境影响评价文件。

b. 实行审批制的建设项目，建设单位应当在报送可行性研究报告前完成环境影响评价文件报批手续；实行核准制的建设项目，建设单位应当在提交项目申请报告前完成环境影响评价文件报批手续；实行备案制的建设项目，建设单位应当在办理备案手续后和项目开工前完成环境影响评价文件报批手续。

c. 由国务院投资主管部门核准或审批的建设项目，或由国务院投资主管部门核报国务院核准或审批的建设项目，其环境影响评价文件原则上由国家环保总局审批。

d. 本通知附录以外的其他建设项目的环境影响评价文件的审批权限，由省级环保部门按照建设项目的环境影响程度，结合地方情况提出，报省级人民政府批准。其中，化工、染料、农药、印染、酿造、制浆造纸、电石、铁合金、焦炭、电镀、垃圾焚烧等污染较重或涉及环境敏感区的项目的环境影响评价文件，应由地市级以上环保部门审批。

e. 对国家明令淘汰和禁止发展的能耗物耗高、环境污染严重、不符合产业政策和市场准入条件的建设项目的环境影响评价文件，各级环保部门一律不得受理和审批。

f. 上级环保部门对下级环保部门超越法定职权、违反法定程序作出的环境影响评价审批决定，有权予以撤销。

g. 本通知附录将根据情况适时调整。

（3）环保部门对环境影响评价报告书的审批原则。

a. 该项目是否符合我国的产业政策和有关法规；

b. 是否符合区域规划、流域规划、城市规划；

c. 是否采用了清洁生产工艺；

d. 是否满足保护生物多样性、生物安全的要求，尤其在生态脆弱地区，是否能起到改善生态环境、保护生态的作用；

　　e. 是否符合我国自然资源综合利用的政策；

　　f. 是否符合我国的土地利用政策；

　　g. 是否满足区域污染物排放总量控制的要求；

　　h. 该项目的污染物排放能否达到国家规定的排放标准，项目投产后对周边环境的影响是否满足当地的环境质量要求。

　　3. 违反环境影响评价制度的认定与处理

　　《环评法》规定，建设单位未依法报批建设项目环境影响评价文件，或者未依照本法第 24 条的规定重新报批或者报请重新审核环境影响评价文件，擅自开工建设的，由有权审批该项目环境影响评价文件的环保部门责令停止建设，限期补办手续；逾期不补办手续的，可以处 5 万元以上 20 万元以下的罚款，对建设单位直接负责的主管人员和其他直接责任人员，依法给予行政处分。

　　建设项目环境影响评价文件未经批准或者未经原审批部门重新审核同意，建设单位擅自开工建设的，由有权审批该项目环境影响评价文件的环保部门责令停止建设，可以处 5 万元以上 20 万元以下的罚款，对建设单位直接负责的主管人员和其他直接责任人员，依法给予行政处分。

　　《环评法》第 25 条规定，建设项目的环境影响评价文件未经法律规定的审批部门审查或者审查后未予批准的，该项目审批部门不得批准其建设，建设单位不得开工建设。第 32 条规定，建设项目依法应当进行环境影响评价而未评价，或者环境影响评价文件未经依法批准，审批部门擅自批准该项目建设的，对直接负责的主管人员和其他直接责任人员，由上级机关或者监察机构依法给予行政处分；构成犯罪的，依法追究刑事责任。

　　海洋工程建设项目的建设单位有前两款所列违法行为的，依照《中华人民共和国海洋环境保护法》的规定处罚。

　　对规划环评的处罚，《环评法》规定：规划审批机关对依法应当编写有关环境影响的篇章或者说明而未编写的规划草案，依法应当附送环境影响报告书而未附送的专项规划草案，违法予以批准的，对直接负责的主管人员和其他直接责任人员，由上级机关或者监察机关给予行政处分。

　　由于环境影响评价的技术服务机构实行资质证书制度，接受委托为建设项目环境影响评价提供技术服务的机构在环境影响评价工作中不负责任或者弄虚作假，致使环境影响评价文件失实的，由授予环境影响评价资质的环保部门降低其资质等级或者吊销其资质证书，并处所收费用一倍以上三倍以下的罚款；构成犯罪的，依法追究刑事责任。

　　国家行政机关及其工作人员、企业中由国家行政机关任命的人员有环境保护违法违纪行为，应当给予处分的，适用中华人民共和国监察部、中华人民共和国国家环保总局发布的《环境保护违法违纪行为处分暂行规定》。

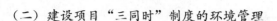

（二）建设项目"三同时"制度的环境管理

1. 建设项目的"三同时"制度

"三同时"制度，是指对环境有影响的一切新建、改建、扩建的基本建设项目，技术改造项目，区域开发项目或自然资源开发项目，其防止污染和生态破坏的设施，必须与主体工程同时设计、同时施工、同时投产使用的制度。所谓"同时设计"，是指项目的初步设计阶段就要有环境保护篇章，施工图设计阶段要有污染防治设施的施工图，而且要经过环保部门的设计审查；"同时施工"是指项目开工后，环境保护工程或者污染防治工程要与主题工程同时安排项目预算、施工计划，保证能与主体工程同时投产或者使用；"同时投产"是指施工完成，污染防治设施要与主体工程同时投入试运行、试生产。经环境保护部门验收后，同时投入生产或者使用。

2. 建设项目环境保护"三同时"制度的实施

（1）设计阶段。

《建设项目环境保护管理条例》（以下简称《环保管理条例》）规定：建设项目的初步设计，应当按照环境保护设计规范的要求，编制环境保护篇章，并依据经批准的建设项目环境影响报告书或者环境影响报告表，在环境保护篇章中落实防治环境污染和生态破坏的措施以及环境保护设施投资概算。

在建设项目的施工图设计阶段，要按经批准的初步设计进行环境保护设施的设计。环境保护设施的设计必须由具有环境保护设施设计资格的设计单位进行。

（2）施工阶段。

建设项目应配套建设的环境保护设施，必须纳入施工单位的施工方案和施工预算，按照设计要求进行施工。不得借口资金不足等理由拖延施工。必须与主体工程同时完成，投入试运行。对生态环境有重大影响的建设项目，如水利水电项目、公路铁路项目、生态建设项目、矿山开发项目、牵涉自然保护区和其他保护区的项目，其施工阶段要特别关注工程对生态环境的影响，要采取必要的和足够的措施保护生态环境。

（3）竣工验收阶段。

《环保管理条例》规定：建设项目的主体工程完工后，需要进行试生产的，其配套建设的环境保护设施必须与主体工程同时投入试运行。建设项目试生产期间，建设单位应当对环境保护设施运行情况和建设项目对环境的影响进行监测。建设项目竣工后，建设单位应当向审批该建设项目环境影响报告书、环境影响报告表或者环境影响登记表的环保部门，申请该建设项目需要配套建设的环境保护设施竣工验收。

环境保护设施竣工验收，应当与主体工程竣工验收同时进行。原国家环保总局《建设项目竣工环境保护验收管理办法》规定，需要进行试生产的建设项目，建设单位应当自建设项目投入试生产之日起3个月内，向审批该建设项目环境影响报告书、环境影响报告表或者环境影响登记表的环保部门，申请该建设项目需要配套建设的环境保护设施竣工验收。建设项目需要配套建设的环境保护设施经验收合格，该建设项目方可正式投入生产或者使用。

对试生产（运行）3个月确实不具备环保验收条件的建设项目，建设单位应当在试生产（运行）的3个月内，向省环保局提出该建设项目环境保护延期验收申请，说明延期验收的理由及拟进行验收的时间。经批准后建设单位方可继续进行试生产（运行）。试生产（运行）的期限最长不超过1年，否则就是该项目尚未达到试生产的条件，应立即停止试生产，继续建设。如果建设单位在1年以后仍然继续以试生产的名义进行生产经营活动，则可以认定为正式投产，应按擅自投产单位予以处罚。对分期建设、分期投入生产或者使用的建设项目，应分期进行环保验收。若建设项目执行由有关管理部门组织总体工程验收程序的，环保验收应在项目总体工程验收之前完成报审。

建设项目环境保护"三同时"验收流程如图2—1所示。

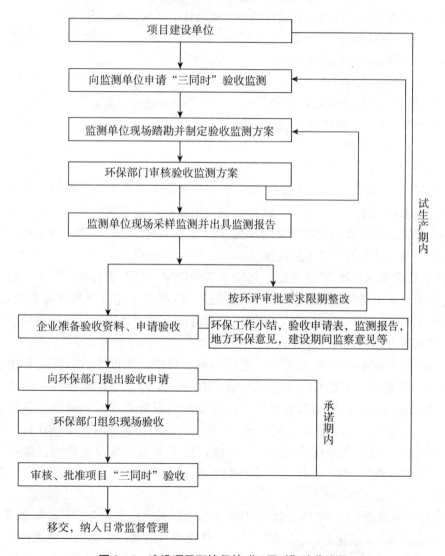

图2—1 建设项目环境保护"三同时"验收流程

申请材料包括：

（1）建设单位项目"三同时"环保竣工验收的申请报告。

（2）建设单位项目环保执行报告（有重大环境影响的项目须附具有环境工程监理资质的单位出具的环境监理报告）。

（3）环境监察机构对项目试生产间出具的项目监察报告。

（4）满足国家规范要求的项目环保竣工验收监测报告及试生产期间治污设施的运行台账；对主要对生态环境产生影响的建设项目，建设单位应提交环境保护验收调查报告（表）。

（5）建设单位填报的《建设项目环境保护设施竣工验收申请报告（表）》，并附行业主管部门及县（区）环保部门的初审意见。

（6）具有环境保护设施工程设计资质单位设计的环保设施方案。

（7）项目环保设施的调试报告。

（8）项目环保设施的操作规程。

（9）项目环境管理规章制度。

（10）相关人员的上岗培训证书。

承诺时限：7个工作日内。

收费标准：零收费。

3. 违反"三同时"制度的认定与处理

《环保管理条例》第26条规定，违反本条例规定，试生产建设项目配套建设的环境保护设施未与主体工程同时投入试运行的，由审批该建设项目环境影响报告书、环境影响报告表或者环境影响登记表的环保部门责令限期改正；逾期不改正的，责令停止试生产，可以处5万元以下的罚款。

《环保管理条例》第27条规定，违反本条例规定，建设项目投入试生产超过3个月，建设单位未申请环境保护设施竣工验收的，由审批该建设项目环境影响报告书、环境影响报告表或者环境影响登记表的环保部门责令限期办理环境保护设施竣工验收手续；逾期未办理的，责令停止试生产，可以处5万元以下的罚款。

《环保管理条例》第28条规定，违反本条例规定，建设项目需要配套建设的环境保护设施未建成、未经验收或者经验收不合格，主体工程正式投入生产或者使用的，由审批该建设项目环境影响报告书、环境影响报告表或者环境影响登记表的环保部门责令停止生产或者使用，可以处10万元以下的罚款。对于个别建设单位既未报批环评文件，也没有办理"三同时"手续，也未申请环保设施验收，即将建设项目投入使用的违法行为，不仅违反了环境影响评价制度，同时也违反了"三同时"制度。

《水污染防治法》（2008年2月28日第十届全国人民代表大会常务委员会第三十二次会议修订）第71条规定，违反本法规定，建设项目的水污染防治设施未建成、未经验收或者验收不合格，主体工程即投入生产或者使用的，由县级以上人民政府环保部门责令停止生产或者使用，直至验收合格，处 5 万元以上 50 万元以下的罚款。

（三）污染物排放口的规范化设置

排放口规范化设置是落实国务院提出的实施污染物总量控制和确保"节能减排"的一项重要的环境基础工作。有利于强化环境监督，加大执法力度，便于环境监测工作和日常环境监察的顺利进行，逐步实现污染源自动监控，实现污染物排放的科学化、定量化、信息化管理。

污染物排放口规范化设置就是对污染物排放的种类、数量、浓度（噪声强度）及排放方式进行规范化管理。其依据是国家标准《环境保护图形标志》、《污染物排放标准》和《全国主要污染物排放总量控制计划》等。《环境保护图形标志》的标准有两个，一个是关于排放口或污染源的，即 GB 15562.1—1995，另一个是关于固体废物贮存（处置）场的，即 GB 15562.2—1995。这两个标准是强制性的。

1. 排污口规范化设置的原则

（1）以辖区内污水排放口规范化设置为主，废水排放口整治技术比较成熟。同时兼顾整治废气、固体废物和噪声排放口（点源）。

（2）以整治重点污染源为主。对列入国控重点污染源的重点污染企业名录和列入各省、市级重点排污单位的排污口要首先进行规范化设置。

（3）以列入总量控制指标的 12 种污染物的排污口为主。即对排放烟尘、工业粉尘、二氧化硫、化学耗氧量、石油类、氰化物、砷、汞、铅、镉、六价铬和工业固体废物的排污口进行重点整治，充分体现为实施全国污染物总量控制服务的目的。

2. 排污口规范化设置管理规定

按照《污染源监测技术规范》对废水、废气、噪声和固体废物的采样要求，排污口的规范化建设应设置便于计量监测的采样点，应满足今后安装污染源在线监测装置和日常现场监督检查的要求，对排污口进行规范化设置。

按照排污口管理要求，由各级环境监察机构在各排污口规定的位置竖立环境保护标志牌，颁发《中华人民共和国规范化排污口标志登记证》，登记证与标志牌配套使用，由各级环保部门签发给排污口所属的单位，完成排污口的立标工作。登记证一览表中的标志牌编号、登记卡上的标志牌编号与标志牌辅助标志上的编号相一致。将编号统一规定为：

污水　　　　WS—×××××

废气　　　　FQ—×××××

噪声　　　　ZS—×××××

固体废物　　GF—×××××

编号的前两个字母为类别代号，后五位为排放口顺序编号，排放口顺序编号由各地环保部门自行规定。

立标之后，为了以后的污染源监督管理工作需要，还应建立各排污口相应的监督管理档案，内容包括排污单位名称，排污口性质及编号，排污口的地理位置，排污口所排放的主要污染物种类、数量和浓度及排放去向,立标情况,设施运行及日常现场监督检查记录等有关资料和记录。

重点排污单位的排污口规范化设置应安装自动计量装置和污染物治理设施记录仪,逐步实现自动监控和信息化管理。

3. 排污口规范化的整治要求

排污单位的排污口必须符合国家环保部门关于排污口规范化的要求,并按规定要求安装监控设施,纳入环保部门的监控网络系统。

(1) 污水排放口的整治。

每个排污单位的污水排放口原则上只允许设置污水和"清下水"排污口各一个,因特殊原因需要多设置排污口的,须报经当地环保部门审核同意,排污单位未经环保部门同意,超过允许数量设置排污口的,必须结合清污分流、厂区实际地形和排放污染物种类情况进行管网归并。

凡排放《污水综合排放标准》中规定的一类污染物的单位,应在产生该污染物的车间或车间污水处理设施出口设置专门的排污口,其他污染物采样点设在排污单位总排放口,应合理确定污水排放口的位置,一般设在厂内或厂围墙(界)外不超过 10 米处。污水排放口的环境保护图形标志应设置在排污口旁醒目处,排污口隐蔽或距场界较远的,标志牌也可设在监测采样点旁醒目处。排放一类污染物的车间应设置采样点,采样点应能满足采样要求,用暗管或暗渠排污的,应设置能符合采样条件的竖井或修建明渠,污水水面在地面下 1 米以上的,应配备取样台阶或梯架。有压排污水管道的应安装取样阀门。经污水处理设施处理的污染物采样点设在设施进出口。

设置规范的便于测量流量、流速的测流段。一般要求排污口设置成矩形、圆管形或梯形,使其水深不低于 0.1 米,流速不小于 0.05 米/秒。测流段直线长度应是其水面宽度的 6 倍以上,最小 1.5 米以上。

应安装计量装置。列入重点整治的污水排放口应安装在线监测设备,一般污水排污口可暂时设置三角堰、矩形堰、测流槽等流量测定装置。当排污水单位水量不大于50 立方米/小时时,可采用三角塔、矩形堰等简易办法来测量流量。

排污单位安装的污水流量计、污染物在线监测仪和污染防治设施运行监控仪应用通信电话连接,通过环保部门统一使用的污染源自动监控软件,并入微机监控网络。

(2) 废气排放口的整治。

一类环境空气质量功能区、自然保护区、风景名胜区和其他需要特别保护的地区,不得新建排气筒,对于无组织排放有毒有害气体、粉尘、烟尘的排放点,凡能做到有组织排放的,均要通过整治,实现有组织排放。对有组织排放的废气的排气筒数量、高度和泄漏情况进行整治,有组织排放废气的排气筒高度应符合国家大气污染物排放标准的有关规定,还应宽出周围 200 米半径的建筑并高出 5 米以上,两个排放相同的污染物(不论其是否是由同一生产工艺过程产生的)的排气筒,若其距离小于其几何高度之和,应视为一根等效排气筒。新污染源的排气筒一般不应低于 15 米。新污染源的无组织排放应从严控制，一般情况下不应有无组织排放存在。

1）采集尘粒、气溶胶样口和测定烟气流量的位置，应设在管道气流平稳段，并优先考虑垂直管道。

2）采样口位置原则上设在距弯头、阀门和其他变径管道下游方向大于 6 倍直径处，上游方向大于 3 倍直径处，最低不小于 1.5 倍直径处。

3）采样口径一般不少于 75 毫米。当采取有毒或变温气体且采样点处烟道处于正压状态时，应设防喷装置。

4）圆形烟道原则上设相互垂直的两个采样口。矩形烟道根据断面积划分，一般每 0.6 平方米小块应有一个测点，由测点数确定采样孔数。

5）采样口位置无法满足规范要求的，其监测孔位置由当地环境监测部门确认。

6）无组织排放有毒有害气体的，应加装引风装置，进行收集、处理，并设置采样点。新建、扩建、改建和已投入使用的单台容量等于或大于 14MW（20 吨/小时）的锅炉，必须安装二氧化硫和烟尘在线监测仪。

（3）固体废物贮存、堆放场的整治。

露天存贮冶炼废渣、化工废渣、炉渣、粉煤灰、废矿石、尾矿和其他工业固体废物的，应设置符合环境保护要求的专用贮存设施或贮存场。对易造成二次扬尘污染的固体废物，应采取适时喷洒防尘等防治措施。对非危险固体废物贮存、处置场所占用土地超过 1 平方千米的，应在其边界各进出口设置标志牌；面积大于 100 平方米、小于 1 平方千米的，应在其边界主要路口设置标志牌；面积小于 100 平方米的，应在醒目处设置 1 个标志牌。危险固体废物贮存、处置场所，无论面积大小，其边界都应采用墙体或铁网封闭设施，并在其边界各进出路口设置标志牌，有毒有害等固体危险废物，应设置专用堆放场地，并必须有防扬散、防流失、防渗漏等防治措施。

临时性固体废物贮存、堆放场也应根据情况，进行相应整治。

（4）固定噪声源的整治。

凡厂界噪声超出功能区环境噪声标准要求的，对其噪声源均应进行整治，使其达到功能区标准要求。在固定噪声源厂界噪声敏感区且对外界影响最大处设置该噪声源的监测点。

（5）立标要求。

环境保护图形标志的设置、安装需由各级地方环保部门及其环境监察机构负责组织实施，标志牌由国家环保部统一制发，不得自行设计制作和安装。

环境保护图形标志分为提示性和警告性标志两类，根据安装方式又分为立式和平面式两类。在排放一类污染物的排放口，在排放光气、氰化物和氯气等剧毒大气污染物及有毒、有害污染物的排放口或危险废物贮存、处置场所，应树立固定式标志牌。在排污口立标的要求如下：

1）一切排污单位的污染物排放口（源）和固体废物贮存（处置）场，必须在实行规范化设置的同时设置与之相应的环境保护图形标志牌。

2）环境保护标志牌设置在距离污染物排放口（源）较近且醒目处，并能长久保留。设置高度为环境保护图形标志牌上缘距离地面 2 米，其中噪声源标志牌应设置在距选定监测点较近且醒目处。

3）重点排污单位的污染物排放口（源）或固体废物贮存、处置场，以设置立式标志牌为主；一般排污单位的污染物排放口（源）或固体废物贮存、处置场可选择设置立式或平面固定式的提示性环境保护图形标志牌。

4）排放剧毒致癌物及对人体有严重危害物质的排放口（源）或危险废物贮存（处置）场，应设置警告性环境保护图形标志牌。

5）环境保护图形标志牌的使用、维护和管理必须建立登记制度，国家环境保护总局统一制发规范化排污口登记证。登记证是排污口监督管理档案的原始记录，各级地方环境保护部门及其环境监察机构和排污单位在立标的同时必须按规定填写登记证。

标志牌示意图如图 2—2～图 2—6 所示。

图 2—2 污水排放口标志

图 2—3 废气排放口标志

图 2—4 噪声排放源标志

图 2—5　一般固体废物堆放场标志　　　图 2—6　危险废物堆放场标志

（四）建设项目的环境监察任务

1. 严查建设项目环境管理漏项、漏批、漏管现象

从原则上说，凡在行政辖区内的建设项目，本辖区的环境监察机构就有权对其进行现场检查。对有环境影响评价和"三同时"审批手续的要查看其原件，看其是否办完全部手续：看环保部门的审批意见是什么，批准的前提条件有没有，是什么，执行了没有。对没有办理环境影响评价和"三同时"审批手续的建设项目，要立即制止施工，同时向环保部门报告，等候决定。

2. 对建设项目的"三同时"实行全过程监察

（1）查该项目的开工报告（施工许可证）是否经过建设行政主管部门批准，是否经过环境保护部门的同意（环境保护工程的设计是否已经完成）。

（2）建设项目开工后，要查施工红线是否与批准的位置一致，有无移动。

（3）查建设内容（与原环境影响评价报告书相比）有无变化，包括建设性质、建设内容、建设规模、采用的设备和工艺，以及使用的原料有无重大改变。

（4）查环境影响评价报告书中规定的环保措施是否落实，环保设施的资金安排、施工计划、设备订货是否到位。

（5）查建设项目的实际内容与建设单位所申报的建设内容是否一致，有无虚报、瞒报、漏项或私改项目内容。

（6）检查项目配套的污染防治设施是否能与主体工程同时竣工或同时投产。

（7）检查施工现场的环境保护状况（扬尘、污水、噪声、震动、垃圾排放等）。

（8）对已进入试生产的建设项目，查它有无经过环境保护部门批准，试生产期间的负荷是否达到设计能力的 75% 以上，试生产时间是否超过 3 个月。如有异常，立即报告环境保护行政主管部门，请求指示。

（9）重视建设项目的竣工验收。对水污染防治设施，环境监察人员要注意检查有无预留事故排污口，坚决杜绝今后成为污染物偷排口的可能。

3. 对排污口规范化设施进行监察

规范化设置排污口的有关设施（如标志牌、计量装置等）属于环境保护设施。环保部门在开发建设项目立项审批时，要明确排污口的规范化整治要求和环境保护图形标志牌的设置要求，并将其作为环境保护设施竣工验收的必要条件，按"三同时"项目进行监督管理，排污单位要负责排污口环保设施的正常运转，其中环境保护图形标志必须保持清晰完整,测流装置、采样口及附设装置必须运转正常。环境保护图形标志设置安装后,任何单位和个人不得擅自拆除、移动和涂改。

4. 关注建设项目的生态环境影响问题

对区域性、流域性、资源开发和资源利用项目,生态建设项目,农、林、水、气建设项目,交通建设项目,远距离输水送电送气项目,大型水库和水力发电建设项目,引进物种和物种培育、驯化项目等不直接排放污染物的建设项目的生态保护效果和生态破坏效应要特别注意。要在项目的环境影响评价中特别关注该项目的建设施工过程对生态环境的破坏,规定措施避免对生态环境的破坏,如有破坏应限期恢复,严禁野蛮施工。关系到水土保持的项目,要依据经批准的水土保持方案,监督相关人员认真实施。分期施工的项目要分期做好水土保持工作。

5. 严查国家限制、淘汰和取缔的项目

国家实行污染物总量控制制度,不符合《清洁生产促进法》和循环经济要求的行业门类,要实行限制、淘汰或取缔。对分散小型企业、乡镇企业建设项目的环境监察,除以上各要点外,重点放在是否属于淘汰、限制、禁止的行业、工艺、设备上。属于应取缔的坚决取缔,粉碎"十五小"、"新五小"的回潮,尤其要防止污染企业向外部转移。

6. 重视环境影响登记表的检查

在居民区、小城镇、农村环境中的建设项目、"三产"项目、为居民服务的项目、餐饮娱乐业项目,如果对环境的影响很小,不需要环境影响报告书、报告表,一定要填写环境影响登记表。其环境监察的重点是防止建设项目对生活环境的破坏和建设项目引发的环境污染纠纷,如有纠纷应及时纠正。

(五)建设项目环境监察操作步骤

1. 收集信息

收集信息的途径包括:环保系统内部沟通;日常现场监察信息;群众举报。信息的内容主要包括:相关法律法规、规范性文件及各类环保标准;辖区内其他同类型建设项目的基本信息,包括数量、地理位置、基本工艺、生产规模、群众投诉等;拟检查建设项目环境影响评价文件和环评审批文件、"三同时"验收报告、排污申报登记表,以及现场检查历史记录、环境违法问题处理历史记录等基本环境管理信息。还要统筹安排现场执法需要的调查取证装备、交通设备等。

2. 现场监察

根据收集的基础资料和数据,因地制宜,制定监察方案,确定监察重点、步骤、路线、时间、参加人员、设备工具等。

具体做法包括:

(1)现场听取建设单位的介绍。

(2)对有"环评"及"三同时"审批意见的建设项目,若已投入生产或使用,检查污染防治设施与主体工程是否同时建成并投入运行；若未投入生产或使用，检查污染防治设施与主体工程是否同时施工。

（3）对无"环评"及"三同时"审批意见的建设项目，报告有关主管部门并按规定进行处罚。

（4）现场做好记录。

3．视情处理

（1）正常。通过检查。

（2）异常。违反环评制度，同时又违反"三同时"制度的按相关规定处罚；经限期治理，逾期未完成，按照国家规定征收排污费，并报告环保部门根据所造成的危害和损失处以罚款，具体罚款的额度，参照环保污染防治法的规定。造成水体严重污染的企业，经限期治理逾期未完成治理任务的，除征收排污费以外，处20万元以下罚款，或由做出限期治理决定的人民政府责令停业、关闭。

属现场处罚范围的执行《现场处罚工作程序》，属环境监察机构处罚范围的执行《环境监理行政处罚基本程序》，超过上述处罚范围的，填写《环境监察行政处罚建议书》上报环境保护行政主管部门。

4．定期复查

对异常情况按规定进行复查。

5．总结归档

按年总结，注明异常情况和处理结果；有关记录、材料按项目立卷归档。

四、思考与训练

（1）简述排污口规范化整治要求。

（2）怎样才能及时发现违反规定擅自开工的建设项目？若有违法情况如何处理？

（3）技能训练。

任务来源：根据情境案例1完成相应的工作任务。

训练要求：根据案例资料，分析建设单位应办理哪些环保手续，编写一个建设项目现场监察的工作方案，分析、判断违法行为，并作出处理意见。

训练提示：对于新建项目，按照相关的环境管理制度规定实施，参照建设项目环境监察要求和操作程序完成。

相关链接

【资料】

规范排放口申报表

单位全称：

联 系 人：＿＿＿＿＿＿＿　　联系电话：＿＿＿＿＿＿＿

排污单位的基本情况	
法人代表及其职务	
立项时间（指环评报告书、报告表、登记表批准时间）	
内部环保机构的名称	
环保设施固定资产（万元）	
单位详细地址	
企业基本情况	员工人数：　　　　饭堂（√）：有□　无□
生产用水情况	自来水　　　　吨/月　自供水　　　　吨/月

排放口、固体废物堆放场地及污染治理设施概况		
污水	计划设置污水排放口的种类和个数（√）	□生产废水＿个　□生活废水＿个 □生产废水与生活废水混排＿个
	污水治理设施套数＿＿＿　名称＿＿＿＿＿　设计处理能力＿＿＿＿＿	
废气	锅炉台数＿＿＿　锅炉蒸发量1.＿＿　2.＿＿　3.＿＿　使用燃料种类＿＿＿＿	
	废气治理设施套数＿＿＿＿　名称＿＿＿＿＿＿＿＿　烟囱（排气管）数＿＿＿＿	
固体废物	计划设置固体废物贮存、堆放场地＿＿＿＿个数 存放的固体废物名称＿＿＿＿＿＿＿＿＿＿＿＿＿＿＿	
噪声	计划设置噪声治理设施＿＿＿＿套数 噪声治理设施名称＿＿＿＿＿＿＿＿＿＿＿＿＿＿＿	
备注		

此表填妥后请交至××环境监察机构，并附：

1. 营业执照影印件或工商核准名称影印件

2. 建设项目环境影响报告书（报告表、登记表）的批复

3. 关于补充环境污染治理设计方案的通知

4. 生产工艺流程图

5. 环保治理设施工艺流程图

6. 排污口分布平面图（在企业平面图上标明污水排放管网及排污口名称与位置）

注：1. 符合下列条件的，须安装在线自动监控仪：

　　　a. 生产工艺废水产生量大于或等于100吨/日；

　　　b. 重点污染行业，如漂染、洗水、造纸、电镀、线路板等行业；

　　　c. 燃烧锅炉的蒸发量大于或等于10吨/小时；

　　　d. 需编制环境影响评价报告书或专项环评报告书的建设项目。

　　2. 须安装在线自动监控仪的，申请规范化排放口时须附上污水或废气的治理方案。

申报时间：　　　年　　月　　日

××环境监察机构地址：　　　　　　　电话：　　　　传真：

模块二　限期治理项目环境监察

一、教学目标

能力目标

◇　认知限期治理项目的环境管理规定；

◇　能操作限期治理项目的环境监察；

◇　能对限期治理项目进行违法行为的认定并提出处理意见。

知识目标

◇　了解限期治理项目的环境管理规定；

◇　熟悉限期治理项目监督管理内容；

◇　掌握限期治理项目的现场监察要点。

二、具体工作任务

◇　界定限期治理项目；

◇　制定限期治理项目环境监察方案；

◇　对限期治理项目进行现场监察，对违法行为提出处理意见；

◇　编写限期治理项目的现场监察报告。

三、相关知识点

（一）限期治理的概念

1. 限期治理项目

限期治理项目是指人民政府指定某污染源在一定期限内完成污染治理任务的环保工程。其排污行为一般表现为污染源的排污设施与污染防治设施不配套而导致环境污染。如应该配套的污染防治设施没有配套，或者该设施的设计、安装或者使用有问题，达不到环境保护要求，造成环境污染。

2. 污染源限期治理制度

根据环保基本法和单行法的规定，对造成环境严重污染的企业事业单位，应当限期治理。

现行法律法规对限期治理的规定有：《中华人民共和国大气污染防治法》第 48 条规定，违反本法规定，向大气排放污染物超过国家和地方规定排放标准的，应当限期治理。其他如《中华人民共和国海洋环境保护法》第 12 条，《中华人民共和国水污染防治法》第 74 条，《中华人民共和国环境噪声污染防治法》第 17 条，《固体废物污染环境防治法》第81条都有相同的规定。

3. 限期治理的主要特点

第一，有法律强制性。由国家行政机关依法做出的限期治理决定必须履行，对未按规定完成限期治理任务的排污单位，给予的法律制裁是严厉的，并可采取强制措施。第二，有明确的时间要求。这一制度的实行是以时间期限为界限作为承担法律责任的依据之一。第三，有具体的治理任务和指标要求。第四，有明确的治理对象并体现了突出重点的政策。限期治理项目在限期中可否继续生产经营活动要视项目的具体情况而定。可以继续生产活动，边生产边治理；也可以责令停产治理或限产治理。

在技术层面上，决定限期治理项目时要考虑：（1）该项目的确有限期治理的必要。（2）该项目的治理有资金来源。（3）该项目的治理有技术保证。无技术保证的，应予以停产转产、搬迁。

（二）限期治理项目的决定权限和管理要求

1. 限制治理项目的决定权限

根据有关法律、法规和政策的规定，限期治理项目的决定权限目前有以下三种情形：

（1）由有管辖权的人民政府决定。

依据《环境保护法》第29条的规定，对造成环境严重污染的企业事业单位，限期治理。中央或者省、自治区、直辖市人民政府直接管辖的企业事业单位的限期治理，由省、自治区、直辖市人民政府决定。市、县或者市、县以下人民政府管辖的企业事业单位的限期治理，由市、县人民政府决定。《固体废物污染环境防治法》第81条以及《大气污染防治法》第48条、《海洋环境保护法》第93条都规定，限期治理的决定权限和违反限期治理要求的行政处罚，由国务院规定。

（2）由人民政府委托的环保部门决定。

《国务院关于环境保护若干问题的决定》第4条规定，自本决定发布之日起，现有排污单位超标排放污染物的，由县级以上人民政府或其委托的环保部门依法责令限期治理。《环境噪声污染防治法》第17条规定，限期治理由县级以上人民政府按照国务院规定的权限决定。对小型企业事业单位的限期治理，可以由县级以上人民政府在国务院规定的权限内授权其环保部门决定。

（3）由有权的环保部门决定。

2005年4月修订的《固体废物污染环境防治法》第81条规定，造成固体废物严重污染环境的，由县级以上人民政府环保部门按照国务院规定的权限决定限期治理。

2008年6月修订的《水污染防治法》第74条规定，排放水污染物超过国家或者地方规定的水污染物排放标准，或者超过重点水污染物排放总量控制指标的，由县级以上人民政府环保部门按照权限责令限期治理，处应缴纳排污费数额二倍以上五倍以下的罚款。限期治理期间，由环保部门责令限制生产、限制排放或者停产整治。

根据《水污染防治法》的规定，国控重点排污单位的限期治理，由省级环保部门决定，报环境保护部备案。省控重点排污单位的限期治理，由市级环保部门决定，报省级环保部门备案。其他排污单位的限期治理，由市级或者县级环保部门决定。

　　下级环保部门实施限期治理有困难的，可以报请上一级环保部门决定。下级环保部门对依法应予限期治理而不做出限期治理决定的，上级环保部门应当责成下级环保部门依法决定限期治理，或者直接决定限期治理。造成社会影响特别重大，或者有其他特别严重情形的，环境保护部可以直接决定限期治理。

　　2. 污染源限期治理期间的环境管理要求

　　限期治理决定下达后，被限期治理的企事业单位必须如期完成治理任务。而且，治理期间应限产、限排，并不得建设增加污染物排放总量的项目；逾期未完成治理任务的，责令其停产整顿。情况严重，丧失治理条件的，由本级人民政府决定停业或者关闭。

　　（三）限期治理项目的环境监察工程程序

　　根据原国家环保局发布的《环境监理工作程序（试行）》的规定，限期治理项目环境监察工作程序包括以下几个方面。

　　1. 确定为限期治理项目

　　（1）立案调查。环保部门对经现场检查和分析，判断超标或者超总量可能是由水污染物处理设施与处理需求不匹配原因造成的，应当立案调查。

　　（2）监测评估。负责立案调查的机构应当通过组织现场监测和专家技术评估，对排污单位水污染物处理设施与处理需求是否匹配做出判断。

　　（3）事先告知。环保部门拟做出限期治理决定的，应当向排污单位发出《限期治理事先告知书》，告知排污单位有陈述、申辩和申请听证的权利。必要时，可以约谈排污单位的法定代表人。

　　（4）做出决定。环保部门在综合考虑监测评估结果和排污单位意见的基础上，对事实清楚、证据确凿的，做出限期治理决定。

　　2. 制定跟踪检查方案

　　环保部门作出限期治理决定后，应当明确监察机构负责跟踪检查的工作，明确负责跟踪联系的工作人员。

　　3. 现场监察

　　对排污单位的限期治理方案进行实时监察，督促其按时完成任务。听取治理单位介绍有关情况；检查有关文件；检查治理进度。

　　4. 视情处理

　　（1）正常。记录、登记。限期治理期限届满，环保部门应当及时组织现场核查，并作出核查决定。经验收完成限期治理任务的，环保部门解除限期治理决定。

　　（2）异常。对治理过程中发现的问题，及时下达整改意见，并向主管部门报告；对被解除限期治理后 12 个月内再次排放水污染物超标或者超总量的排污单位，应当从

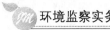

重处罚；对逾期未完成治理任务的，按规定征收排污费并填写《环境监察处罚建议书》上报，报请有批准权的人民政府责令关闭。

5. 总结归档

按项目立卷归档，注明发现问题的处理意见。所有记录、材料分类归档。

（四）限期治理项目违法行为的认定与查处

1. 限期治理项目违法行为的认定

限期治理制度是一项具有强制性的法律制度。对违反限期治理制度的单位必然要追究法律责任。

限期治理项目违法行为的认定有两个要素：一是逾期；二是治理工程未完成，或是虽然治理工程已完成但环境目标没有达到。

2. 限期治理项目违法行为的查处

环境监察机构发现造成严重污染的企业事业单位经限期治理，逾期未完成治理任务的，可以依据排放污染物的种类和数量，按照国家规定征收排污费；并按上述程序报告环保主管部门根据所造成的危害和损失处以罚款。或者由做出限期治理决定的人民政府责令停业、关闭。责令中央直接管辖的企业事业单位的停业、关闭，须报国务院批准。

关于具体罚款的额度，对经限期治理逾期未完成治理任务的企业事业单位，可以参照《固体废物污染环境防治法》的规定，根据所造成的危害后果处以罚款。造成水体严重污染的企业事业单位，经限期治理，逾期未完成治理任务的，除按照国家规定征收排污费外，还可以依照《中华人民共和国水污染防治法实施细则》第42条的规定处20万元以下的罚款。

《国务院关于环境保护若干问题的决定》第4条规定，限期治理的期限视不同情况定为1～3年（三峡库区及其上游工业污染的限期治理不能超过3个月）；对逾期未完成治理任务的，由县级以上人民政府依法责令其关闭、停业或转产。

限期治理项目的限期一般不得延长，特殊情况需要延长时，应报原决定机关批准。要防止无限期的限期治理，以及把限期治理当成延长违法企业生存年限的法宝。

四、思考与训练

（1）什么是限期治理项目？如何认定？

（2）限期治理项目违法行为如何查处？

（3）技能训练。

任务来源：根据情境案例2完成相应的工作任务。

训练要求：对于新建、改建、扩建的建设项目进行监察管理，对限期治理项目提出环境监察要点，对违法行为提出处理意见。

训练提示：运用限期治理环境监察要点和环境管理要求，以及有关法律法规的知识点完成工作任务。

相关链接

【资料】

2009 年浙江省曝光十一起重大环境违法行为

2009 年 6 月 25 日，浙江省 11 家企业因重大环境违法案件和突出环境问题，被省环境保护厅挂牌督办和曝光，并被依法责令限期治理、整改或停产关闭。

具体为：三门县双钰燃料油有限公司发生重油泄漏，导致部分油品直排，使沙柳镇地下饮用水源受污染，浙江钱江生物化学股份有限公司（老厂区）存在环境安全隐患问题，金华市豪迪染整有限公司未经环保审批擅自建成投产问题，宁波华远电子科技有限公司未经环保审批擅自建成投产问题，嘉兴市小月亮电池有限公司未经环保审批擅自建成投产问题，温州市宏大金属穿孔厂未经环保审批擅自建成投产、拒不执行处罚决定问题，浙江莎耐特袜业有限公司未经环保审批擅自建成投产问题，舟山市奥晟汽车传动带制造有限公司未经环保审批擅自建成投产问题，玉环县威绿达城市生活垃圾处理有限公司环境污染问题，宁波锦华铝业有限公司污水排放严重超标问题，浙江绍兴昕欣纺织有限公司污水排放严重超标问题。

据悉，对于第一批浙江省省级挂牌督办案件，省生态办要求各地政府及环保部门依法责令其限期治理、整改或者停产关闭，办理时限截止到 2009 年 12 月 31 日，省环境保护厅将定期跟踪督办，直至解决问题。

21世纪职业教育规划教材

项目三

生态环境监察

一、任务导向

工作任务1　陆地生态环境监察

工作任务2　海洋环境监察

二、活动设计

在教学中，以生态环境项目任务引领课程内容，以模块化构建课程教学体系，开展"导、学、做、评"一体的教学活动。以陆地生态环境监察和海洋环境监察为任务驱动，采用引导文教学法和启发式教学法等形式开展教学，进行仿真实训，达到学生掌握生态环境和海洋环境监督管理职业知识和职业技能的教学目标。

三、案例素材

【情境案例1】　山西是我国重要的煤炭能源基地。山西的煤炭生产在为我国的经济发展作出巨大贡献的同时，也对山西的生态环境造成极大的破坏。据不完全统计：山西矿山采空面积已达 2 万多平方千米，占全省国土面积的 13%，塌陷面积达 8 万平方千米（40%是耕地），采煤排水每年达 3 亿吨，使 3 000 多处井泉干枯断流，导致 1 547 个村庄、70.4 万人及 9.9 万头牲畜饮水困难，2.7 万平方千米的水田变成旱地，每年因此造成的经济损失达数十亿元。

工作任务 1：

1. 对矿山开发如何开展生态环境监察工作？

2. 制定矿山开发生态环境监察方案。

【情境案例 2】 2009 年，四大海区近岸海域中，黄海和南海近岸海域水质良，渤海近岸海域水质一般，东海近岸海域水质差。北部湾和黄河口海域水质优，一、二类海水比例在 90%以上；渤海湾、辽东湾、胶州湾和闽江口海域水质差，一、二类海水比例低于 60%且劣四类海水比例低于 30%；长江口、杭州湾和珠江口水质极差，劣四类海水比例均占 40%以上，其中杭州湾最差，劣四类海水比例高达 100%。与上年相比，渤海湾、胶州湾和长江口一、二类海水比例上升 10 个百分点以上。204 个入海河流监测断面水质总体较差，河流污染物入海量大于直排海污染源污染物入海量。东海的河流污染物入海总量远高于其他海区。204 个入海河流断面主要污染物排海总量约为：高锰酸盐指数 448.4 万吨，氨氮 60.5 万吨，石油类 6.34 万吨，总磷 25.8 万吨。466 个日排污水量大于 100 吨的直排海工业污染源、生活污染源和综合排污口的污水排放总量为 47.60 亿吨，各项污染物排放总量为：化学需氧量 27.25 万吨，石油类 1 412 吨，氨氮 32 757 吨，总磷 3 608 吨，汞 0.331 4 吨，六价铬 1.26 吨，铅 2.39 吨，镉 2.36 吨。

工作任务 2：

1. 对海洋环境如何开展环境监察工作？

2. 制定海洋环境生态监察方案。

模块一 陆地生态环境监察

一、教学目标

能力目标

◇ 能运用陆地生态环境监察的法律依据和管理政策；

◇ 能对破坏生态环境、生态平衡的违法行为进行调查。

知识目标

◇ 了解陆地生态环境的相关法律法规；

◇ 了解生态环境监察的重要作用和地位；

◇　熟悉生态环境监察的工作重点。

二、具体工作任务

◇　认知我国生态环境存在的问题和环境保护法律法规规定；
◇　制定自然保护区的生态环境监察工作方案并执行环境监察；
◇　制定城市的生态环境监察工作方案并执行环境监察；
◇　制定农村的生态环境监察工作方案并执行环境监察。

三、相关知识点

（一）生态问题与生态环境保护

1. 生态环境问题

《全国生态保护"十一五"规划》概述了我国生态环境保护存在的五个方面的问题：

（1）生态环境恶化的趋势未得到有效遏制。

大江大河源区生态环境质量日趋下降，水源涵养等生态功能严重衰退；北方重要的防风固沙区被破坏严重，沙尘暴频发；江河洪水调蓄区生态系统退化，调蓄功能下降，旱涝灾害频繁发生，湿地面积减少、功能退化；森林质量不高，生态调节功能下降；生物多样性减少，资源开发活动对生态环境破坏严重。

（2）水生态失衡。

我国人均水资源占有量仅为世界平均水平的1/4，部分河流开发利用率越过国际警戒线，黄河、淮河、辽河水资源开发利用率已超过60%，海河超过90%，生态用水被大量挤占，部分地区地下水位下降，形成了大小不同的地下水漏斗，造成地面沉降，近海海域环境质量没有明显好转。局部海域污染加重，"十五"期间，我国的四个海区中只有东海污染面积减少，其他三个海区的污染面积均有不同程度的增加。

（3）土地退化严重。

全国水土流失面积达356万平方千米，沙化土地174万平方千米。虽然实施了林业六大工程，土地沙漠化趋势得到减缓，但北方干旱、半干旱地区荒漠化土地分布仍很广泛，水蚀、风蚀、土壤盐渍化与土壤污染并存，土地的生态服务功能降低。

（4）农村生态环境质量明显下降。

近年来，随着农村经济的迅速发展，农村生活污水、垃圾、农业生产及畜禽养殖废弃物排放量逐年增大，农村"脏、乱、差"的现象普遍，农村地区环境状况日益恶化，直接威胁着广大农民群众的生存环境与身体健康。

（5）生物多样性锐减。

我国现有自然保护区建设质量和管理水平不高。物种濒危和灭绝的速度加快，生物遗传资源流失严重，林草和生物品种单一化问题突出。目前濒危或接近濒危的高等植物已占高等植物总数的15%~20%。外来物种入侵危及生态系统安全，造成巨大经济损失。

2. 生态环境保护

保护环境生态不仅要保护现有的野生资源和环境，而且还要保护正在利用的已经受到破坏和干扰的自然资源和环境。

生态保护应该按照不同保护方式进行分类，大致可分为维护、保护、恢复和重建四种类型。维护区包括极为敏感、景观独特、不易开发利用的地区（如原始森林、湿地、江河源头水源地等）；保护区包括生态敏感、景观较好、有重要的生物资源，虽已受到人为干扰影响，面临严重破坏的危险，但干扰影响解除后，可以自然恢复的地区；恢复区是生态系统的结构和功能受到严重干扰和破坏，影响了社会经济的发展，为了良好的环境和资源的可持续利用，采取人为措施，使其结构和功能恢复到干扰和破坏前的状态的区域；重建区是生态系统的结构和功能受到严重干扰和破坏，恢复到干扰和破坏前的状态比较困难，为了更有效地并发和利用，可以进行生态重建和改建，借以维持生态系统的良性平衡，达到环境和资源的可持续利用的区域。

（二）生态环境监察

1. 生态环境监察的概念

生态环境监察是指环境保护行政主管部门的环境监察机构，依法对本辖区内一切单位与个人履行生态环境保护法律法规、政策的情况进行的现场监督、检查，并对各种环境违法行为和生态破坏行为进行的现场执法和处理。生态环境监察是环境监察的有机组成部分，是环境监察的重要内容。

生态环境监察的对象是一切导致生态功能退化的开发活动及其他人为破坏活动。

2. 生态环境监察的特点

（1）前瞻性。生态环境监察的着眼点要通过查处环境违法行为预防与控制生态破坏。

（2）系统性。生态环境的要素不是孤立存在的，是相互依存的系统，任何一种破坏行为都会带来一系列的生态问题，考虑问题要从整个生态系统方面出发。

（3）综合性。造成生态破坏的环境违法行为常常不是某一方面或某一个人的行为，而是涉及多种因素、多种行为，在一段时间后形成的，因此，在生态环境监察过程中，往往要与国土、农业、林业、草原、旅游等多部门相联系。

3. 生态环境监察的依据

生态环境监察的依据有法律与法规依据、规划与标准依据、环评文件及事实依据等几方面。

（1）法律与法规依据。在生态环境保护方面，有《环境保护法》、《水污染防治法》、《大气污染防治法》、《噪声污染防治法》、《固体废物污染环境防治法》、《海洋环境保护法》、《环境影响评价法》、《矿产资源法》、《水法》、《水土保持法》、《清洁生产促进法》、《野生动物保护法》、《陆生野生动物保护实施条例》、《水生野生动物保护实施条例》、《野生植物保护条例》、《濒危野生动植物进出口管理条例》、《自然保护区条例》、《建设项目环境保护管理条例》、《土地复垦规定》、《防治尾矿污染环境管理规定》、《全国生态环境保护纲要》等法律法规中的有关条款。

（2）规划与标准依据。包括：《自然保护区土地管理办法》、《国家级自然保护区总体规划大纲》、《自然保护区管理基础设施建设技术规范》、《自然保护区类型与级别划分原则》、《国家级自然保护范围调整和功能区调整及更改名称管理规定》、《国家级自然保护区监督检查办法》等。

（3）环评文件及事实依据。建立重要生态功能区、自然保护区、风景名胜区、经济开发区以及一切建设项目都需要做环境影响评价，都要有环境影响评价文件。经过环保局的批准后，这些环评文件都可以作为生态环境保护的具有法规效力的技术性依据。

在环境保护工作中取得的一切具有证据性质的文件，生态环境监察中取得的一切证据，都是在实施生态环境保护中的依据。

（三）生态环境监察工作任务

1. 重要生态功能区的生态环境监察

凡经批准正式建立的各级生态功能保护区，无论属哪一级政府管理，均由同级环保局的环境监察机构随时进行监察。其内容是：监察该生态功能保护区边界是否已经划定；监察其管理机构是否能正常承担生态环境保护管理职能；检查和制止功能区内一切导致生态功能退化的开发活动和其他人为破坏活动（垦荒、捕猎、乱砍滥伐、取水、挖矿等）；停止一切产生严重污染环境的工程项目建设；督促该生态功能保护区恢复和重建生态保护功能的工程建设。

对长江、黄河等大江大河源区，要停止一切可导致源头生态功能退化的人为破坏活动，如大面积开荒、超载放牧、挖沙开矿、滥伐森林、破坏性旅游等。对洪水调蓄区，要禁止无规划地围湖造田、填湖建房、改造湿地，无科学依据地改变水流方向等行为。对防风固沙区要特别注意维持和发展其原有的防风固沙功能，考察地形、地貌、风向、风速，制定合理的生态建设规划，提高防风固沙能力。无论是何种重要生态功能区，都要严格控制区内的人口增长，都要改变粗放的生产经营方式。重要生态功能区的保护绝非是环境保护部门一家能办到的事，而必须由相应的一级政府来主办。在政府的领导下，经贸、计划、农、林、水、土、矿等多部门合作，依据有关法规，根据生态功能区的类型，履行各自的环境保护职责。环境保护部门根据"三统一"的原则，做好综合协调和监督工作。

2. 重点资源开发区的生态环境监察

这是生态环境监察的重点工作区。

（1）对资源开发利用的建设项目的监察。

对水、土地、森林、草原、海洋、矿产等自然资源开发利用的建设单位，必须遵守相关的法律法规，依法履行环境影响评价手续。环境监察机构要按照经批准的环境影响评价报告书（表）和"三同时"审批意见，认真检查开发建设单位的落实情况。

有水土保持方案的,要严格要求按方案执行。和建设项目的环境监察一样,凡没有执行环境影响评价,没有执行"三同时"和水土保持方案的,一律不得开工建设,不得竣工投产。要按照环境监察工作制度,加密对重点资源开发区内的建设项目的检查频次,利用环境监察经常外出巡查的优势,及时发现未办环评手续擅自开工的;不按环评和"三同时"审批意见施工的;未经验收就擅自投产的;在开发利用过程中造成严重生态环境影响的。已造成严重生态环境影响的开发建设项目,要及时采取措施,防止影响扩大,并及时报告上级环保部门予以处理。

(2) 对水资源开发利用项目的生态监察。

生态监察的重点是:流域水资源开发规划要全面评估工程对流域水文条件和水生生物多样性的影响;干旱、半干旱地区要严格控制新建平原水库,将最低生态需水量纳入水资源分配方案;对造成减水河段的水利工程,必须采取措施保持足够的生态用水,保护下游生物多样性;兴建河系大闸,要设立鱼蟹洄游通道;在发生江河断流、湖泊萎缩、地下水超采的流域和区域,坚决禁止新的蓄水、引水和灌溉工程建设。环境监察中,发现利用地下水的,要检查是否在划定的地下水禁采区开采,是否属于高耗水产业;利用地表水的,检查是否符合水域、流域用水规划,对生态用水有无损害。对排污水的企事业单位的环境监察,要按规定规范其排污口和排污量,严格按排污许可证制度办事。及时发现违法违规向水体排放污染物和倾倒垃圾、工业废料的现象。及时处理水体污染事故,保持水生态环境的良好状态。要合理规划利用地表水和滩涂的养殖业,严格管理,降低密度,不使其污染水体。要控制水生物种的引进,保护好原生物种。

位于湿地的资源开发项目的生态环境监管的重点是:穿越湿地等生态环境敏感区的公路、铁路等基础设施建设,应建设便于动物迁徙的通道设施;在湿地内开采油、气资源应采取措施保护生物多样性;资源枯竭后,应及时拆除生产设施,恢复自然生态;禁止围湖、围海造地和占填河道等改变水生态功能的开发建设活动;禁止利用自然湿地净化处理污水;禁止不按科学规划和环境影响评价围湖造田,任意破坏湿地、红树林、珊瑚礁,任意改变河流的走向和河床。不要把水生生物单一化,要保护水体的自然净化能力。

(3) 对森林、草原的开发利用项目的生态监察。

生态监察的重点是:禁止荒坡地全垦整地、严格控制炼山整地;在年降水量不足400毫米的地区,严格限制乔木种植和速生丰产林建设;水资源紧缺地区,不得靠灌溉大面积推进和维持人工造林;草原放牧要严格实行以草定畜和祭牧期、禁牧区及轮牧制度;禁止采集国家重点保护的生物物种资源;在野生生物物种资源丰富的地区,应划定野生生物资源限采区、准采区和禁采区,并严格规范采挖方式。要严格监管被划定的禁垦区、禁伐区和禁牧区,对在以上三区垦殖、伐木和放牧的,要及时依法制止和处理。对毁林毁草开垦的耕地和废弃地,要按照"谁批准谁负责、谁破坏谁恢复"的原则,在环保部门的指导下,按限期治理制度限期退耕还林、还草,保证不再对森林和草原生态环境造成新的破坏。

（4）对生物物种资源开发利用的生态监察。

要积极参与林业、农业、渔业部门禁止捕捉、猎杀、采集濒危野生动植物的工作，检查和打击非法经营、销售活动。采集国家一级保护野生植物的，必须申请采集证，由省级野生植物行政主管部门（林业及农业部门）审查后报国家野生植物行政主管部门审批发给；采集国家二级保护野生植物的，由县级以上野生植物行政主管部门审查后报省级野生植物行政主管部门审批发给采集证。禁止猎杀、杀害国家重点保护野生动物，因科学研究、驯养繁殖、展览或其他特殊情况，需要捕捉、捕捞国家一级保护野生动物的，必须向国务院野生动物行政主管部门（林业和渔业部门）申请特许猎捕证；猎捕国家二级保护野生动物的，必须向省、自治区、直辖市政府野生动物行政主管部门申请特许猎捕证。猎捕非国家重点保护野生动物的，必须取得狩猎证，并且服从猎捕量限额管理。

按照已有的规定，禁止采集、销售发菜和滥采乱挖甘草、麻黄草等各类有固沙保土作用的野生药用植物。要与公安部门配合打击销售发菜、穿山甲等国家保护的野生动植物黑市。与工商部门配合关闭一切珍稀野生动植物收购、加工和销售市场。

外来物种引进和转基因生物应用的环评审查和生态环境监察重点是：引进外来物种和转基因生物环境释放前，必须进行环境影响评估；禁止在生态环境敏感区进行外来物种试验和种植放养活动；严格限制在野生生物原产地进行同类转基因生物的环境释放；要联合有关部门确定本地区的重点外来入侵物种和重点防治区域，并予以公布。自然保护区、生态功能保护区、风景名胜区和生态环境特殊和脆弱的区域以及内陆水域等应作为外来入侵物种防治工作的重点区域。遭受外来物种入侵和危害的上述区域，应集中力量和资金，尽快予以控制和消除。要加强对自然保护区、风景名胜区、森林公园旅游活动的环境管理工作，防止外来入侵物种的有意或无意传入。

（5）对矿产资源开发利用的生态监察。

生态监察的重点是：在生态环境敏感区进行矿产资源开发必须作生态环境影响专题分析，资源枯竭后必须复垦或恢复植被，不得在生态功能重要的区域开采矿产资源。矿产资源的开采必须有矿业行政主管部门按规定发给的采矿许可证，在划定的矿区范围内开采。无证或超证开采都是违法的。还要随时检查生态功能保护区、自然保护区、风景名胜区、森林公园等国家明令保护的区域内有无非法采矿行为并加以制止。对在严禁采矿、采石、采沙、取土的地区内发现有采取行为并已对生态环境造成损害影响的，要立即制止并向上级环保部门报告。对由于矿产资源开发而造成地质灾害、水土流失、物种破坏和生态环境破坏的，应责令开发者限期恢复其生态环境功能。对已停止采矿或已关闭的矿山、坑口，应监督其责任者及时做好土地复垦和生态恢复工作。

1）立项阶段。检查矿山建设项目环境影响评价审批手续办理情况；查看环境影响报告书（表）中和环保部门批复意见中对污染防治措施及水土保持、植被恢复、土地复垦等生态环境保护方面的有关要求；检查矿山建设项目选址是否在禁采区建设（生态功能区、自然保护区、风景名胜区、森林公园；崩塌滑坡危险区、泥石流易发区和易导致自然景观破坏的区域；港口、机场、国防工程设施圈定地区以内；重要工业区、大型水利工程设施、城镇市政工程破坏附近一定距离以内；铁路、重要公路两侧一定距离以内；重要河流、堤坝两侧一定距离以内；基本农田保护区）。在自然保护区进行开矿、采石、挖沙等活动的单位和个人，除可以依照有关法律、行政法规规定给予处罚的以外，由县级以上人民政府有关自然保护区行政主管部门或其授权的自然保护区管理机构没收违法所得，责令停止违法行为，限期恢复原状或采取其他补救措施；对自然保护区造成破坏的，可以处以 300 元以上 10 000 元以下的罚款。

2）施工阶段。检查建设项目施工计划（措施、方案）的落实情况；检查环评批复意见的落实和生态环境保护与污染治理措施落实情况；检查施工现场"三废"排放情况和生态破坏情况。

3）竣工验收阶段。验收达标情况及验收结论；检查竣工验收手续办理情况。

4）运行阶段。检查矿山企业环境管理制度建立情况；按环评报告书（表）及审批意见中提出的有关污染防治、生态恢复、水土保持等要求检查落实情况；查看矿山企业排污申报登记及排污许可证发放情况，检查矿山企业缴纳排污费情况，检查矿山企业污染治理设施管理、维护、运行情况；检查矿山企业在采、选、冶过程中的环境污染（废水、废气、固体废弃物排放）和生态破坏情况；检查矿山企业闭矿后的生态恢复情况。

由于历史原因，不少矿山未预留生态恢复治理资金，地方政府也未认真履行生态环境保护和治理方面的职责，造成许多矿山生态环境破坏，存在无人"买单"现象，应当进一步明确矿区生态环境治理责任，建立多渠道投资机制。明确地方政府是当地矿区生态环境治理第一责任人，按照"谁污染、谁治理"的原则，尽快落实费用承担主体和实施治理的主体，力争治理资金和各项工作落实到位。协调有关部门制定矿山生态保护与生态恢复的经济政策，建立矿山生态恢复保证金制度和生态补偿机制，通过市场机制，秉承"谁投资、谁受益"的原则，充分利用国家财政、地方财政和社会资金，多渠道融资开展矿山生态环境恢复和治理工作。

（6）对旅游资源开发利用的生态监察。

生态监察的重点是：必须有生态环境保护规划和宣传教育专项方案；旅游区内禁止建设破坏景观资源的楼、堂、馆、所；严格限制索道、滑道、旅游列车、娱乐城的建设；科学核定景区旅游容量，做到"区内游，区外住"；禁止在自然保护区核心区、缓冲区内从事旅游开发，不得以开发为目的擅自把自然保护区核心区、缓冲区调整为实验区。要检查旅游开发是否严格按环境影响评价的审批意见执行，对不按环评制度和不按环评审批意见办事的，要报告环保局予以处理、处罚。旅游已经影响到环境和生态的，要限定旅游时间和旅游人数。对旅游区内的污水、烟尘、生活垃圾，要与工业企业一样地严格要求，必须达标排放和妥善处置。

（7）对农业资源开发规划和项目的环评审查和生态监察。

禁止毁林毁草（场）开垦和陡坡（坡度 25°及以上）开垦；禁止在生态环境敏感区域建设规模化畜禽养殖场，畜禽养殖区与生态敏感区域的防护距离不得低于 500 米；

渔业资源开发要执行捕捞限额和禁渔、休渔制度；水产养殖要合理投饵、施肥和使用药物，环境敏感的水库、湖塘禁止网箱养殖；禁止在农村集中饮用水源地周围建设有污染物排放的项目或从事有污染的活动；科学合理使用农药、化肥和农膜，防止农业面源污染。

（8）对城镇道路设施建设、新区建设、旧城区改造项目的生态监察。

严格保护城市内的天然湿地、草地、林地、河道等生态系统；城市渠系、水体整治中不得随意对自然水体进行人为的"防渗处理"；城市绿化树（草）种应推广本地优良品种，严格控制对野生树木的采挖移植；禁止古树、名木异地移栽，防止"大树进城"造成原产地生态系统和生物多样性的破坏。

3. 生态良好地区的生态环境监察

在生态良好地区，维持原有的生态环境和生态系统是主要任务。在生态环境没有大的改变的前提下，生态系统是可以自我调节和恢复的。所以监察的重点要放在不使自然生态环境遭受大的破坏与改变上，要努力保证新的自然保护区的建立和完善。要及时发现和制止对自然环境的破坏行为。

成功地建设一批自然保护区（含风景名胜区、森林公园）是保护生态环境良好地区的途径。

对各级自然保护区的监察要点包括：

（1）国家级自然保护区的设立、范围和功能区的调整以及名称的更改是否符合有关规定；

（2）国家级自然保护区内是否存在违法砍伐、放牧、狩猎、捕捞、采药、开垦、烧荒、开矿、采石、挖沙、影视拍摄以及其他法律法规禁止的活动；

（3）国家级自然保护区内是否存在违法的建设项目，排污单位的污染物排放是否符合环境保护法律、法规及自然保护区管理的有关规定，超标排污单位限期治理的情况；

（4）涉及国家级自然保护区且其环境影响评价文件依法由地方环保局审批的建设项目，其环境影响评价文件在审批前是否征得国家环保部的同意；

（5）国家级自然保护区内是否存在破坏、侵占、非法转让自然保护区的土地或者其他自然资源的行为；

（6）国家级自然保护区的旅游活动方案是否经过国务院有关自然保护区行政主管部门批准，旅游活动是否符合法律法规规定和自然保护区建设规划（总体规划）的要求；

（7）国家级自然保护的建设是否符合建设规划（总体规划）要求，相关基础设施、设备是否符合国家有关标准和技术规范；

（8）国家级自然保护区管理机构是否依法履行职责；

（9）国家级自然保护区的建设和管理经费的使用是否符合国家有关规定；

（10）法律法规规定的应当实施监督检查的其他内容。

4. 农村生态环境监察

农村生态环境是个大的生态环境问题。农业用地（耕地）占全国土地面积的

13.9%，农业人口占全国人口的 2/3。农村生态环境保护问题在全国生态环境保护中有着举足轻重的地位。而且当前农村生态环境继城市环境之后也在恶化，农村生态环境保护的环境监察急需加强。

（1）加强农村饮用水水源地环境保护。

建立水源保护区，加强监测和监管，坚决依法取缔保护区内的排污口，禁止有毒有害物质进入保护区。要把水源保护区与各级各类自然保护区和生态功能保护的建设结合起来，明确保护目标和管理责任，切实保障农村饮水安全。

（2）严格控制农村地区工业污染。

加强对农村工业企业的监督检查，严格执行企业污染物达标排放和污染物排放总量控制制度，防治农村地区工业污染。针对具体情况采取有效措施，防止城市污染向农村地区转移、污染严重的企业向西部和落后农村地区转移。严格执行国家产业政策和环保标准，淘汰污染严重和落后的生产项目、工艺、设备，防止"十五小"和"新五小"等企业在农村地区死灰复燃。

（3）加强畜禽、水产养殖的污染防治。

对大中型规模禽畜养殖场的环境监察任务：

1）检查是否办理了建设项目环境影响报告书（表）的审批手续。

2）检查畜禽粪便综合利用、污染防治设施是否执行了"三同时"制度，凡没有综合利用设施和污水治理设施的，一律不得开工或投产。

3）对新建污水处理设施和畜禽粪便贮存利用场地进行检查验收和监测。

4）定期检查畜禽养殖场的污染防治设施是否正常运行，对排放的废水进行监测。

5）对地处环境敏感区（水源保护区、自然保护区、风景名胜区、人口稠密区）和布局不合理的畜禽养殖场点坚决予以关闭。

6）对排放污染物超过标准或总量指标，污染严重的畜禽养殖场，由地方人民政府或政府委托的环保局责令限期治理。逾期未完成治理任务的，责令停业关闭。

7）违反其他环境保护规定的，由环保局视其情节责令改正或处理。

针对辖区的具体情况，选择生产沼气、堆肥等方法建设畜禽养殖污染防治示范工程和生活垃圾处理减量化、无害化和资源化示范工程，总结推广一批经济适用的畜禽养殖污染防治和废弃物综合利用技术和模式，加大推广力度，切实推动畜禽养殖环境问题的解决。

（4）努力控制农业面源污染。

农业化肥与农药的污染也是江河湖海水质污染的一大来源。环境监察中要与农业环境保护部门一起，大力推广测土配方施肥技术，积极引导农民科学施肥，在粮食主产区和重点流域要尽快普及。积极引导和鼓励农民使用生物农药或高效、低毒、低残留农药，推广病虫草害综合防治、生物防治和精准施药等技术。进行种植业结构调整与布局优化，在高污染风险区优先种植需肥量低、环境效益突出的农作物。推行田间合理灌排，发展节水农业，推广生态农业、有机农业。要推广可降解的农用薄膜，减少农用薄膜在农田中的残留，保护农田，使其可永续利用。

（5）积极防治农村土壤污染。

对土壤污染现状进行调查与评价，研究土壤污染治理与修复技术。严格控制在主要粮食产地、菜篮子基地进行污灌。加强对主要农产品产地土壤环境的常规监测，在重点地区建立土壤环境质量定期评价制度。污染严重且难以修复治理的耕地应在土地利用总体规划中做出调整。针对不同土壤污染类型（重金属、有机污染等），选取有代表性的典型区（污灌区、固体废物堆放区、矿山区、油田区、工业废弃地区）开展土壤污染综合治理研究与技术评估，选择若干重点区域，建设土壤污染治理示范工程。

5. 城市生态环境监察

城市生态环境监察的要点：

（1）严禁在城区和城镇郊区随意开发，如填海、开发湿地，禁止随意填占溪、河、渠、塘。

（2）继续开展城镇环境综合整治。

（3）进一步加快能源结构调整和工业污染源治理，切实加强城镇建设项目和建筑工地的环境管理。

（4）积极推进环保模范城市和环境优美城市创建工作。

（5）在城市发展规划建设中保护生态环境：城市发展总体规划要避免"摊大饼"似的无限扩张；不要把城市和周边农业用地封闭式地隔离起来，要形成开放的城市生态系统；城市内留足绿化用地，用以调节气候、净化空气、涵养水体、防灾防难；绿化的树种草种尽量用本土原生种；妥善解决城市交通（提倡步行和公共交通）、住房（就近居住）、绿地（生态林和屋顶绿化）、废物的减量和再利用（法规和奖励）、能源（可再生能源）、给排水系统（节水和减少地表径流）、发展社区经济（促进产品和服务本地化）、城市农业生产的有机食品和减少 SO_2、CO_2 排放等问题。

6. 对本辖区的自然生态环境开展调查研究

（1）以建设项目环评、"三同时"管理为切入点，开展资源开发、重点工程的生态环境监察。

（2）抓好畜禽养殖的环境管理和排污收费，开展农村生态环境的现场执法。

（3）开展自然保护区和旅游开发的生态环境监察。

（4）查处一批破坏生态环境案件。

7. 对带有普遍性的问题要首先解决

在一般城镇，有普遍存在的和没有明确责任单位的问题，如白色污染防治问题，有机质能的综合利用问题（如秸秆和有机垃圾的综合利用），城镇水污染问题等。要在当地政府领导下，与有关部门一起，制定城市规划、县（市）域规划、农村环境保护规划、流域环境规划、能源发展规划，实施综合治理。环境监察队伍在日常监察中，应努力保证这些规划的实现。对已有的规定要认真坚持执行。对秸秆禁烧，要加大对机场周围、高速公路、铁路沿线两侧和高压输电线路附近的巡查和监督。要配合农业部门积极推广沼气和其他利用秸秆的措施，丰富农村的能源，也可以利用其沤肥还田、退肥还田，还可以作为工业原料。对"十五小"、"新五小"等国家禁止或淘汰的污染严重的小企业与落后工艺，一定要坚持抓下去，发现一处取缔一处。

8. 建立有效的生态环境监察机制

搞好生态环境保护的环境监察，首先要解决生态环境监察机制和机构问题。按国家环境保护总局要求，地方各级环保部门要把生态保护工作纳入重要议事日程，省级、市级环保部门要加强生态保护工作机构建设，县级环保部门要有专人负责生态保护工作，推动乡镇设立兼职的生态环境监管人员。其次，要将生态环境保护工作纳入环境保护目标责任制。

9. 生态监察运用现代化宏观的手段

生态环境监察除运用现有手段外，还增加对整个区域的图像反映、定位、监测频率及周期描述、数据统计与分析，建立数学模型分析发展趋势，预测预报、评价和规划等，从微观上反映还能从宏观上结合，运用地理信息技术（GIS）、遥感技术（RS）和全球卫星定位技术（GPS）。

四、思考与训练

（1）对重点资源开发区应如何开展环境监察工作？

（2）对生态良好地区应如何开展环境监察工作？

（3）技能训练。

任务来源：针对你的家乡（城市或农村地区）的生态环境情况，编写一个生态环境监察工作方案。

训练要求：根据所学的不同区域生态环境的监察要点，结合家乡的实际情况，提出生态环境监督管理的建议。

训练提示：首先，针对家乡的生态环境现状、开发利用情况以及存在的问题进行资料收集和整理，并分析原因；其次，参考所学的不同区域的生态环境监察要点，结合本地区的生态环境保护实际情况提出生态环境监察工作任务；最后，提出在生态环境监察工作中应注意哪些事项（定位、依据）。

模块二　海洋环境监察

一、教学目标

能力目标

✧　认知海洋环境保护的法律法规和管理规定；

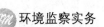

◇ 能辨识破坏海洋环境污染、陆源排污的违法行为。

知识目标

◇ 了解海洋生态监察任务和基本技术要求；

◇ 熟悉生态环境和海洋环境保护基本知识和法律法规规定。

二、具体工作任务

◇ 识别海洋环境保护范围和监督管理主体；

◇ 提出海岸工程环境监察的主要任务，能承担海岸工程的环境监察工作；

◇ 提出陆源污染环境监察的主要任务，能承担陆源污染的环境监察工作。

三、相关知识点

（一）海洋污染的环境监察

1. 海洋环境污染

海洋环境污染指人类直接或间接地把物质或能量引入海洋环境，以致造成或可能造成损害生物资源和海洋生物、危害人类健康、妨碍包括捕鱼和其他正当用途在内的各种海洋活动，产生损害海水使用质量和减损环境优美等有害影响。

2. 海岸工程建设项目

海岸是指海岸线以上狭窄的近海陆地地带。海岸工程建设项目，是指位于海岸或者与海岸连接，为控制海水或者利用海洋完成部分或者全部功能，并对海洋环境有影响的基本建设项目、技术改造项目和区域开发工程建设项目。主要包括：港口、码头，造船厂、修船厂、滨海火电厂、核电站，岸边油库，滨海矿山，化工、造纸和钢铁工业等工业企业，固体废弃物处理处置工程，城市废水排海工程和其他向海域排放污染物的建设工程，入海河口的水利、航道工程，潮汐发电工程，围海工程，渔业工程，跨海桥梁及隧道工程，海堤工程，海岸保护工程以及其他一切改变海岸、海涂自然性状的开发建设项目。

3. 海岸工程环境监督管理主体

按照法律规定，国务院环境保护行政主管部门主管全国海岸工程建设项目的环境保护工作；沿海县级以上地方人民政府环保部门主管本行政区域内的海岸工程建设项目的环境保护工作。

4. 海岸工程环境监察

（1）海岸工程建设项目的监察。

海岸工程建设同样要执行国家有关建设项目环境保护管理的规定，如必须进行环境影响评价，建设过程要执行"三同时"制度等。

修筑海堤，在入海河口处兴建水利、航道、潮汐发电或者综合整治工程，必须采用措施，不得损害生态环境及水产资源。兴建海岸工程建设项目，不得改变、破坏国家和地方重点保护的野生动植物的生存环境。不得兴建可能导致重点保护的野生动植物生存环境污染和破坏的海岸工程建设项目；确需兴建的，应当征得野生动植物行政主管部门同意，并由建设单位负责组织采取易地繁育等措施，保证物种延续。

在鱼、虾、蟹、贝类的洄游通道建闸、筑坝，对渔业资源有严重影响的，建设单位应当建造过鱼设施或者采用其他补救措施。

（2）对排海排污口的监察。

可以利用海洋的环境容量建设污水排海口，此类排污口要符合环境保护规范标准要求和合理规划。污水排放口应采用暗沟或者管道方式排放，出水管口位置要在低潮线以下，且要设置在便于扩散的海域。

（3）对海岸工程接收、处理"三废"设施的监察。

港口、码头、岸边造船厂、修船厂等应设置与其吞吐能力和货物种类相适应的防污设施，如残油、废油、含油污水、垃圾和其他各种废弃物的接收和处理设施等。港口和码头还需配备海上重大污染损害事故应急设备和器材，如围油栏、油回收设备和材料、消油剂等。化学危险品码头，应当配备海上重大污染损害事故应急设备和器材。岸边油库，应当设置含油废水接收处理设施，库场地面冲刷废水的集接、处理设施和事故应急设施；输油管线和储油设施必须符合国家有关防渗漏、防腐蚀的规定。

（4）滨海垃圾处理监察。

滨海垃圾场或工业废渣填埋场应建造防护堤坝和场底封闭层，设置渗滤液收集、导出处理系统和可燃性气体防散防爆装置。

（5）检查海岸工程对生态环境和水产资源的损害。

检查海岸工程对生态环境和水产资源的损害，杜绝和减少对国家和地方重点保护的野生动植物的生存环境的改变和破坏，减少对渔业资源的影响及建设补救措施等。

（6）检查海岸工程建设项目导致海岸的非正常侵蚀情况。

滩涂开发、围海工程、采挖砂石必须按规划进行。禁止在海岸保护设施管理部门规定的海岸保护设施的保护范围内从事爆破、采挖砂石、取土等危害海岸保护设施安全的活动。非经国务院授权的有关行政主管部门批准，不得占用或者拆除海岸保护设施。

（7）检查已有的矿山和冶炼企业的生产、排污情况。

建设滨海矿山，在开采、选矿、运输、贮存、冶炼和尾矿处理等过程中，必须按照有关规定采取防止污染损害海洋环境的措施。

（8）检查海岸工程建设项目毁坏海岸防护林、风景石、红树林和珊瑚礁的情况。

禁止在红树林和珊瑚礁生长的地区，建设毁坏红树林和珊瑚礁生态系统的海岸工程建设项目。

（9）检查禁止建设的区域的工程项目。

在海洋特别保护区、海上自然保护区、海滨风景游览区、盐场保护区、海水浴场、重要渔业水域和其他需要特殊保护的区域内不得建设污染环境、破坏景观的海岸工程建设项目；在其界区外建设海岸工程建设项目，不得损害上述区域环境质量。

（二）陆源污染的环境监察

1. 陆源污染

陆源污染是指陆地上产生的污染物进入海洋后对海洋环境造成的污染或损害。

陆地污染源（简称陆源），是指从陆地向海域排放污染物，造成或者可能造成海洋环境污染损害的场所、设施等。陆源污染物是指陆源排放的污染物。陆源污染物质可以通过直接入海排污管道或沟渠、混合入海排污管道或沟渠、入海河流等途径进入海洋。

据统计，80％的海洋污染属陆源污染。直接入海排污管道沟渠是指临海工矿企业或事业单位专用的排污管道或沟渠，污染物质可以通过其直接排入海洋；混合入海排污管道或沟渠是指若干家临海工矿企业或事业单位共同的排污管道或沟渠，污染物可以直接或基本上直接排入海洋；污染物质还可随入海的河流进入海洋。

2. 陆源污染源的环境管理主体

按照法律规定，国务院环保部门主管全国的防治陆源污染物污染损害海洋环境工作；沿海县级以上地方人民政府环保部门主管全国的防治陆源污染物污染损害海洋环境工作；沿海县级以上地方人民政府环保部门主管本行政区域内的防治陆源污染物污染损害海洋环境工作。

3. 陆源污染的环境监察

（1）检查陆源污染源的排污达标情况。

根据《海水水质标准》及有关排放标准等，检查违章排污、超标排污情况。为了更有效地保护海洋水质环境，应根据总量控制原则，采用排海许可证的方式进行污水排放监督管理。任何单位和个人向海域排放陆源污染物，必须向其所在地环保部门申报登记拥有的污染物排放设施、处理设施和在正常作业条件下排放污染物的种类、数量和浓度，提供防治陆源污染物污染损害海洋环境的资料，并将上述事项和资料抄送海洋行政主管部门。排放污染物的种类、数量和浓度有重大改变或者拆除、闲置污染物处理设施的，应当征求所在地环保部门同意并经原审批部门批准。

任何单位和个人，不得在海洋特别保护区、海上自然保护区、海滨风景游览区、盐场保护区、海水浴场、重要渔业水域和其他需要特殊保护的区域内兴建排污口（1990年8月1日后）。对在前列区域内已建的排污口，排放污染物超过国家和地方排放标准的，限期治理。

未经所在地环保部门同意和原批准部门批准，擅自改变污染物排放的种类、增加污染物排放的数量、浓度或者拆除、闲置污染物处理设施的和1990年8月1日后在规定区域内兴建排污口的由县级以上人民政府环保部门责令改正，并可处以五千元以上十万元以下的罚款。

（2）放射性废水排放的监察。

禁止排放含强放射性物质的废水，对含弱放射性废水的排放要适当控制，执行国家有关放射防护的规定和标准。

（3）检查含病原体废水排放的消毒情况。

向海域排放含病原体的废水，必须经过处理，符合国家和地方规定的排放标准和有关规定。

（4）检查有机物和富含营养物质的废水排放。

检查含有机物和富含营养物质的废水的排放，防止海水富营养化。向自净能力较差的海域排放含有机物和营养物质的工业废水和生活废水，应当控制排放量；排污口应当设置在海水交换良好处，并采用合理的排放方式，防止海水富营养化。

（5）检查高温废水的排放。

沿岸建设的电厂、核电站和化工厂，会产生大量高温冷却水，对海洋生态环境有很大影响。必须检查高温工业废水的排放，造成海水温升应小于4℃。

（6）检查沿岸农业化肥、农药的施用情况。

检查包括含磷洗衣粉在内的农业面源污染、生活污染物排放情况。

（7）检查近岸固体废物处理处置场的建设管理情况，检查岸滩废物堆弃情况。

被批准设置废弃物堆放场、处理场的单位和个人，必须建造防护堤和防渗漏、防扬尘等设施；经批准设置废弃物堆放场、处理场的环境保护行政主管部门验收合格后方可使用。在批准使用的废弃物堆放场、处理场内，不得擅自堆放、弃置未经批准的其他种类的废弃物。不得露天堆放含剧毒、放射性、易溶解和易挥发性物质的废弃物；非露天堆放上述废弃物，不得作为最终处置方式。

禁止将失效或者禁用的药物及药具弃置岸滩。

四、思考与训练

（1）哪些属于海岸工程建设项目？海岸工程环境监督管理主体如何确定？

（2）海岸工程的环境监察工作如何开展？

（3）陆源污染源如何界定？其环境管理主体如何确定？

（4）陆源污染的环境监察工作如何开展？

（5）技能训练。

任务来源：按照我国海洋环境污染的实际情况，完成情境案例2的工作任务。

训练要求：针对我国四大海域的水环境质量问题，提出海洋环境监察工作要点；针对沿海的污染源监督管理要求，分清责任，制定海洋环境生态监察方案。

训练提示：参考海岸工程、陆源污染的环境监察要点加以完成。

环境监察行政执法

一、任务导向

工作任务 1 　环境行政执法
工作任务 2 　环境污染防治法与标准的执法应用
工作任务 3 　环境行政复议与行政诉讼

二、活动设计

在教学中，以项目工作任务引领教学内容，以模块化构建课程教学体系，开展"导、学、做、评"一体的教学活动。以环境行政执法与处罚、环境行政复议与诉讼为任务驱动，采用案例教学法和启发式教学法等多种形式开展教学，通过课业训练和评价达到学生掌握知识和职业技能的教学目标。

三、案例素材

【情境案例 1】　某贸易有限公司于 2000 年 9 月注册登记，经营范围主要是染料和助剂的批发和零售。该公司为了获得高额经济利润，在没有向工商行政部门申请办理企业变更手续和向环保部门办理环保手续的情况下，由单纯的销售转变为私下从事染料和助剂的生产，然后再自行销售。两年后，该贸易公司在加工生产过程中，将清洗装料桶、机器设备、车间地面的废水直接向附近的河道排放，造成周围河水严重污染。

工作任务1：

1. 根据该企业的生产和排污性质，指出其违法行为有哪些。

2. 分析其应承担的法律责任，应用具体法律条款提出处理意见。

3. 编写环境监察执法与处罚报告。

【情境案例2】 2010年5月10日晚上，中央电视台《焦点访谈》栏目播出了《管不住的排污口》：奉化市后竺村村民反映，村里有一个工业排污口，常年排放污水。污水汇入了剡溪，这是流经奉化市的一条主要河道，两岸有大量的农田和居民生活区，而剡溪作为宁波三大江之一的支流，流域面积近六千平方千米。在现场，记者看到黑色的污水奔涌而出，排污口周围泛起了浓浓的白色泡沫。记者从排污口取来污水，将两条鲫鱼放入一盆污水中，1分钟后，鲫鱼毙命。水样经宁波市渔业环境监测站检测，pH值和重金属严重超标。经调查，污水来自大埠工业区块，园区里有电镀企业4家，铝氧化企业3家，拉丝企业1家。这些企业产生的废水富含重金属，有的还有强腐蚀性的硫酸。在大埠工业园区，记者看到污水处理厂的门紧锁。记者在工业区的一家小店里，找到了污水处理厂的值班人员，证实废水站设备无故停用。

再次来到排污口时，记者拨通了奉化市环保局的举报电话。奇怪的是，就在打完电话5分钟后，排污口停止了黑水的排放。半个小时后，奉化市环保局的工作人员赶到现场。面对镜头，奉化环保部门工作人员说，在几次检查中没发现偷排现象，也可能是检查时企业没有偷排，检查完了就偷排。

媒体曝光后，奉化污染事件引起社会的广泛关注，国家环保部作出指示：对违法排污企业加紧调查，严肃查处。浙江省省委、省政府领导作出批示：抓住这样的典型事例，依法依规，从重从快惩处，绝不护短。

依照省领导的意见，省环保厅及时约谈了奉化市委书记、市长和宁波市环保局局长。5月18日，省政府成立事件调查组赶赴奉化。随后，宁波、奉化两级环保部门入驻大埠工业区块，对违法排污企业下发整改通知书，责令停产，启动责任倒查程序，彻查企业偷排污水事实。经证实，有4家企业存在控制排污阀门，私自改造污水管道，故意规避监管，将未经处理或未经完全处理的污水排入剡溪的违法行为。

处理结果：

1. 4家电镀企业被关闭，分别处以10万元的最高限额罚款，并被追缴60.43万元至72.64万元不等的排污费；4家企业法人代表行政拘留15天（待关闭企业，完成善后后执行）；1名企业主管和7名排污操作员被行政拘留12天（已执行）。

2. 宁波市纪委、监察局对奉化市分管环保工作的常务副市长进行诚勉谈话；给予奉化市环保局局长行政记过处分，负有直接责任的奉化市环保局副局长被免职；给予奉化市萧王庙街道办事处主任行政警告处分，对分管副主任诚勉谈话；奉化市环境监察大队大队长被撤职，副大队长被行政警告，监管人被党内警告。

工作任务2：

1. 根据以上案例的情况，提出环境行政执法的证据有哪些收集方式。

2. 以上案例的行政处理决定，其法律依据是什么？根据存在的违法行为，提出有哪些违法者，以及分别应追究哪些环境法律责任。

3. 根据案例的调查与处理结果，撰写一份环境行政处罚报告。

【情境案例3】　××××年×月×日，印度尼西亚籍"阿法加"号货轮在外高桥上海码头接受燃油供应。供油前，供、受双方按规定填写《防治检查表》，明确了双方的排污责任。但船方未关闭相通的阀门和堵塞甲板上的漏水孔，加油时燃油从管道加进去，又有一部分流出来，溢到甲板上，从漏水孔流入黄浦江（入海口附近），造成江水污染。

工作任务3：

1. 以上污染是否属于海洋污染？其污染来源于哪种途径？

2. 该事件是否违反了中国海洋环境保护的法律规定？其违法主体是谁？

3. 该污染事件应由哪个管理部门进行处理？请依法提出处理意见？

【情境案例4】　2006年11月底，经某市环境监察支队和所属县环保局联合现场检查发现，市某装饰材料有限公司污水处理操作程序不到位，其排放口排放的废水经监测站监测，浓度超过了国家规定的排放标准，给周边环境造成了较大污染。监察人员认定当事人的行为违反了有关法律规定，县级市环保局对其作出了行政处罚。该装饰材料公司不服，遂向市环保局提出行政复议。

工作任务4：

1. 分别从环境监察机构、企业的角度，就以上案例进行分析，判断其做法是否合法。

2. 运用环境行政法律法规和环境行政复议的规定，提出环境行政复议处理方案。

3. 不服环境行政处罚决定，还可以通过什么途径维权？其实施主体是谁？

模块一　环境行政执法

一、教学目标

能力目标

✧　能运用法律依据、标准依据和事实依据分析、判断环境违法行为；

◇ 能分辨不同的环境法律责任；
◇ 能对各类违法行为进行现场调查取证。

知识目标

◇ 熟悉环境行政执法的主要内容；
◇ 掌握各类环境法律责任要素构成和条件；
◇ 熟悉环境行政执法程序和类型。

二、具体工作任务

◇ 识别环境行政执法方式，列出现场调查的事实依据；
◇ 分析、判断各类环境违法行为所应承担的法律责任；
◇ 编写环境行政处罚报告。

三、相关知识点

（一）环境现场执法

1. 环境现场执法的含义

执法是法制建设的一项重要内容，是立法和守法的桥梁与纽带，其概念有广义和狭义之分。从广义上讲，执法是指在政治、社会生活中，所有组织和个人按法律办事的过程。从狭义上讲，执法特指国家机关执行法律的活动，包括司法机关执法和行政机关执法。我们平常所说的执法，一般是指狭义概念的执法。

环境执法是整个国家执法活动的一个组成部分，包括环境司法执法和环境行政执法，环境现场执法属于环境行政执法的范畴，是指环境行政机关设立的环境监察机构根据法律授权或者行政机关委托，实施环境现场监督检查，并依照法定程序执行或适用环境法律法规，直接强制地影响行政相对人权利和义务的具体行政行为。

各级环境监察机构是依法对辖区内一切单位和个人履行环保法律、法规，执行环境保护各项政策、标准的情况进行现场监督、检查、处理的专职机构。

2. 环境现场执法的主体和对象

（1）法律依据。环境现场检查是执行《中华人民共和国环境保护法》及其他所有的环境保护法律所规定的环境现场检查制度，是一项强制性的法律制度的执行。

（2）实施主体。法律规定，现场检查制度的主体是县级以上人民政府环保部门和其他依照法律规定行使环境监督管理权的部门。其中，环保部门是实施统一监督管理的部门。国家海洋行政主管部门、港务监督、渔政渔港监督、军队环境保护部门和各级公安、交通、铁道、民航管理部门依照有关法律的规定对环境污染防治实施监督管理；县级以上人民政府的土地、矿产、林业、农业、水利行政主管部门依照有关法律的规定对资源的保护实施监督管理。

（3）现场检查对象。是有环境问题或者会对环境产生影响的地方，如工业企业、建设项目和限期治理项目、环境污染事故或发生环境污染纠纷的地方以及生态环境敏感区等。

各级环保部门的环境监察机构是环境保护系统唯一的一支现场执法队伍。

3. 环境现场执法的特点

环境现场执法的基本特点，就是这种执法活动具有现场性和微观性，即在现场实施监督检查，进行微观环境管理。

环境现场执法属于环境行政执法的范畴。其主要特点是：

（1）环境现场执法是一种单方的具体行政行为。它是对特定的环境行政管理相对人和特定事件所采取的具体行政行为，并且有现场执法主体即环境监察机构单方面的意思表达即告成立。

（2）环境现场执法是直接影响环境行政管理相对人权利和义务的行政行为。

（3）环境现场执法是具有程序要求的行为。环境监察机构在进行现场执法活动时，必须按照法律、法规规定的程序进行。

（4）环境现场执法是具有技术性的行政行为，必须借助一定的技术手段。

4. 实施现场执法的注意事项

（1）严格依据法律、法规授权或行政主管部门委托的执法范围，不能越职越权执法。

（2）坚持深入现场、深入实际，进行日常性执法检查，及时发现和查处各种环境违法行为，并积极受理人民群众的投诉举报。

（3）强化执法程序观念，严格执行各项执法程序，不能随意违反或者超越执法程序的各个环节。

（4）鉴于环境现场执法是一种单方面行政行为，就必须坚持执法行为的合法性和公正性，自觉维护执法相对人的合法权益。

（5）环境现场执法人员必须具备一定的专业技能，配备必要的仪器设备，并按照技术规范和科学方法进行现场调查、采样监测、勘察取证和综合分析，确保现场执法特别是案件查处的严密性和准确性。

5. 环境现场执法的内容

根据现行法律法规的规定和各地的环境监察执法的实践，当前环境现场执法的主要内容有以下四个方面：

（1）现场监督检查有关组织和个人履行环境法律法规义务的情况，并对违法行为追究法律责任。

（2）现场监督检查有关组织和个人执行各项环境管理制度情况，并对违反制度的行为依法给予处理处罚，这些管理制度包括：污染源管理制度、污染防治设施管理制度、排污申报登记与排污许可证制度、建设项目环境影响评价与"三同时"制度、污染源限期治理制度、污染事故报告与处理制度、排污收费制度等。

（3）现场监督检查自然资源与生态环境保护情况，并对破坏自然资源与生态环境的行为给予处理处罚,这些自然资源与生态环境包括:土地、水资源、森林、草原、能源、矿产等自然资源;自然保护区、风景名胜区、水源保护区等特殊保护区域;农、牧、渔业环境等。

(4)现场监督和检查海洋环境保护情况,并对污染海洋的行为依法给予处理处罚。

环境保护现场执法是环境保护执法的形式之一。环境保护执法一般有三个组成部分,即执法监督、执法纠正和执法惩戒。其实还有一个很重要的部分,就是执法防范。执法监督是采取环境监测、环境检查、事故调查、信息搜集等手段了解情况、发现问题。其结果是纠正环境违法行为,即执法纠正。当环境违法行为严重,必须给予惩罚以儆效尤时,就进入执法惩戒阶段。执法的最终目的是杜绝环境违法行为的发生,防范环境质量的损害,让人类可持续发展。根据现场情况进行必要的宣传教育,提高对方的环境意识、守法意识,帮助对方制定相应的规章制度,修改和完善相关的规定、规范、规程,建立行之有效的违法行为制约机制,起到防范效果。

(二)环境监察的执法依据

环境执法的目的是促进环境行为人的守法意识,发现环境行为人的违法行为,纠正他们的违法行为。环境执法依据是环境执法工作的基础。

环境执法的依据主要有法律依据、标准依据和事实依据。

1. 法律依据

环境法律体系是指国家现行的有关保护和改善环境和自然资源、防治污染和其他公害的各种法律规范所组成的相互联系、相互补充、协调一致的法律规范的统一整体。

我国现行的环境保护法律体系由宪法中的环境保护规定、综合性环境保护基本法、自然资源和生态保护法、环境污染防治单行法、环境保护纠纷解决程序法、其他法律关于环境与资源保护的规定,地方性环境保护法规、环境保护部门规章和地方政府环境保护规章、环境标准(标准依据),以及中国参加和缔结的国际环境保护公约或协定等构成。

环保法律由宪法、综合性环保基本法、自然资源和生态保护法、环境污染防治法(单行法)、环保纠纷解决程序法和其他法律关于环境与资源保护的规定等构成。

环保法规包括条例、实施细则、规定等。

环保行政规章包括决定、规定、办法等,分部门行政规章和地方行政规章。

环保法律、法规、规章的司法解释有全国人大代表常委会《关于加强法律解释工作的决议》、国家环保总局《环境保护法规解释管理办法》等。

环保规范性文件是指具有普遍约束力的决定、规定、办法、制度、说明、意见、通知等。

部门行政规章是由国务院环保行政主管部门或其他有关部门制定并发布的环保法规性文件,可单独制定或联合制定。

地方行政规章是由各省、直辖市、自治区、省会城市以及国务院批准的较大城市的人民政府制定并公布的有关环保法规性文件。

环保规范性文件是环保法律、法规、规章在环保实际工作中针对某一领域或某一特定环境问题的具体运用，不是具体行政行为，但与具体行政行为密不可分，是具体行政行为的延伸，而不能相悖，如国家环保总局《环境监理工作制度（试行）》。

中国参加或缔约的重要的国际环境条约有：

（1）《保护臭氧层维也纳公约》；

（2）《联合国生物多样性公约》；

（3）《联合国海洋法公约》；

（4）《保护世界文化和自然遗产公约》；

（5）《联合国气候变化框架公约》；

（6）《控制危险废物越境转移及其处置巴塞尔公约》等。

2. 标准依据

环境标准是为防治环境污染，维护生态平衡，保护人群健康，依据有关法律规定，对环境保护工作中需要统一的各项技术规范和技术要求依法定程序所制定的各项标准的总称。

我国的环境保护标准包括 2 个级别 6 个类型。

国家级环境保护标准包括国家环境质量标准、国家污染物排放（控制）标准、国家环境标准样品和其他用于各方面环境保护执法和管理工作的国家环境保护标准（监测方法标准和基础标准）。另外，环境保护行业标准（环境保护总局标准）是环保标准的一种发布形式，因其在制定主体、发布方式、适用范围等方面的特征，属于国家级环境保护标准。污染物排放标准又分综合排放标准和行业排放标准。对有行业排放标准的优先执行行业标准。

地方级环境保护标准包括地方环境质量标准和污染物排放标准（或控制标准）。地方污染物排放标准要严于国家污染物排放标准中的相应指标。

环境监察机构现场执法依据的环境标准主要是污染物排放标准，超过国家或地方规定（企业所在地域）的污染物排放标准排放污染物即视为违法排污。

3. 事实依据

环境监察的事实依据包括三项，即监测数据与物料衡算数据、排污申报登记与统计结果和现场调查取得的人证、物证、书证等。

监测数据与物料衡算数据反映了环境质量状况和污染物排放情况，是环境污染预测与判断的基础，是实施总量控制、排污收费、污染治理设施运行效率、建设项目管理、污染物及纠纷仲裁等项管理措施必不可少的依据。没有环境监测数据作依据，环境监察就很难执法。

排污申报登记与统计是依法征收排污费以及防止污染危害的基础。法律规定，对于拒报或谎报有关污染物的排放申报登记事项的行为，要追究法律责任，给予警告或处以罚款。

现场调查取得的证据有书证、物证、证人证言、视听资料和计算机数据、当事人的陈述、环境监测报告及其他鉴定结论、勘验笔录与现场笔录七类。书证包括文件、报告、计划、记录等文字材料。物证包括损伤的物品、受污染的植物茎叶、毒死的鱼虾、变色的水体等。视听资料包括现场的录音录像、照片、资料片等。鉴定结论包括各种科学鉴定和司法鉴定。勘验笔录是现场进行勘验时或在现场调查研究及相关人员谈话时的笔录。此外还包括环境监测分析的结果。

　　事实依据的取得应合法、及时、准确。合法是指取证的程序、方法和手段要严格遵守法律规定。环境污染会随时间的流失发生显著变化，因此必须及时取证。为了保证证据的准确记录、分析和判断，有时需要配备一定的仪器设备，还需要权威部门分析鉴别。

　　4. 环境行政执法证据收集要求

　　国家环保部 2011 年 5 月发布的《环境行政处罚证据指南》，阐明了收集证据的方式和要求、审查证据的方法和要求、证据效力的判断方法，提供了常见证据的证明对象示例、常见环境违法行为的事实证明和证据收集示例、常见证据制作示例。指南适用于全国各级环保部门办理行政处罚案件时收集、审查和认定证据的工作，供行政处罚案件调查人员和审查人员参考。

　　(1) 证据收集工作的要求。

　　1) 依法、及时、全面、客观、公正地收集证据。

　　2) 执法人员不得少于两人，出示中国环境监察执法证或者其他行政执法证件，告知当事人申请回避的权利和配合调查的义务。

　　3) 保守国家秘密、商业秘密，保护个人隐私。对涉及国家秘密、商业秘密或者个人隐私的证据，提醒提供人标注。

　　4) 收集证据时应当通知当事人到场。但在当事人拒不到场、无法找到当事人、暗查等情形下，当事人未到场不影响调查取证的进行。当事人拒绝签名、盖章或者不能签名、盖章的，应当注明情况，并由两名执法人员签名。有其他人在现场的，可请其他人签名。执法人员可以用录音、拍照、录像等方式记录证据收集的过程和情况。

　　5) 证据收集工作在行政处罚决定作出之前完成。

　　6) 禁止违反法定程序收集证据。

　　7) 禁止采取利诱、欺诈、胁迫、暴力等不正当手段收集证据。

　　8) 不得隐匿、毁损、伪造、变造证据。

　　(2) 证据收集的方式。

　　1) 查阅、复制保存在国家机关及其他单位的相关材料。

　　2) 进入有关场所进行检查、勘察、采样、监测、录音、拍照、录像、提取原物原件。

　　3) 查阅、复制当事人的生产记录、排污记录、环保设施运行记录、合同、缴款凭据等材料。

　　4) 询问当事人、证人、受害人等有关人员，要求其说明相关事项、提供相关材料。

5）组织技术人员、委托相关机构进行监测、鉴定。

6）调取、统计自动监控数据。

7）依法采取先行登记保存措施。

8）依法采取查封、扣押（暂扣）措施。

9）申请公证进行证据保全。

10）听取当事人陈述、申辩，听取当事人听证会意见。

11）依法可以采取的其他措施。

（3）证据要求。

1）证据能确认环境违法行为的实施人，能证明环境违法事实、执法程序事实、行使自由裁量权的基础事实，能反映环保部门实施行政处罚的合法性和合理性。

2）尽可能收集书证原件，书证的原本、正本和副本均属于书证的原件。收集原件有困难的，可以对原件进行复印、扫描、照相、抄录，经提供人和执法人员核对后，在复制件、影印件、抄录件或者节录本上注明"原件存××处，经核对与原件无误"。书证要注明调取时间、提供人和执法人员姓名，由提供人、执法人员签名或者盖章。要收集当事人的身份证明。

3）尽可能收集物证原物，并附有对该物证的来源、调取时间、提供人和执法人员姓名、证明对象的说明，由提供人、执法人员签名或者盖章。对大量同类物，可以抽样取证。

收集原物有困难的，可以对原物进行拍照、录像、复制。物证的照片、录像、复制件要附有对该物证的保存地点、保存人姓名、调取时间、执法人员姓名、证明对象的说明，并由执法人员签名或者盖章。

4）视听资料和自动监控数据要提取原始载体。无法提取原始载体或者提取原始载体有困难的，可以采取打印、拷贝、拍照、录像等方式复制，制作笔录记载收集时间、地点、参与人员、技术方法、过程、事项名称、内容、规格、类别等信息。

5）证人证言要写明证人的姓名、年龄、性别、职业、住址、与本案关系等基本信息，注明出具日期，由证人签名、盖章或者按指印，并附有居民身份证复印件、工作证复印件等证明证人身份的材料。

6）当事人陈述要写明当事人基本信息，注明出具日期，并由当事人签名、盖章或者按指印。当事人陈述中的添加、删除、改正文字之处，要有当事人的签名、盖章或者指印。

7）环境监测报告要载明委托单位、监测项目名称、监测机构全称、国家计量认证标志（CMA）和监测字号、监测时间、监测点位、监测方法、检测仪器、检测分析结果等信息，并有编制、审核、签发等人员的签名和监测机构的盖章。

8）鉴定结论要载明委托人、委托鉴定的事项、向鉴定部门提交的相关材料、鉴定依据和使用的科学技术手段、鉴定部门和鉴定人的鉴定资格说明，并有鉴定人的签名和鉴定部门的盖章。

9）现场检查（勘察）笔录要记录执法人员出示执法证件表明身份和告知当事人申请回避权利、配合调查义务的情况；现场检查（勘察）的时间、地点、主要过程；被检查场所概况及与当事人的关系；与违法行为有关的物品、工具、设施的名称、规格、数量、状况、位置、使用情况及相关书证、物证；与违法行为有关人员的活动情况；当事人及其他人员提供证据和配合检查情况；现场拍照、录音、录像、绘图、抽样取证、先行登记保存情况；执法人员检查发现的事实；执法人员签名等内容。现场图示要注明绘制时间、方位。

10）调查询问笔录要记录执法人员出示执法证件表明身份和告知当事人申请回避权利、配合调查义务的情况；被询问人的基本信息；问答内容；被询问人对笔录的审阅确认意见；执法人员签名等内容。

（三）环境法律责任的概念及类型

法律责任指违法者对其违法行为必须承担的具有强制性的某种法律上的责任。

环境法律责任是指违反环境保护法，破坏或污染环境的单位或个人所应承担的具有强制性的某种法律上的责任。

环境法律责任的类型包括环境行政法律责任、环境民事法律责任和环境刑事法律责任。

1. 环境行政法律责任

环境行政法律责任是指违反环境保护行政管理法律、法规的单位和个人所应承担的行政管理的法律责任。

责任承担对象为法人单位及其领导者和直接责任人，其他公民，行政管理机关及其所属的公务人员。

（1）构成要件。

1）行为有违法性（前提条件）；2）行为有危害结果（是否为要件，按各具体法规定）；违法行为与危害后果有因果关系（直接的，不适合污染赔偿责任中的"因果关系推定"）；3）行为人有主观过错（故意和过失两种）。

a. 故意。行为人明知自己的行为会造成污染或破坏环境的结果，并放任这种结果发生（间接故意，为省钱停止设施运行），或希望发生（直接故意，如狩猎）。

b. 过失。行为人因疏忽大意或过于自信，造成危害后果而没有预见到的心理状态。如疏于管理发生的污染事故或轻信经验判断失误造成污染事故。

（2）环境行政责任形式。

1）行政处罚。环境行政处罚是由特定的国家行政机关对违反环境法或国家行政法规尚不构成犯罪的公民、法人或其他组织给予的法律制裁。

a. 行政处罚的种类有警告、罚款、没收违法所得、责令停止生产或使用（政府决定或批准）、吊销许可证或其他许可证性质的证书等。

b. 实施处罚的机关主要指对环保实施统一监督管理的县级以上环保部门。此外还包括实施监督管理的国家海洋局，港务监督、渔政、渔港、军队环保部门和各级公安、交通、铁道、民航等管理部门及资源管理部门。

2）行政处分。又称纪律处分，是指国家行政机关、企事业单位，根据行政隶属关系，依照有关法规或内部规章对犯有违法失职和违纪行为的下属人员给予的一种行政制裁。

a. 行政处分的种类有警告、记过、记大过、降级、降职、撤职、开除留用察看、开除。按照《环境保护违法违纪行为处分暂行规定》执行。

b. 实施处分的机关必须是具有隶属关系和行政处分权的国家行政机关或者企业事业单位。

2. 环境民事法律责任

指公民或法人因违反环保法的行为，污染或破坏环境而侵害公共财产或他人正当的环境权益，所应承担的民事方面的法律责任。

（1）构成要件。行为的违法性（特殊情况：致人损害并有后果的行为是合法的，也要承担民事责任）、行为损害的结果（前提）、违法行为与损害之间有因果关系。（法律规定的一些免除行为人承担民事责任的例外除外，如不可抗力。）

（2）责任形式。排除所造成的环境危害；支付消除危害的费用；对造成的损失进行赔偿。

（3）处理环境民事纠纷的方式。根据环境保护法的规定，处理方式有两种：一是在双方当事人自愿的前提下，通过行政机关或者社会组织进行调解；二是通过法院进行民事诉讼。

3. 环境刑事法律责任

指因违反环境法律或刑事法律而严重污染或破坏环境，造成财产重大损失或人身伤亡，构成犯罪所应承担的刑事方面的责任。

（1）构成要件。有违反刑法规定的行为；侵害了各种环境要素，进而侵犯了人身权、财产权和环境权（环境犯罪的主体和环境犯罪的客体）；造成严重后果；主观上有故意或过失犯罪。

（2）责任实施单位。司法机关依照刑事诉讼程序实施。

（3）责任形式。管制、拘役、有期徒刑、无期徒刑、死刑等人身罚和罚金、没收财产等财产罚。

（4）追究环境管理职能部门有关人员的涉嫌范围。最高人民检察院规定，负有环境保护监管职能的环境保护行政主管部门的工作人员，涉嫌下列情形之一的，构成犯罪，人民检察院应予立案：

1）造成直接经济损失30万元以上的；

2）造成人员死亡1人以上的，或者重伤3人以上，或者轻伤10人以上；

3）使一定区域内的居民的身心健康受到严重危害的；

4）其他致使公私财产遭受重大损失或造成人身伤亡严重后果的情形。

破坏环境资源保护罪共有以下几种：

a. 重大环境污染事故罪；

b. 非法处置进口的固体废物罪、擅自进口固体废物罪；

c. 非法捕捞水产品罪；

d. 非法猎捕、杀害珍贵、濒危野生动物罪，非法狩猎罪；

e. 非法占用耕地罪；

f. 非法采矿罪；

g. 破坏性采矿罪；

h. 非法采伐、毁坏珍贵树木罪；

i. 盗伐林木罪、滥伐林木罪；

j. 非法收购盗伐、滥伐的林木罪。

4. 环境行政责任同刑事责任、民事责任的区别

（1）环境行政责任同刑事责任的区别。

1）法律依据不同。追究行政责任依据的是环境保护行政法律、法规，而追究刑事责任依据的是刑事法律，包括刑法和环保法律法规中的刑事条款。

2）处罚对象不同。行政责任可以对自然人，也可以对法人和其他社会组织与团体，而刑事责任一般对自然人，在特殊情况下可以对法人。

3）实施的机关和程序不同。行政责任是行政机关依照有关行政程序实施的，而刑事责任是由司法机关依照刑事诉讼程序实施的。

4）追究责任的形式不同（此前已有详述）。

（2）环境行政责任同民事责任的区别。

1）法律依据不同。追究行政责任依据的是环境行政法律法规，而追究民事责任依据的是《民法通则》和环境保护法中有关民事的规定。

2）构成要件不同。追究民事责任以损害结果为前提，而危害后果在许多情况下并不是追究行政责任的必要条件。

3）实施的程序不同。追究行政责任是按照行政程序进行的，而追究民事责任则按照民事调解或民事诉讼程序进行的。

（四）环境保护行政处罚的基本原则和基本制度

1. 环境保护行政处罚的基本原则

（1）行政处罚法定原则。行政处罚的依据、实施主体、处罚程序必须是法律、法规或规章明确规定的。没有法定依据的不得实施处罚。

（2）处罚与教育相结合的原则。

（3）公开、公正的原则。要做到处罚的依据公开、程序公开、证据公开、决定公开，并使相对人有充分申辩和了解有关情况的权利。

（4）实施处罚必须纠正违法行为的原则。《行政处罚法》规定："行政机关实施处罚时，应当责令当事人改正或限期改正违法行为。"

（5）一事不再罚款的原则。《行政处罚法》规定："对当事人的同一个违法行为，

不得给予两次以上罚款的行政处罚。"

（6）行政处罚与违法行为相适当的原则。

（7）不得以罚代刑的原则。《行政处罚法》规定："违法行为构成犯罪，应当依法追究刑事责任，不得以行政处罚代替刑事处罚。"这是刑事优先原则决定的。

（8）行政处罚不免除民事责任的原则。

（9）无救济则无处罚的原则。《行政处罚法》规定："公民、法人或其他组织对行政机关给予的行政处罚，享有陈诉权、申辩权；对行政处罚不服的，有权依法申请行政复议或提起行政诉讼。公民、法人或其他组织因行政机关违法给予行政处罚受到损害的，有权依法提出赔偿要求。"这是司法救济的原则。

所谓救济，是指相对人因行政机关的处罚违法或不当，致使其合法权益受到损害，请求国家予以补救的制度。

（10）追溯时效原则。《行政处罚法》规定："违法行为在两年内未被发现的，不再给予行政处罚，法律另有规定的除外。"又规定："前款规定的期限，从违法行为发生之日计算，违法行为有连续或继续状态的，从行为终了之日起计算。"

例如，未按环境影响评价和"三同时"要求建设污染防治设施，而擅自投产，造成污染物超标排放，其行为就具有连续和继续状态。

又如，拒缴排污费的行为，属于同一种违法行为呈间接发生，在时间上没有连续，那么就不能按一次违法行为看待，而应该按其发生的次数和时间分别计算其时效。

2. 环境保护行政处罚的基本制度

（1）执法人员身份公开制度。执法人员在现场开展执法活动以及当场作出处罚决定时，必须佩戴环境监察证章，出示环境监察证件，公开表明自己的执法身份，便于接受监督、避免假冒。

（2）陈述申辩制度。针对管理相对人。

（3）听证制度。是指执法机关在作出较重的处罚决定以前，由该机关指定非本案执法人员主持，并有调查取证人员和当事人参加，再次对本案听取意见以获得证据的法定过程。详见本模块的"听证程序的适用条件"。

（4）回避制度。指执法人员与当事人有直接利害关系时，不参与对其案件的调查、处理而实行回避的制度。

（5）告知当事人权利制度。是指执法机关及其执法人员在作出处罚决定之前，有责任告知当事人有关情况和依法享有的权利。包括：作出处罚决定的事实和理由；应当告知当事人的权利（陈述权、申辩权、听证权、行政复议和行政诉讼权、有理由要求行政赔偿权）。

（6）案件调查人员与处罚人员分开制度。这是为了防止腐败。

（7）重大案件集体讨论决定制度。保证处罚决定的正确性和合理性。

（8）处罚决定机关与收缴罚款机构分离制度。作出处罚决定的执法机关不得自行收缴罚款，而应当由当事人在规定的时间内，到指定银行缴纳罚款，银行须将罚款直接上缴国库。

（9）行政处罚监督制度。包括内部监督、政府监督、当事人有权对处罚申诉或检举、处罚决定备案、发现错误及时改正。

（五）环境保护行政处罚程序

1. 实施处罚的主体资格

依据环保法和行政处罚法的规定，各级环保部门是实施环境保护行政处罚的主体。

各级环境监察机构如是受委托执法，则执法主体是环保部门；各级环境监察机构如是受权执法，则执法主体是环境监察机构。

2. 简易程序（现场处罚工作程序）

（1）适用条件。

适用简易程序必须同时符合以下条件：违法事实确凿；情节轻微；有法定依据。

（2）处罚形式。

对公民处以 50 元以下，对法人或者其他组织处以 1 000 元以下罚款，或者警告的行政处罚。

（3）工作程序。

1）表明执法身份。当场作出行政处罚决定时，环境执法人员不得少于两人，并应当向当事人出示其执法证件。表明执法身份一则证明执法人员身份的合法性，防止不法分子冒充执法人员招摇撞骗；二则表明了执法人员主动接受群众监督。

2）现场查清事实并取证。环境行政处罚必须建立在事实确凿、证据充分的基础上。如果发现违法事实在现场无法查清，则应终止简易程序，转为一般程序办理。

3）事先告知。在作出行政处罚前，执法人员应向当事人告知查清的违法事实、行政处罚的理由和依据，拟给予的行政处罚，并告知当事人享有陈述和申辩的权利。

4）听取陈述和申辩。当事人就执法人员的告知进行陈述、申辩，提出自己的主张和理由。当事人提出的陈述申辩意见，执法人员应当认真听取，对于当事人提出的事实、理由或证据成立的，执法人员应当采纳。

5）制作和交付行政处罚决定书。执法人员应当填写预定格式、编有号码、盖有环境保护主管部门印章的行政处罚决定书，由执法人员签名或者盖章，一式两联，一联交当事人，另一联存档。将行政处罚决定书当场交付当事人，并要求当事人在 15 日内到指定银行交款。

6）告知诉权。执法人员应当告知当事人如对当场作出的行政处罚决定不服，可以依法申请行政复议或者提起行政诉讼。此外，为加强对适用简易程序的行政处罚的监督，执法人员当场作出行政处罚决定，应当对办案过程制作笔录，在处罚结束后，应当在作出处罚决定之日起 3 个工作日内将行政处罚决定报所属环保部门备案。

3. 一般程序

一般程序又称普通程序，是指除法律特别规定应当适用简易程序或其他程序以外，环境行政执法机关实施行政处罚通常所适用的程序。其主要工作程序如下：

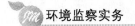

（1）立案。

环境行政机关通过检查或通过举报、媒体曝光、其他机关移送、交办等途径发现违法线索，对违法行为进行初步审查，并在 7 个工作日内决定是否立案。

经审查，符合下列四项条件的，予以立案：

1）有涉嫌违反环境保护法律、法规和规章的行为。

2）依法应当或者可以给予行政处罚。

3）属于本机关管辖。

4）违法行为发生之日起到被发现之日止未超过 2 年，法律另有规定的除外。违法行为处于连续或继续状态的，从行为终了之日起计算。对符合条件的，填写《立案审批表》。对已经立案的案件，根据新情况发现不符合立案条件的，应当撤销立案。对需要立即查处的环境违法行为，可以先行调查取证，并在 7 个工作日内决定是否立案和补办立案手续。立案审查，属于环保部门管辖，但不属于本机关管辖范围的，应当移送有管辖权的环保部门；属于其他有关部门管辖范围的，应当移送其他有关部门。

（2）调查取证。

环境行政机关对登记立案的环境违法行为，应当指定专人及时组织调查取证。调查取证时执法人员不得少于两人，并向当事人出示执法证件。环境行政机关调查取证时，当事人应当到场。当事人及有关人员应当配合调查、检查或者现场勘验，如实回答询问，不得拒绝、阻碍、隐瞒或者提供虚假情况。调查取得的证据详见模块一的"事实依据"内容。在证据可能灭失或者以后难以取得的情况下，经本机关负责人批准，调查人员可以采取先行登记保存措施。调查终结，案件调查机构应当提出已查明违法行为的事实和证据、初步处理意见，按照查处分离的原则送本机关处罚案件审查部门审查。

（3）案件审查。

案件审查部门进行案件审查的主要内容包括：

1）本机关是否有管辖权。

2）违法事实是否清楚。

3）证据是否确凿。

4）调查取证是否符合法定程序。

5）是否超过行政处罚追诉时效。

6）适用依据和初步处理意见是否合法、适当。对于违法事实不清、证据不充分或者调查程序违法的，应当退回补充调查取证或者重新调查取证。

（4）告知和听证。

环境行政机关在作出行政处罚决定前，应当告知当事人违法事实、作出行政处罚决定的理由、依据及当事人依法享有的陈述、申辩权利。对于暂扣或吊销许可证、较大数额的罚款和没收等重大行政处罚决定，当事人还有要求举行听证的权利。环境行政机关应当对当事人陈述、申辩的内容进行复核，当事人提出的事实、理由或者证据成立的，应当予以采纳。不得因当事人的申辩而加重处罚。

（5）作出处理决定。

在案件调查人员查明事实、案件审理人员提出处理意见后，由环境行政机关的负责人进行审查，根据不同情况分别处理：

1）违法事实成立，依法应当给予行政处罚的，根据其情节轻重及具体情况，作出行政处罚决定；

2）违法行为轻微，依法可以不予行政处罚的，不予行政处罚；

3）发现不属于环境行政机关管辖的案件，应当按照有关要求和时限移送到有管辖权的机关处理。

环境行政机关决定给予行政处罚的，应当制作行政处罚决定书。同一当事人有两个或者两个以上环境违法行为，可以分别制作行政处罚决定书，也可以列入同一行政处罚决定书。环境保护局行政处罚决定书的式样见本模块相关链接的"文书样式九"。

（6）处罚决定的送达。

行政处罚决定书应当送达当事人，并根据需要抄送与案件有关的单位和个人，如举报人、受害人等。行政处罚决定书应当在宣告后当场交付当事人，当事人不在场的，行政机关应当在7日内将行政处罚决定书送达当事人。送达行政处罚文书可以采取直接送达、留置送达、委托送达、邮寄送达、转交送达、公告送达、公证送达或者其他方式。送达行政处罚文书应当使用送达回证并存档。

不服的向作出处罚决定的上一级环保部门申请行政复议，或向当地法院起诉。对复议决定不服的向当地法院诉讼。

（7）执行。

根据行政处罚法、环境保护法的规定，当事人对行政处罚决定不服的，可以在接到处罚通知之日起15日内，向作出处罚决定的机关的上一级机关申请复议；对复议决定不服的，可以在接到复议决定之日起15日内，向人民法院起诉。也可以在知道作出具体行政行为之日起3个月内直接向人民法院提起诉讼。当事人逾期不申请复议，也不向人民法院起诉，又不履行处罚决定的，由作出处罚的决定机关在当事人接到处罚决定书60天后，申请人民法院强制执行（180天内申请施行）。

当事人申请行政复议或行政诉讼的，不停止行政处罚决定的执行。

当事人到期不缴纳罚款的，作出处罚决定的环境保护行政主管部门可对当事人每日按罚款数额的3％加以罚款。

（8）对于重大违法行为及其处罚决定报上级主管部门备案。

（9）总结归档。

处罚履行完毕后，进行结案，整理归档。

4. 听证程序

听证程序，是指环境行政机关在作出重大行政处罚决定之前，以听证会的形式听取当事人的陈述和申辩，由听证参加人就存在问题进行陈述、相互发问、辩论和反驳，

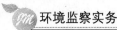

从而查明案件事实的过程。听证程序赋予了当事人为自己辩解的权利，为当事人充分维护自身的合法权益提供了程序上的保障。为规范环境行政行政处罚的听证程序，切实保护当事人的合法权益，环境保护部 2010 年 12 月 27 日专门颁布了《环境行政处罚听证程序规定》。

（1）听证程序的适用条件。

根据《环境行政处罚听证程序规定》，适用听证程序应具备以下条件：

1）拟作出重大的行政处罚。包括：对法人、其他组织处以人民币 50 000 元以上或者对公民处以人民币 5 000 元以上罚款的；对法人、其他组织处以人民币（或者等值物品价值）50 000 元以上或者对公民处以人民币（或者等值物品价值）5 000 元以上的没收违法所得或者没收非法财物的；暂扣、吊销许可证或者其他具有许可性质的证件的；责令停产、停业、关闭的。

2）当事人要求听证的。听证是当事人的一项申辩权利，环境行政机关在作出上述行政处罚决定前，应当告知当事人有申请听证的权利，当事人申请听证的，环境行政机关应当组织听证；当事人不要求听证的，环境行政机关不组织听证。但是环境行政机关认为案件重大疑难有必要组织听证的，在征得当事人同意之后，也可以组织听证。

（2）听证程序的主要内容。

1）告知当事人申请听证的权利。对适用听证程序的行政处罚案件，环境行政机关应当在作出行政处罚决定前，制作并送达《行政处罚听证告知书》，告知当事人有要求听证的权利。

2）当事人申请听证。当事人要求听证的，应当在收到《行政处罚听证告知书》之日起 3 日内，向拟作出行政处罚决定的环境行政机关提出书面申请。当事人未如期提出书面申请的，环境行政机关不再组织听证。

3）听证申请审查。环境行政机关应当在收到当事人听证申请之日起 7 日内进行审查。对不符合听证条件的，决定不组织听证，并告知理由。对符合听证条件的，决定组织听证，制作并送达《行政处罚听证通知书》。《行政处罚听证通知书》应载明举行听证会的时间、地点，听证主持人、听证员、记录员的姓名、单位、职务等相关信息，并在举行听证会的 7 日前送达当事人和第三人。

4）听证会的举行。听证主持人、听证员和记录员应当是非本案调查人员，涉及专业知识的听证案件，可以邀请有关专家担任听证员。上述人员与本案有利害关系的应当自行回避，当事人认为上述人员与本案有利害关系的，可以申请其回避。听证会除涉及国家秘密、商业秘密或者个人隐私外，应当公开举行。当事人可以亲自参加听证，也可以委托 1～2 人代理参加听证。在听证过程中，听证主持人可以向案件调查人员、当事人、第三人和证人发问，有关人员应当如实回答。与案件相关的证据应当在听证中出示，并经质证后确认。环境行政机关应当对听证会全过程制作笔录，听证结束后，听证笔录应交由参加听证会人员审核无误后当场签字或者盖章。

环境行政处罚工作流程如图 4—1 所示。

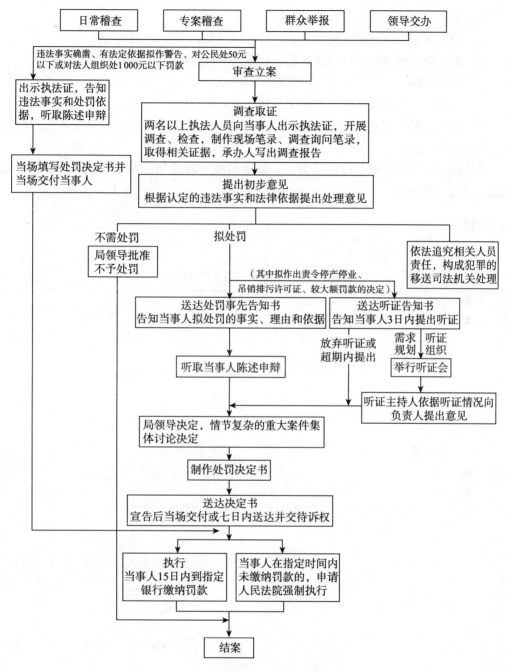

图4—1　环境行政处罚工作流程

四、思考与训练

（1）简述环境行政责任的构成要件。

（2）追究环境刑事责任是否意味其他法律责任的免责？

（3）如何理解一事不再罚的原则？

（4）对于环境处罚追溯时效的计算，《行政处罚法》有哪些规定？

（5）对不履行环境行政处罚决定的，环境监察机构可以采取哪些措施？

（6）技能训练。

任务来源：根据情境案例 1 和情境案例 2 完成相应的工作任务。

训练要求：根据案例资料，指出调查取证方式，对违法行为进行认定，提出应承担的行政法律责任。

训练提示：参照环境行政执法方式、证据的收集方式和法律责任的适用条件等知识点，完成工作任务。

相关链接

文书样式一：

环境保护局环境违法行为立案登记表

当事人					
法定代表人		职务		电话	
地址					
案情简介					
承办人意见				承办人：　　年　　月　　日	
承办部门意见				部门负责人：　　年　　月　　日	
领导审批意见				审批人：　　年　　月　　日	
备注					

文书样式二：

_____环境保护局调查询问笔录

日期：_____　　时间：_____　　地点：_____

案由：

被询问人：_____　　性别：_____　　年龄：_____

工作单位：_____　　职务：_____

家庭住址：_____　　电话：_____

询问人：_____　　记录人：_____

参加人：_____

　　问：

　　答：

　　问：

　　答：

　　问：

　　答：

文书样式三：

环境保护局案件调查报告

案由：

当事人：

法定代表人：　　　　　　　　　　　　　职务：

地址：　　　　　　　　　　　　　　　　电话：

调查经过：

查明事实和证据：

处理依据：

处理意见：

　　　　　　　　　　　　　　　　调查人：

　　　　　　　　　　　　　　　　　　　　　　　　　年　　月　　日

调查部门意见：

　　　　　　　　　　　　　　　　负责人：

　　　　　　　　　　　　　　　　　　　　　　　　　年　　月　　日

文书样式四：

_____环境保护局环境违法行为限期改正通知书

_____环限改字［   ］号

经调查，你单位（或者个人）的以下行为：_____

_____，违反了下列环境保护规定：《_____

_____》第_____条第_____款（和《_____》第_____条第

_____款）。

现根据《中华人民共和国行政处罚法》第二十三条的规定，责令你单位（或者个人）于_____年

___月___日之前改正以上环境违法行为。

环境保护局（印章）

年   月   日

文书样式五：

_____环境保护局行政处罚事先告知书

_____环罚告字［   ］号

经调查核实，你单位（或者个人）的以下行为：_____

_____，违反了下列环境保护规定：《_____

_____》第_____条第_____款（和《_____》第_____条第

_____款）。

我局拟依据《_____》第_____条第_____款，对你单位（或者个人）作

出如下行政处罚：

1.

2.

现根据《中华人民共和国行政处罚法》第三十一条的规定，你单位（或者个人）如对该处罚意见

有异议，可在接到本通知之日起七日内向我局提出陈述和申辩；逾期未提出陈述或者申辩，视为你单

位（或者个人）放弃陈述和申辩的权利。

我局地址：   邮政编码：

联系人：   电话：

环境保护局（印章）

年   月   日

文书样式六：

_____环境保护局行政处罚听证告知书

_____环听告字［   ］号

经调查，你单位（或者个人）的以下行为：_____

_____，违反了《_____》第

_____条第_____款（和《_____》第_____条第

_____款）。

我局拟依据《_____》第_____条第_____款（和《_____

_____》第_____条第_____款），对你单位（或者个人）作出如下行政

处罚：

1.

2.

现根据《中华人民共和国行政处罚法》第四十二条的规定，你单位（或者个人）有权要求听证。你单位（或者个人）如果要求听证，可在收到本通知之日起三日内向我局以书面提出听证申请；逾期未提出听证申请，视为你单位（或者个人）放弃听证要求。

我局地址：   邮政编码：

联系人：   电话：

环境保护局（印章）

年　　月　　日

文书样式七：

_____环境保护局行政处罚听证通知书

_____环听通字〔　　　〕号

根据《中华人民共和国行政处罚法》第四十二条的规定，并应你单位（或者个人）的听证要求，我局决定于_____年_____月_____日_____时_____分，在_____就_____

_____案举行行政处罚听证会，届时凭本通知准时参加。若无故缺席，视为你单位（或者个人）放弃听证要求。

听证会可由你单位法定代表人（或者本人）亲自参加，也可委托 1 至 2 名代理人参加。

经我局负责人指定，本次听证会由_____担任主持人，_____任听证员，_____担任书记员。

在参加听证前，须做好以下准备：

1. 携带有关证据材料；

2. 通知有关证人出席作证；

3. 如委托代理人参加的，须提前办理委托手续；

4. 如申请听证主持人回避的，应及时向本局提出。

环境保护局（印章）

年　　月　　日

文书样式八：

_____环境保护局当场处罚决定书

环当罚字〔　　　〕号

法定代表人（单位）：_____　职务：_____

地址：_____

你单位（或者个人）的如下行为：_____

_____，违反了《_____》

第_____条第_____款（和《_____》第_____条第_____款）。

依据《_____》第_____条第_____款和《中华人民共和国

行政处罚法》第三十三条的规定，我局决定当场对你单位（或者个人）给予以下一种或者两种行政处罚：

1. 罚款（大写）_____元。

以上罚款限于接到本处罚决定书之日起十五日内缴至指定银行和账号。逾期不缴纳罚款的，我局将每日按罚款数额的3％加以罚款。

收款银行：_____　　户名：_____

账号：_____

2. 警告。

你单位（或者个人）如不服本处罚决定，可在即日起六十日内依法向_____环境保护局或者人民政府申请复议，或者在十五日内直接向_____人民法院起诉。逾期不申请复议，也不向人民法院起诉，又不履行处罚决定的，我局将申请人民法院强制执行。

执法人员（签名或盖章）：

环境保护局（印章）

年　月　日

文书样式九：

_____环境保护局行政处罚决定书

_____环罚字〔　　　〕号

_____：

法定代表人（单位）：_____　职务：_____

详细地址：_____

一、环境违法事实和证据

经调查核实，你单位（或者个人）实施了以下环境违法行为：

1.

2.

以上行为有下列证据：

1.

2.

上述行为违反了《_____》第_____条第_____款（和《_____》第_____条第_____款）之规定。

二、行政处罚的依据、种类及其履行方式和期限

我局依据《_____》第_____条第_____款（和《_____》第_____条第_____款）之规定，决定对你单位（或者个人）作出如下行政处罚：

1. 罚款（大写）_____元。限于接到本处罚决定书之日起十五日内缴至指定银

行和账号。逾期不缴纳罚款的，我局将每日按罚款数额的 3‰加以罚款。

收款银行：　　　　　　　　　　户名：

账号：

2.

三、申请复议或者提起诉讼的途径和期限

如不服本处罚决定，可在接到决定书之日起六十日内向环境保护局或者向＿＿＿＿＿＿＿＿＿＿＿＿＿＿

＿＿＿＿＿＿＿＿人民政府申请复议，也可在十五日内直接向＿＿＿＿＿＿＿＿＿＿＿＿＿＿＿＿＿＿＿人民法院起诉。

逾期不申请复议，也不向人民法院起诉，又不履行处罚决定的，我局将申请人民法院强制执行。

环境保护局（印章）

年　　月　　日

文书样式十：

＿＿＿＿＿＿＿＿环境保护局送达回执

受送达人				
送达地点				
案由				
送达文书名称	字号	收到时间		受送达人签名或盖章
		年　月　日		
		年　月　日		
		年　月　日		
不能送达的理由：				
			年　月　日	
备注：				
送达机关			签发人	
			送达人	

注：发生拒签情况时，其他人在场，记明情况，留下送达文件即为送达。

模块二　环境污染防治法及标准的执法应用

一、教学目标

能力目标

◇　能运用环境专项法律分析、判断各类违法行为；

◇　能认定相应的法律责任；

◇　能依法提出环境行政处罚意见。

知识目标

◇　了解环境监察的执法依据；

◇　熟悉我国环境污染防治法和环境标准的适用范围。

二、具体工作任务

◇　运用大气污染防治法及大气污染排放标准作出行政处罚意见；

◇　运用水污染防治法及废水污染排放标准作出行政处罚意见；

◇　运用固体废物污染防治法及固废控制标准作出行政处罚意见；

◇　运用环境噪声污染防治法及噪声排放控制标准作出行政处罚意见；

◇　运用海洋污染防治法及海水水质标准作出行政处罚意见；

◇　运用放射性污染防治法及放射性污染排放标准作出行政处罚意见。

三、相关知识点

（一）大气污染防治法及大气污染排放标准的执法应用

1. 大气污染防治法的立法

1987 年 9 月 5 日由第六届全国人大常委会第二十二次会议通过《中华人民共和国大气污染防治法》。经国务院批准，国家环境保护总局公布了《大气污染防治法实施细则》，1991 年 7 月 1 日施行。2000 年 9 月 1 日实行修改后的《大气污染防治法》，原实施细则废止。

技术指南为相关的大气环境质量标准和大气污染物排放标准等。

2. 大气污染防治环境监察执法的标准依据

（1）《环境空气质量标准》（GB 3095—2012）。

（2）大气污染物排放标准。

《大气污染物综合排放标准》（GB 16297—1996）。

按照综合性排放标准与行业性排放标准不交叉执行的原则，行业标准优先于综合排放标准执行。标准按照污染排放去向执行。我国按行业的不同分别制定了：

《水泥工业大气污染物排放标准》（GB 4915—2004）；

《煤炭工业污染物排放标准》（GB 20426—2006）；

《稀土工业污染物排放标准》（GB 26451—2011）；

《硫酸工业污染物排放标准》（GB 26132—2010）；

《硝酸工业污染物排放标准》（GB 26131—2010）；

《镁、钛工业污染物排放标准》（GB 25468—2010）；

《铜、镍、钴工业污染物排放标准》（GB 25467—2010）；

《铅、锌工业污染物排放标准》（GB 25466—2010）；

《铝工业污染物排放标准》（GB 25465—2010）；

《陶瓷工业污染物排放标准》（GB 25464—2010）；

《合成革与人造革工业污染物排放标准》（GB 21902—2008）；

《电镀污染物排放标准》（GB 21900—2008）；

《煤层气（煤矿瓦斯）排放标准（暂行）》（GB 21522—2008）；

《加油站大气污染物排放标准》（GB 20952—2007）；

《储油库大气污染物排放标准》（GB 20950—2007）；

《火电厂大气污染物排放标准》（GB 13223—2003）；

《锅炉大气污染物排放标准》（GB 13271—2001）；

《平板玻璃工业大气污染物排放标准》（GB 26453—2011）；

《钒工业污染物排放标准》（GB 26452—2011）；

《饮食业油烟排放标准（试行）》（GB 18483—2001）；

《大气污染物综合排放标准》（GB 16297—1996）；

《工业窑炉大气污染物排放标准》（GB 9078—1996）；

《炼焦炉大气污染物排放标准》（GB 16171—1996）；

《恶臭污染物排放标准》（GB 14554—93）。

与之相关的各行业执行上述各行业性的排放标准。

3. 违反《大气污染防治法》承担的法律后果

《大气污染防治法》第 46 条至 65 条，规定了有关违法行为的惩处措施。违反大气污染防治法的行为及法律责任条款如表 4—1 所示。

表 4—1   违反大气污染防治法的行为及法律责任条款

序号	违法行为	责任条款	应承担的法律责任	实施机构
1	拒报或者谎报国务院环保部门规定的有关污染物排放申报事项的。	《大气污染防治法》第46条	根据不同情节，责令停止违法行为，限期改正，给予警告或者处以五万元以下罚款。	环保部门或者《大气污染防治法》第4条第2款规定的监督管理部门
2	拒绝环保部门或者其他监督管理部门现场检查或者在被检查时弄虚作假的。		根据不同情节，责令停止违法行为，限期改正，给予警告或者处以五万元以下罚款。	
3	排污单位不正常使用大气污染物处理设施，或者未经环保部门批准，擅自拆除、闲置大气污染物处理设施的。		根据不同情节，责令停止违法行为，限期改正，给予警告或者处以五万元以下罚款。	
4	未采取防燃、防尘措施，在人口集中地区存放煤炭、煤矸石、煤渣、煤灰、砂石、灰土等物料的。		根据不同情节，责令停止违法行为，限期改正，给予警告或者处以五万元以下罚款。	
5	向大气排放污染物超过国家和地方规定排放标准的。	《大气污染防治法》第48条	应当限期治理，并处一万元以上十万元以下罚款。	环保部门
6	生产、销售、进口或者使用禁止生产、销售、进口、使用的设备，或者采用禁止采用的工艺的。	《大气污染防治法》第49条	责令改正；情节严重的，责令停业、关闭。	县级以上人民政府经济综合主管部门/同级人民政府
7	将淘汰的设备转让给他人使用的。		没收转让者的违法所得，并处违法所得两倍以下罚款。	转让者所在地县级以上地方人民政府环保部门或者其他依法行使监督管理权的部门

续前表

序号	违法行为	责任条款	应承担的法律责任	实施机构
8	在当地人民政府规定的期限届满后继续燃用高污染燃料的。	《大气污染防治法》第51条	责令拆除或者没收燃用高污染燃料的设施。	所在地县级以上地方人民政府环保部门
9	在城市集中供热管网覆盖地区新建燃煤供热锅炉的。	《大气污染防治法》第52条	责令停止违法行为或者限期改正,可以处五万元以下罚款。	
10	未采取有效污染防治措施,向大气排放粉尘、恶臭气体或者其他含有有毒物质气体的。	《大气污染防治法》第56条	责令停止违法行为,限期改正,可以处五万元以下罚款。	县级以上地方人民政府环保部门或者其他依法行使监督管理权的部门
11	未经当地环保部门批准,向大气排放转炉气、电石气、电炉法黄磷尾气、有机烃类尾气的。			
12	未采取密闭措施或者其他防护措施,运输、装卸或者贮存能够散发有毒有害气体或者粉尘物质的。			
13	城市饮食服务业的经营者未采取有效污染防治措施,致使排放的油烟对附近居民的居住环境造成污染的。			
14	在人口集中地区和其他依法需要特殊保护的区域内,焚烧沥青、油毡、橡胶、塑料、皮革、垃圾以及其他产生有毒有害烟尘和恶臭气体的物质的。	《大气污染防治法》第57条	责令停止违法行为,处两万元以下罚款。	所在地县级以上地方人民政府环保部门
15	在人口集中地区、机场周围、交通干线附近以及当地人民政府划定的区域内露天焚烧秸秆、落叶等产生烟尘污染的物质的。		责令停止违法行为;情节严重的,可以处两百元以下罚款。	

续前表

序号	违法行为	责任条款	应承担的法律责任	实施机构
16	在城市市区进行建设施工或者从事其他产生扬尘污染的活动，未采取有效扬尘防治措施，致使大气环境受到污染的。	《大气污染防治法》第58条	限期改正，处两万元以下罚款；对逾期仍未达到当地环境保护规定要求的，可以责令其停工整顿。	县级以上地方人民政府建设行政主管部门
17	对其他造成扬尘污染的活动，未采取有效扬尘防治措施，致使大气环境受到污染的。			县级以上地方人民政府指定的有关主管部门
18	在国家规定的期限内，生产或者进口消耗臭氧层物质超过国务院有关行政主管部门核定配额的。	《大气污染防治法》第59条	处两万元以上二十万元以下罚款；情节严重的，由国务院有关行政主管部门取消生产、进口配额。	所在地省、自治区、直辖市人民政府有关行政主管部门
19	新建的所采煤炭属于高硫份、高灰分的煤矿，不按照国家有关规定建设配套的煤炭洗选设施的。	《大气污染防治法》第60条	责令限期建设配套设施，可以处两万元以上二十万元以下罚款。	县级以上人民政府环保部门
20	排放含有硫化物气体的石油炼制、合成氨生产、煤气和燃煤焦化以及有色金属冶炼的企业，不按照国家有关规定建设配套脱硫装置或者未采取其他脱硫措施的。		责令限期建设配套设施，可以处两万元以上二十万元以下罚款。	
21	造成大气污染事故的企业/事业单位。	《大气污染防治法》第61条	根据所造成的危害后果处直接经济损失百分之五十以下罚款，但最高不超过五十万元。	所在地县级以上地方人民政府环保部门
22	造成大气污染事故的企业/事业单位情节较重的。		对直接负责的主管人员和其他直接责任人员，依法给予行政处分或者纪律处分。	所在单位或者上级主管机关
23	造成重大大气污染事故，导致公私财产重大损失或者人身伤亡的严重后果，构成犯罪。		依法追究刑事责任。	司法机关

续前表

序号	违法行为	责任条款	应承担的法律责任	实施机构
24	造成大气污染危害的单位。	《大气污染防治法》第62条	有责任排除危害，并对直接遭受损失的单位或者个人赔偿损失，根据当事人的请求，依法承担民事责任。	环保部门调解处理，人民法院诉讼
25	环保部门或者其他有关部门将征收的排污费挪作他用。	《大气污染防治法》第64条	责令退回挪用款项或者采取其他措施予以追回，对直接负责的主管人员和其他直接责任人员依法给予行政处分。	审计机关或者监察机关
26	环境保护监督管理人员滥用职权、玩忽职守。	《大气污染防治法》第65条	给予行政处分。	所在单位或者上级主管机关。
27	环境保护监督管理人员滥用职权、玩忽职守，构成犯罪。		依法追究刑事责任。	司法机关

另外，《大气污染防治法》第63条规定，完全由于不可抗拒的自然灾害，并经及时采取合理措施，仍然不能避免造成大气污染损失的，免于承担责任。

（二）水污染防治法及废水污染排放标准的执法应用

1. 水环境保护的立法

1984年11月1日《水污染防治法》正式实行，1993年、1996年、2002年进行了修订。

1984—1995年期间，出台了排污许可证暂行办法、防治技术规定、环保监督管理办法等相关法规规章，2000年3月20日《水污染防治实施细则》施行。2002年8月第九届全国人大常务委员会第二十九次会议修订通过《中华人民共和国水法》，2008年2月28日第十届全国人民代表大会常务委员会第三十二次会议修订通过《中华人民共和国水污染防治法》，自2008年6月1日起施行。

技术指南：地表水环境质量标准、污水综合排放标准等。

2. 水污染防治环境监察执法的标准依据

（1）水环境质量标准。

国家环保总局和国家质量监督检验检疫总局联合发布《地表水环境质量标准》（GB 3838—2002），自2002年6月1日起实施。

近海水功能水域执行《海水水质标准》（GB 3097—1997）。

单一渔业水域按《渔业水质标准》管理。

处理后的生活污水和相近的工业废水按《农田灌溉水质标准》管理。

水域功能和标准分类如表 4—2 所示。

表 4—2 水域功能和标准分类

类别	功能和保护目标
Ⅰ类	主要适用于源头水、国家自然保护区。
Ⅱ类	主要适用于集中式生活饮用水地表水源地一级保护区、珍稀水生生物栖息地、鱼虾类产卵场、仔稚幼鱼的索饵场等。
Ⅲ类	主要适用于集中式生活饮用水地表水源地二级保护区、鱼虾类越冬场、洄游通道、水产养殖区等渔业水域和游泳区。
Ⅳ类	主要适用于一般工业用水区及人体非直接接触的娱乐用水区。
Ⅴ类	主要适用于农业用水区及一般景观要求水域。

（2）水污染物排放标准。

《污水综合排放标准》（GB 8978—1996），见附录二。

按照综合性排放标准与行业性排放标准不交叉执行的原则，行业标准优先于综合排放标准执行。标准按照污染排放去向执行。我国按行业的不同分别制定了：

《磷肥工业水污染物排放标准》（GB 15580—2011）；

《稀土工业污染物排放标准》（GB 26451—2011）；

《钒工业污染物排放标准》（GB 26452—2011）；

《弹药装药行业水污染物排放标准》（GB 14470.3—2011）；

《淀粉工业水污染物排放标准》（GB 25461—2010）；

《酵母工业水污染物排放标准》（GB 25462—2010）；

《油墨工业水污染物排放标准》（GB 25463—2010）；

《陶瓷工业污染物排放标准》（GB 25464—2010）；

《铝工业污染物排放标准》（GB 25465—2010）；

《铅、锌工业污染物排放标准》（GB 25466—2010）；

《铜、镍、钴工业污染物排放标准》（GB 25467—2010）；

《镁、钛工业污染物排放标准》（GB 25468—2010）；

《硝酸工业污染物排放标准》（GB 26131—2010）；

《硫酸工业污染物排放标准》（GB 26132—2010）；

《杂环类农药工业水污染物排放标准》（GB 21523—2008）；

《制浆造纸工业水污染物排放标准》（GB 3544—2008）；

《电镀污染物排放标准》（GB 21900—2008）；

《羽绒工业水污染物排放标准》（GB 21901—2008）；

《合成革与人造革工业污染物排放标准》（GB 21902—2008）；

《发酵类制药工业水污染物排放标准》（GB 21903—2008）；

《化学合成类制药工业水污染物排放标准》（GB 21904—2008）；

《提取类制药工业水污染物排放标准》（GB 21905—2008）；

《中药类制药工业水污染物排放标准》（GB 21906—2008）；

《生物工程类制药工业水污染物排放标准》（GB 21907—2008）；

《混装制剂类制药工业水污染物排放标准》（GB 21908—2008）；

《制糖工业水污染物排放标准》（GB 21909—2008）；

《皂素工业水污染物排放标准》（GB 20425—2006）；

《煤炭工业污染物排放标准》（GB 20426—2006）；

《医疗机构水污染物排放标准》（GB 18466—2005）；

《啤酒工业污染物排放标准》（GB 19821—2005）；

《柠檬酸工业污染物排放标准》（GB 19430—2004）；

《味精工业污染物排放标准》（GB 19431—2004）；

《兵器工业水污染物排放标准火炸药》（GB 14470.1—2002）；

《兵器工业水污染物排放标准火工药剂》（GB 14470.2—2002）；

《兵器工业水污染物排放标准弹药装药》（GB 14470.3—2002）；

《城镇污水处理厂污染物排放标准》（GB 18918—2002）；

《合成氨工业水污染物排放标准》（GB 13458—2001）；

《污水海洋处置工程污染控制标准》（GB 18486—2001）；

《畜禽养殖业污染物排放标准》（GB 18596—2001）。

此外，附录二还列出了 1996 年之前的行业排放标准。适用于现有单位水污染物的排放管理，以及建设项目的环境影响评价、建设项目环保设施设计、竣工验收及其投产后的排放管理。

3. 违反《中华人民共和国水污染防治法》承担的法律后果

《中华人民共和国水污染防治法》第 69 条至 83 条，规定了有关违法行为的法律责任追究。违反水污染防治法的行为及法律责任条款如表 4—3 所示。

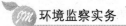

表 4—3   违反水污染防治法的行为及法律责任条款

序号	违法行为	责任条款	应承担的法律责任	实施机构
1	环保部门或者其他依照本法规定行使监督管理权的部门，不依法作出行政许可或者办理批准文件。	《水污染防治法》第69条	对直接负责的主管人员和其他直接责任人员依法给予处分。	上级主管机关
2	上款所指部门，发现违法行为或者接到对违法行为的举报后不予查处。			
3	上款所指部门，有其他未依照本法规定履行职责的行为。			
4	拒绝环保部门或者其他依照本法规定行使监督管理权的部门的监督检查，或者在接受监督检查时弄虚作假的。	《水污染防治法》第70条	责令改正，处一万元以上十万元以下的罚款。	县级以上人民政府环保部门或者其他依照本法规定行使监督管理权的部门
5	拒报或者谎报国务院环保部门规定的有关水污染物排放申报登记事项的。	《水污染防治法》第72条	责令限期改正；逾期不改正的，处一万元以上十万元以下的罚款。	县级以上人民政府环保部门
6	未按照规定安装水污染物排放自动监测设备或者未按照规定与环保部门的监控设备联网，并保证监测设备正常运行的。		责令限期改正；逾期不改正的，处一万元以上十万元以下的罚款。	
7	未按照规定对所排放的工业废水进行监测并保存原始监测记录的。		责令限期改正；逾期不改正的，处一万元以上十万元以下的罚款。	
8	不正常使用水污染物处理设施，或者未经环保部门批准拆除、闲置水污染物处理设施的。	《水污染防治法》第73条	责令限期改正，处应缴纳排污费数额一倍以上三倍以下的罚款。	县级以上人民政府环保部门

续前表

序号	违法行为	责任条款	应承担的法律责任	实施机构
9	排放水污染物超过国家或者地方规定的水污染物排放标准，或者超过重点水污染物排放总量控制指标的。	《水污染防治法》第74条	责令限期治理，处应缴纳排污费数额二倍以上五倍以下的罚款。	县级以上人民政府环保部门
10			限期治理期间，限制生产、限制排放或者停产整治。限期治理的期限最长不超过一年。	
11			限期治理逾期未完成治理任务的，责令关闭。	有批准权的人民政府批准
12	在饮用水水源保护区内设置排污口。	《水污染防治法》第75条	责令限期拆除，处十万元以上五十万元以下的罚款。	县级以上地方人民政府
13			逾期不拆除，强制拆除，所需费用由违法者承担，处五十万元以上一百万元以下的罚款，并可以责令停产整顿。	
14	违反法律、行政法规和国务院环保部门的规定设置排污口或者私设暗管。		责令限期拆除，处两万元以上十万元以下的罚款。	县级以上地方人民政府环保部门
15			逾期不拆除的，强制拆除，所需费用由违法者承担，处十万元以上五十万元以下的罚款。	
16	私设暗管或者有其他严重情节的。		责令停产整顿。	县级以上地方人民政府环保部门可以提请县级以上地方人民政府
17	未经水行政主管部门或者流域管理机构同意，在江河、湖泊新建、改建、扩建排污口。		责令限期拆除，处两万元以上十万元以下的罚款。	县级以上人民政府水行政主管部门或者流域管理机构
18	向水体排放油类、酸液、碱液的。	《水污染防治法》第76条	责令停止违法行为，限期采取治理措施，消除污染，处两万元以上二十万元以下的罚款。	县级以上地方人民政府环保部门
19			逾期不采取治理措施，可以指定有治理能力的单位代为治理，所需费用由违法者承担。	

续前表

序号	违法行为	责任条款	应承担的法律责任	实施机构
20	向水体排放剧毒废液，或者将含有汞、镉、砷、铬、铅、氰化物、黄磷等的可溶性剧毒废渣向水体排放、倾倒或者直接埋入地下的。	《水污染防治法》第76条	责令停止违法行为，限期采取治理措施，消除污染，处五万元以上五十万元以下的罚款。	县级以上地方人民政府环保部门
21			逾期不采取治理措施的，环保部门可以指定有治理能力的单位代为治理，所需费用由违法者承担。	
22	在水体清洗装贮过油类、有毒污染物的车辆或者容器的。		责令停止违法行为，限期采取治理措施，消除污染，处一万元以上十万元以下的罚款。	
23			逾期不采取治理措施的，可以指定有治理能力的单位代为治理，所需费用由违法者承担。	
24	向水体排放、倾倒工业废渣、城镇垃圾或者其他废弃物，或者在江河、湖泊、运河、渠道、水库最高水位线以下的滩地、岸坡堆放、存贮固体废弃物或者其他污染物的。		责令停止违法行为，限期采取治理措施，消除污染，处两万元以上二十万元以下的罚款。	
25			逾期不采取治理措施的，可以指定有治理能力的单位代为治理，所需费用由违法者承担。	
26	向水体排放、倾倒放射性固体废物或者含有高放射性、中放射性物质的废水的。		责令停止违法行为，限期采取治理措施，消除污染，处五万元以上五十万元以下的罚款。	
27			逾期不采取治理措施的，可以指定有治理能力的单位代为治理，所需费用由违法者承担。	
28	违反国家有关规定或者标准，向水体排放含低放射性物质的废水、热废水或者含病原体的污水的。		责令停止违法行为，限期采取治理措施，消除污染，处一万元以上十万元以下的罚款。	
29			逾期不采取治理措施的，可以指定有治理能力的单位代为治理，所需费用由违法者承担。	

续前表

序号	违法行为	责任条款	应承担的法律责任	实施机构
30	利用渗井、渗坑、裂隙或者溶洞排放、倾倒含有毒污染物的废水、含病原体的污水或者其他废弃物的。	《水污染防治法》第76条	责令停止违法行为，限期采取治理措施，消除污染，处五万元以上五十万元以下的罚款。	县级以上地方人民政府环保部门
31			逾期不采取治理措施的，可以指定有治理能力的单位代为治理，所需费用由违法者承担。	
32	利用无防渗漏措施的沟渠、坑塘等输送或者存贮含有毒污染物的废水、含病原体的污水或者其他废弃物的。		责令停止违法行为，限期采取治理措施，消除污染，处两万元以上二十万元以下的罚款。	
33			逾期不采取治理措施的，可以指定有治理能力的单位代为治理，所需费用由违法者承担。	
34	生产、销售、进口或者使用列入禁止生产、销售、进口、使用的严重污染水环境的设备名录中的设备，或者采用列入禁止采用的严重污染水环境的工艺名录中的工艺的。	《水污染防治法》第77条	责令改正，处五万元以上二十万元以下的罚款。	县级以上人民政府经济综合宏观调控部门
35			情节严重的，责令停业、关闭。	报请本级人民政府
36	建设不符合国家产业政策的小型造纸、制革、印染、染料、炼焦、炼硫、炼砷、炼汞、炼油、电镀、农药、石棉、水泥、玻璃、钢铁、火电以及其他严重污染水环境的生产项。	《水污染防治法》第78条	责令关闭。	所在地的市、县人民政府
37	船舶未配置相应的防污染设备和器材，或者未持有合法有效的防止水域环境污染的证书与文书。	《水污染防治法》第79条	按照职责分工责令限期改正，处二千元以上两万元以下的罚款；逾期不改正的，责令船舶临时停航。	海事管理机构/渔业主管部门
38	船舶进行涉及污染物排放的作业，未遵守操作规程或者未在相应的记录簿上如实记载。		按照职责分工责令改正，处二千元以上两万元以下的罚款。	

续前表

序号	违法行为	责任条款	应承担的法律责任	实施机构
39	向水体倾倒船舶垃圾或者排放船舶的残油、废油。	《水污染防治法》第80条	按照职责分工责令停止违法行为，处五千元以上五万元以下的罚款；造成水污染的，责令限期采取治理措施，消除污染；逾期不采取治理措施的，可以指定有治理能力的单位代为治理，所需费用由船舶承担。	海事管理机构/渔业主管部门
40	未经作业地海事管理机构批准，船舶进行残油、含油污水、污染危害性货物残留物的接收作业，或者进行装载油类、污染危害性货物船舱的清洗作业，或者进行散装液体污染危害性货物的过驳作业。			
41	未经作业地海事管理机构批准，进行船舶水上拆解、打捞或者其他水上、水下船舶施工作业。		按照职责分工责令停止违法行为，处一万元以上十万元以下的罚款；造成水污染的，责令限期采取治理措施，消除污染；逾期不采取治理措施的，可以指定有治理能力的单位代为治理，所需费用由船舶承担。	
42	未经作业地渔业主管部门批准，在渔港水域进行渔业船舶水上拆解。		按照职责分工责令停止违法行为，处五千元以上五万元以下的罚款；造成水污染的，责令限期采取治理措施，消除污染；逾期不采取治理措施的，可以指定有治理能力的单位代为治理，所需费用由船舶承担。	
43	在饮用水水源一级保护区内新建、改建、扩建与供水设施和保护水源无关的建设项目。	《水污染防治法》第81条	责令停止违法行为，处十万元以上五十万元以下的罚款；报请有批准权的人民政府批准，责令拆除或者关闭。	县级以上地方人民政府环保部门
44	在饮用水水源二级保护区内新建、改建、扩建排放污染物的建设项目。			
45	在饮用水水源准保护区内新建、扩建对水体污染严重的建设项目，或者改建建设项目增加排污量。			
46	在饮用水水源一级保护区内从事网箱养殖或者组织进行旅游、垂钓或者其他可能污染饮用水水体的活动。		责令停止违法行为，处两万元以上十万元以下的罚款。	
47	个人在饮用水水源一级保护区内游泳、垂钓或者从事其他可能污染饮用水水体的活动。		责令停止违法行为，可以处五百元以下的罚款。	

续前表

序号	违法行为	责任条款	应承担的法律责任	实施机构
48	不按照规定制定水污染事故的应急方案。	《水污染防治法》第82条	责令改正；情节严重的，处两万元以上十万元以下的罚款。	县级以上人民政府环保部门
49	水污染事故发生后，未及时启动水污染事故的应急方案，采取有关应急措施。			
50	造成水污染事故。	《水污染防治法》第83条	处以罚款（按照水污染事故造成的直接损失的百分之二十计算罚款责令限期采取治理措施），消除污染。	县级以上人民政府环保部门
51			不按要求采取治理措施或者不具备治理能力的，指定有治理能力的单位代为治理，所需费用由违法者承担。	
52	造成重大或者特大水污染事故。		责令关闭，按照水污染事故造成的直接损失的百分之三十计算罚款；对直接负责的主管人员和其他直接责任人员可以处上一年度从本单位取得的收入百分之五十以下的罚款。	报经有批准权的人民政府批准
53	造成渔业污染事故或者渔业船舶造成水污染事故。		依法处罚。	渔业主管部门
54	其他船舶造成水污染事故。		依法处罚。	海事管理机构

另外，《水污染防治法》第85条至90条规定了因水污染导致受害者受到损害的，加害者要承担一定的民事责任。

第85条规定：因水污染受到损害的当事人，有权要求排污方排除危害和赔偿损失。

由于不可抗力造成水污染损害的，排污方不承担赔偿责任；法律另有规定的除外。

水污染损害是由受害人故意造成的，排污方不承担赔偿责任。水污染损害是由受害人重大过失造成的，可以减轻排污方的赔偿责任。

水污染损害是由第三人造成的，排污方承担赔偿责任后，有权向第三人追偿。

第86规定：因水污染引起的损害赔偿责任和赔偿金额的纠纷，可以根据当事人的请求，由环保部门或者海事管理机构、渔业主管部门按照职责分工调解处理；调解不成的，当事人可以向人民法院提起诉讼。当事人也可以直接向人民法院提起诉讼。

第87条规定：因水污染引起的损害赔偿诉讼，由排污方就法律规定的免责事由及其行为与损害结果之间不存在因果关系承担举证责任。

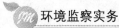

第 88 条规定：因水污染受到损害的当事人人数众多的，可以依法由当事人推选代表人进行共同诉讼。

环保部门和有关社会团体可以依法支持因水污染受到损害的当事人向人民法院提起诉讼。

国家鼓励法律服务机构和律师为水污染损害诉讼中的受害人提供法律援助。

第 89 条规定：因水污染引起的损害赔偿责任和赔偿金额的纠纷，当事人可以委托环境监测机构提供监测数据。环境监测机构应当接受委托，如实提供有关监测数据。

第 90 条规定：违反本法规定，构成违反治安管理行为的，依法给予治安管理处罚；构成犯罪的，依法追究刑事责任。

（三）固体废物污染防治法及固体废物控制标准的执法应用

1. 防治固体废物污染的立法

1995 年 10 月，《中华人民共和国固体废物污染环境防治法》正式颁布执行。

2. 工业固体废物及危险废物控制标准依据

危险废物名录和危险废物鉴别标准工业固体废物及危险废物控制标准：见项目一的模块四固体相关内容。

3. 违法固体废物污染防治法承担的法律后果

在《中华人民共和国固体废物污染环境防治法》第 67 条和 83 条中，规定了有关违法行为的法律责任。违反固体废物污染防治法的行为及法律责任条款如表 4—4 所示。

表 4—4　　　　　　　违反固体废物污染防治法的行为及法律责任条款

序号	违法行为	责任条款	应承担的法律责任	实施机构
1	县级以上人民政府环保部门或者其他固体废物污染环境防治工作的监督管理部门不依法作出行政许可或者办理批准文件。	《固体废物污染防治法》第 67 条	责令改正，对负有责任的主管人员和其他直接责任人员依法给予行政处分；构成犯罪的，依法追究刑事责任。	本级人民政府或者上级人民政府有关行政主管部门
2	县级以上人民政府环保部门或者其他固体废物污染环境防治工作的监督管理部门发现违法行为或者接到对违法行为的举报后不予查处。			
3	县级以上人民政府环保部门或者其他固体废物污染环境防治工作的监督管理部门有不依法履行监督管理职责的其他行为。			

续前表

序号	违法行为	责任条款	应承担的法律责任	实施机构
4	不按照国家规定申报登记工业固体废物，或者在申报登记时弄虚作假。	《固体废物污染防治法》第68条	责令停止违法行为，限期改正，处以五千元以上五万元以下的罚款。	县级以上人民政府环保部门
5	对暂时不利用或者不能利用的工业固体废物未建设贮存的设施、场所安全分类存放，或者未采取无害化处置措施的。			
6	将列入限期淘汰名录被淘汰的设备转让给他人使用。			
7	擅自关闭、闲置或者拆除工业固体废物污染环境防治设施、场所。		责令停止违法行为，限期改正，处以一万元以上十万元以下的罚款。	
8	在自然保护区、风景名胜区、饮用水水源保护区、基本农田保护区和其他需要特别保护的区域内，建设工业固体废物集中贮存、处置的设施、场所和生活垃圾填埋场。			
9	擅自转移固体废物出省、自治区、直辖市行政区域贮存、处置。			
10	未采取相应防范措施，造成工业固体废物扬散、流失、渗漏或者造成其他环境污染。			
11	在运输过程中沿途丢弃、遗撒工业固体废物。		责令停止违法行为，限期改正，处以五千元以上五万元以下的罚款。	
12	拒绝县级以上人民政府环保部门或者其他固体废物污染环境防治工作的监督管理部门现场检查。	《固体废物污染防治法》第70条	责令限期改正；拒不改正或者在检查时弄虚作假的，处二千元以上两万元以下的罚款。	执行现场检查的部门
13	从事畜禽规模养殖未按照国家有关规定收集、贮存、处置畜禽粪便，造成环境污染。	《固体废物污染防治法》第71条	责令限期改正，可以处五万元以下的罚款。	县级以上地方人民政府环保部门
14	生产、销售、进口或者使用淘汰的设备，或者采用淘汰的生产工艺。	《固体废物污染防治法》第72条	责令改正。	县级以上人民政府经济综合宏观调控部门
15			情节严重的，停业或者关闭。	同级人民政府决定
16	尾矿、矸石、废石等矿业固体废物贮存设施停止使用后，未按照国家有关环境保护规定进行封场。	《固体废物污染防治法》第73条	责令限期改正，可以处五万元以上二十万元以下的罚款。	县级以上地方人民政府环保部门

续前表

序号	违法行为	责任条款	应承担的法律责任	实施机构
17	随意倾倒、抛撒或者堆放生活垃圾。	《固体废物污染防治法》第74条	责令停止违法行为，限期改正，处五千元以上五万元以下的罚款；个人处两百元以下的罚款。	县级以上地方人民政府环境卫生行政主管部门。
18	擅自关闭、闲置或者拆除生活垃圾处置设施、场所。		责令停止违法行为，限期改正，处一万元以上十万元以下的罚款。	
19	工程施工单位不及时清运施工过程中产生的固体废物，造成环境污染。		责令停止违法行为，限期改正，处五千元以上五万元以下的罚款。	
20	工程施工单位不按照环境卫生行政主管部门的规定对施工过程中产生的固体废物进行利用或者处置。		责令停止违法行为，限期改正，处一万元以上十万元以下的罚款。	
21	在运输过程中沿途丢弃、遗撒生活垃圾。		责令停止违法行为，限期改正，处五千元以上五万元以下的罚款；个人处两百元以下的罚款。	
22	不设置危险废物识别标志。	《固体废物污染防治法》第75条	责令停止违法行为，限期改正，处一万元以上十万元以下的罚款。	县级以上人民政府环保部门
23	不按照国家规定申报登记危险废物，或者在申报登记时弄虚作假。			
24	擅自关闭、闲置或者拆除危险废物集中处置设施、场所。		责令停止违法行为，限期改正，处两万元以上二十万元以下的罚款。	
25	不按照国家规定缴纳危险废物排污费。		责令停止违法行为，限期改正，限期缴纳，逾期不缴纳的，处应缴纳危险废物排污费金额一倍以上三倍以下的罚款。	
26	将危险废物提供或者委托给无经营许可证的单位从事经营活动。		责令停止违法行为，限期改正，处两万元以上二十万元以下的罚款。	
27	不按照国家规定填写危险废物转移联单或者未经批准擅自转移危险废物。		责令停止违法行为，限期改正，处一万元以上十万元以下的罚款。	
28	将危险废物混入非危险废物中贮存。			
29	未经安全性处置，混合收集、贮存、运输、处置具有不相容性质的危险废物。			

续前表

序号	违法行为	责任条款	应承担的法律责任	实施机构
30	将危险废物与旅客在同一运输工具上载运。	《固体废物污染防治法》第75条	责令停止违法行为，限期改正，处一万元以上十万元以下的罚款。	县级以上人民政府环保部门。
31	未经消除污染的处理将收集、贮存、运输、处置危险废物的场所、设施、设备和容器、包装物及其他物品转作他用。			
32	未采取相应防范措施，造成危险废物扬散、流失、渗漏或者造成其他环境污染。			
33	在运输过程中沿途丢弃、遗撒危险废物。			
34	未制定危险废物意外事故防范措施和应急预案。			
35	危险废物产生者不处置其产生的危险废物又不承担依法应当承担的处置费用。	《固体废物污染防治法》第76条	责令限期改正，处代为处置费用一倍以上三倍以下的罚款。	县级以上地方人民政府环保部门
36	无经营许可证或者不按照经营许可证规定从事收集、贮存、利用、处置危险废物经营活动。	《固体废物污染防治法》第77条	责令停止违法行为，没收违法所得，可以并处违法所得三倍以下的罚款。	县级以上人民政府环保部门
37	不按照经营许可证规定从事前款活动。		还可以吊销经营许可证。	发证机关
38	将境外的固体废物进境倾倒、堆放、处置的，进口属于禁止进口的固体废物或者未经许可擅自进口属于限制进口的固体废物用作原料。	《固体废物污染防治法》第78条	责令退运该固体废物，可以并处十万元以上一百万元以下的罚款；构成犯罪的，依法追究刑事责任。进口者不明的，由承运人承担退运该固体废物的责任，或者承担该固体废物的处置费用。	海关/司法机关
39	逃避海关监管将境外的固体废物运输进境。		构成犯罪的，依法追究刑事责任。	司法机关
40	过境转移危险废物。	《固体废物污染防治法》第79条	责令退运该危险废物，可以并处五万元以上五十万元以下的罚款。	海关
41	已经非法入境的固体废物。	《固体废物污染防治法》第80条	依法向海关提出处理意见，海关应当依照本法第78条的规定作出处罚决定。	省级以上人民政府环保部门/海关
42			已经造成环境污染的，责令进口者消除污染。	省级以上人民政府环保部门
43	造成固体废物严重污染环境。	《固体废物污染防治法》第81条	限期治理。	
44			逾期未完成治理任务的，停业或者关闭。	本级人民政府

续前表

序号	违法行为	责任条款	应承担的法律责任	实施机构
45	造成固体废物污染环境事故。	《固体废物污染防治法》第82条	处两万元以上二十万元以下的罚款。	县级以上人民政府环保部门
46	固体废物污染环境事故造成重大损失。	《固体废物污染防治法》第82条	按照直接损失的百分之三十计算罚款，但是最高不超过一百万元，对负有责任的主管人员和其他直接责任人员，依法给予行政处分。	县级以上人民政府环保部门
47			停业或者关闭。	县级以上人民政府
48	收集、贮存、利用、处置危险废物，造成重大环境污染事故，构成犯罪。	《固体废物污染防治法》第83条	追究刑事责任。	司法机关

另外，《固体废物污染防治法》第84条至87条规定了因固废污染导致受害者受到损害的，加害者要承担一定的民事责任。

第84条规定：受到固体废物污染损害的单位和个人，有权要求依法赔偿损失。

赔偿责任和赔偿金额的纠纷，可以根据当事人的请求，由环保部门或者其他固体废物污染环境防治工作的监督管理部门调解处理；调解不成的，当事人可以向人民法院提起诉讼。当事人也可以直接向人民法院提起诉讼。

国家鼓励法律服务机构对固体废物污染环境诉讼中的受害人提供法律援助。

第85条规定：造成固体废物污染环境的，应当排除危害，依法赔偿损失，并采取措施恢复环境原状。

第86条规定：因固体废物污染环境引起的损害赔偿诉讼，由加害人就法律规定的免责事由及其行为与损害结果之间不存在因果关系承担举证责任。

第87条规定：对于固体废物污染环境的损害赔偿责任和赔偿金额的纠纷，当事人可以委托环境监测机构提供监测数据。环境监测机构应当接受委托，如实提供有关监测数据。

（四）噪声污染防治法及噪声排放控制标准的执法应用

1. 防治环境噪声污染的立法

1996年10月29日第八届全国人大常委会第二十二次会议通过了《中华人民共和国环境噪声污染防治法》，从公布之日起实施。1998年8月13日公安部发出《关于做好城市禁止机动车鸣喇叭工作的通知》。2001年高考期间，国家环保总局第三次发布《关于加强高考期间环境噪声管理的通知》。

技术指南：《声环境质量标准》和《环境噪声排放标准》。

2. 环境噪声污染控制标准依据

《声环境质量标准》适用于城乡五类声环境功能区的声环境质量评价与管理，对于与五类功能区有重叠的机场周围区域，应该执行《机场周围飞机噪声环境标准》。但对于机场周围区域内的地面噪声，仍然需要执行《声环境质量标准》。

（1）《城市区域环境噪声标准》（GB 3096—2008）（见表 4—5）。

表 4—5 《城市区域环境噪声标准》（GB 3096—2008）

类别		昼间（dB）	夜间（dB）	适用区域
0 类		50	40	0 类标准适用于疗养区、高级别墅区、高级宾馆区等特别需要安静的区域。位于城郊和乡村的这一类区域分别按严于 0 类标准 5 dB 执行。
1 类		55	45	1 类标准适用于以居住、文教机关为主的区域。乡村居住环境可参照执行该类标准。
2 类		60	50	2 类标准适用于居住、商业、工业混杂区。
3 类		65	55	3 类标准适用于工业区。
4 类	4a 类	70	55	4a 类标准适用于高速公路、一级公路、二级公路、城市快速路、城市主干路、城市次干路、城市轨道交通（地面段）、内河航道两侧区域。
	4b 类	70	60	4b 类标准适用于铁路干线两侧区域。
备注		夜间突发的噪声，其最大值不准超过标准值 15 dB		

（2）《工业企业厂界噪声标准》（GB 12348—2008）（见表 4—6）。

《工业企业厂界噪声标准》适用于工业企业和固定设备厂界环境噪声排放的管理，同时也适用于机关、事业单位、团体等对外环境排放噪声的单位。鉴于一些工业生产活动中使用的固定设备可能是独立分散的，该标准规定，各种产生噪声的固定设备的厂界为其实际占地的边界。

表 4—6 《工业企业厂界噪声标准》（GB 12348—2008）

类别	昼间（dB）	夜间（dB）	适用区域
0 类	50	40	0 类标准适用于疗养区、高级别墅区、高级宾馆区等特别需要安静的区域。
1 类	55	45	1 类标准适用于以居住、文教机关为主的区域。
2 类	60	50	2 类标准适用于居住、商业、工业混杂区。
3 类	65	55	3 类标准适用于工业区。
4 类	70	55	4 类标准适用于城市中的道路交通干线道路两侧区域。
备注	夜间频繁突发的噪声（如排气噪声），其峰值不准超过标准值 10 dB，夜间偶然突发的噪声（如短促鸣笛声），其峰值不准超过标准值 15 dB。		

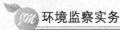

"噪声敏感建筑物"是指医院、学校、机关、科研单位、住宅等需要保持安静的建筑物。

"噪声敏感建筑物集中区域"是指医疗区、文教科研区和以机关或者居民住宅为主的区域。

"夜间"一般指晚二十二点至晨六点之间的期间。

"中午休息时间"一般指十二点至十四点之间的期间。

(3)《社会生活环境噪声排放标准》(GB 22337—2008)。

《社会生活环境噪声排放标准》针对营业性文化娱乐场所和商业经营活动中可能产生环境噪声污染的设备、设施,规定了边界噪声排放限值执行《工业企业厂界环境噪声排放标准》(GB 12348—2008)。《社会生活环境噪声排放标准》并不覆盖所有的社会生活噪声源,例如建筑物配套的服务设施产生的噪声,街道、广场等公共活动场所噪声,家庭装修等邻里噪声等均不适用该标准。

(4)《建筑施工厂界噪声限值》(GB 12523—90)。

《建筑施工厂界噪声限值》适用于城市建筑施工期间场地产生的噪声。噪声值是指与敏感区域相应的建筑施工场地边界线处的限值。

如有几个施工阶段同时进行,以高噪声阶段的限值为准。

3. 违反环境噪声污染防治法承担的法律后果

在《中华人民共和国环境噪声污染防治法》第 48 条和 56 条中,规定了有关违法行为的法律责任。违反噪声污染防治法的行为及法律条款如表 4—7 所示。

表 4—7 违反噪声污染防治法的行为及法律条款

序号	违法行为	责任条款	应承担的法律责任	实施机构
1	拒报或者谎报规定的环境噪声排放申报事项。	《噪声污染防治法》第 49 条	根据不同情节,给予警告或者处以罚款。	县级以上地方人民政府环保部门
2	未经环保部门批准,擅自拆除或者闲置环境噪声污染防治设施,致使环境噪声排放超过规定标准。	《噪声污染防治法》第 50 条	责令改正,并处罚款。	县级以上地方人民政府环保部门
3	不按照国家规定缴纳超标准排污费。	《噪声污染防治法》第 51 条	根据不同情节,给予警告或者处以罚款。	县级以上地方人民政府环保部门
4	对经限期治理逾期未完成治理任务的企业事业单位。	《噪声污染防治法》第 52 条	除依照国家规定加收超标准排污费外,可以根据所造成的危害后果处以罚款。	县级以上地方人民政府环保部门
5			责令停业、搬迁、关闭。	同级人民政府

续前表

序号	违法行为	责任条款	应承担的法律责任	实施机构
6	生产、销售、进口禁止生产、销售、进口的设备。	《噪声污染防治法》第53条	责令改正。	县级以上人民政府经济综合主管部门
7			情节严重的，责令停业、关闭。	同级人民政府
8	未经当地公安机关批准，进行产生偶发性强烈噪声活动。	《噪声污染防治法》第54条	根据不同情节给予警告或者处以罚款。	公安机关
9	噪声排污单位拒绝环保部门或者其他依照本法规定行使环境噪声监督管理权的部门、机构现场检查或者在被检查时弄虚作假。	《噪声污染防治法》第55条	给予警告或者处以罚款。	环保部门或者其他依照本法规定行使环境噪声监督管理权的监督管理部门、机构
10	建筑施工单位在城市市区噪声敏感建筑的集中区域内，夜间进行禁止进行的产生环境噪声污染的建筑施工作业。	《噪声污染防治法》第56条	责令改正，可以并处罚款。	工程所在地县级以上地方人民政府环保部门

另外，《噪声污染防治法》第61条至62条规定了因噪声污染导致受害者受到损害的，加害者要承担一定的民事责任。

第61条规定：受到环境噪声污染危害的单位和个人，有权要求加害人排除危害；造成损失的，依法赔偿损失。

赔偿责任和赔偿金额的纠纷，可以根据当事人的请求，由环保部门或者其他环境噪声污染防治工作的监督管理部门、机构调解处理；调解不成的，当事人可以向人民法院起诉。当事人也可以直接向人民法院起诉。

第62条规定：环境噪声污染防治监督管理人员滥用职权、玩忽职守、徇私舞弊的，由其所在单位或者上级主管机关给予行政处分；构成犯罪的，依法追究刑事责任。

（五）海洋污染防治法及海水水质标准的执法应用

1. 海洋环境的概念

海洋环境污染损害，是指直接或者间接地把物质或者能量引入海洋环境，产生损害海洋生物资源、危害人体健康、妨害渔业和海上其他合法活动、损害海水使用水质和减损环境质量等有害影响。

内水，是指我国领海基线向内陆一侧的所有海域。

滨海湿地，是指低潮时水深浅于六米的水域及其沿岸浸湿地带，包括水深不超过六米的永久性水域、潮间带（或洪泛地带）和沿海低地等。

渔业水域，是指鱼虾类的产卵场、索饵场、越冬场、洄游通道和鱼虾贝藻类的养殖场。

沿海陆域，是指与海岸相连，或者通过管道、沟渠、设施，直接或者间接向海洋排放污染物及进行相关活动的一带区域。

2. 防治海洋污染的立法

第九届全国人大常委会第十三次会议修订了《中华人民共和国海洋环境保护法》，自 2000 年 4 月 1 日起实行。

（1）《海洋环境保护法》的适用范围。本法适用于中华人民共和国内水、领海、毗连区、专属经济区、大陆架以及中华人民共和国管辖的其他海域。在中华人民共和国管辖海域内从事航行、勘探、开发、生产、旅游、科学研究及其他活动，或者在沿海陆域内从事影响海洋环境活动的任何单位和个人，都必须遵守本法。在中华人民共和国管辖海域以外，造成中华人民共和国管辖海域污染的，也适用本法。

（2）海洋环境保护的监督管理体制。国务院环保部门作为对全国环境保护工作统一监督管理的部门，对全国海洋环境保护工作实施指导、协调和监督，并负责全国防治陆源污染物和海岸工程建设项目对海洋污染损害的环境保护工作。

国家海洋行政主管部门负责海洋环境的监督管理，组织海洋环境的调查、监测、监视、评价和科学研究，负责全国防治海洋工程建设项目和海洋倾倒废弃物对海洋污染损害的环境保护工作。

国家海事行政主管部门负责所辖港区水域内非军事船舶和港区水域外非渔业、非军事船舶污染海洋环境的监督管理，并负责污染事故的调查处理；对在中华人民共和国管辖海域航行、停泊和作业的外国籍船舶造成的污染事故登轮检查处理。船舶污染事故给渔业造成损害的，应当吸收渔业行政主管部门参与调查处理。

国家渔业行政主管部门负责渔港水域内非军事船舶和渔港水域外渔业船舶污染海洋环境的监督管理，负责保护渔业水域生态环境工作，并调查处理前款规定的污染事故以外的渔业污染事故。

军队环境保护部门负责军事船舶污染海洋环境的监督管理及污染事故的调查处理。

沿海县级以上地方人民政府行使海洋环境监督管理权的部门的职责，由省、自治区、直辖市人民政府根据本法及国务院有关规定确定。

3. 防治海洋环境污染的标准依据

近海水功能水域执行《海水水质标准》（GB 3097—1997）。

按照海域的不同使用功能和保护目标，海水水质分为四类：

第一类：适用于海洋渔业水域、海上自然保护区和珍稀濒危海洋生物保护区。

第二类：适用于水产养殖区、海水浴场、人体直接接触海水的海上运动或娱乐区，以及与人类食用直接有关的工业用水区。

第三类：适用于一般工业用水区、滨海风景旅游区。

第四类：适用于海洋港口水域、海洋开发作业区。

污水综合排放标准（GB 8978—1996）见地表水功能执行相关标准。

4. 违反《海洋环境污染防治法》承担的法律后果

在《中华人民共和国海洋环境污染防治法》第 73 条和 89 条中，规定了有关违法行为的法律责任。违反海洋污染防治法的行为及法律责任条款如表 4—8 所示。

表 4—8   违反海洋污染防治法的行为及法律责任条款

序号	违法行为	责任条款	应承担的法律责任	实施机构
1	向海域排放本法禁止排放的污染物或者其他物质。	《海洋污染防治法》第 73 条	责令限期改正，并处三万元以上二十万元以下的罚款。	行使海洋环境监督管理权的部门
2	不按照本法规定向海洋排放污染物，或者超过标准排放污染物。		责令限期改正，并处两万元以上十万元以下的罚款。	
3	未取得海洋倾倒许可证，向海洋倾倒废弃物。		责令限期改正，并处三万元以上二十万元以下的罚款。	
4	因发生事故或者其他突发性事件，造成海洋环境污染事故，不立即采取处理措施。		责令限期改正，并处两万元以上十万元以下的罚款。	
5	不按照规定申报，甚至拒报污染物排放有关事项，或者在申报时弄虚作假。	《海洋污染防治法》第 74 条	予以警告，或者处两万元以下的罚款。	行使海洋环境监督管理权的部门
6	发生事故或者其他突发性事件不按照规定报告。		予以警告，或者处五万元以下的罚款。	
7	不按照规定记录倾倒情况，或者不按照规定提交倾倒报告。		予以警告，或者处两万元以下的罚款。	
8	拒报或者谎报船舶载运污染危害性货物申报事项。		予以警告，或者处五万元以下的罚款。	
9	拒绝现场检查，或者在被检查时弄虚作假。	《海洋污染防治法》第 75 条	予以警告，并处两万元以下的罚款。	行使海洋环境监督管理权的部门

续前表

序号	违法行为	责任条款	应承担的法律责任	实施机构
10	造成珊瑚礁、红树林等海洋生态系统及海洋水产资源、海洋保护区破坏。	《海洋污染防治法》第76条	责令限期改正和采取补救措施，并处一万元以上十万元以下的罚款；有违法所得的，没收其违法所得。	行使海洋环境监督管理权的部门
11	违反本法第30条第1款、第3款规定设置入海排污口。	《海洋污染防治法》第77条	责令其关闭，并处两万元以上十万元以下的罚款。	县级以上地方人民政府环保部门
12	擅自拆除、闲置环境保护设施。	《海洋污染防治法》第78条	责令重新安装使用，并处一万元以上十万元以下的罚款。	县级以上地方人民政府环保部门
13	经中华人民共和国管辖海域，转移危险废物。	《海洋污染防治法》第79条	责令非法运输该危险废物的船舶退出中华人民共和国管辖海域，并处五万元以上五十万元以下的罚款。	国家海事行政主管部门
14	未持有经审核和批准的环境影响报告书，兴建海岸工程建设项目。	《海洋污染防治法》第80条	责令其停止违法行为和采取补救措施，并处五万元以上二十万元以下的罚款。	县级以上地方人民政府环保部门
15			按照管理权限，责令其限期拆除。	县级以上地方人民政府
16	海岸工程建设项目未建成环境保护设施，或者环境保护设施未达到规定要求即投入生产、使用。	《海洋污染防治法》第81条	责令其停止生产或者使用，并处两万元以上十万元以下的罚款。	环保部门
17	新建严重污染海洋环境的工业生产建设项目。	《海洋污染防治法》第82条	按照管理权限，责令关闭。	县级以上人民政府
18	进行海洋工程建设项目，或者海洋工程建设项目未建成环境保护设施，环境保护设施未达到规定要求即投入生产、使用。	《海洋污染防治法》第83条	责令其停止施工或者生产、使用，并处五万元以上二十万元以下的罚款。	海洋行政主管部门
19	使用含超标准放射性物质或者易溶出有毒有害物质材料。	《海洋污染防治法》第84条	处五万元以下的罚款，并责令其停止该建设项目的运行，直到消除污染危害。	海洋行政主管部门

续前表

序号	违法行为	责任条款	应承担的法律责任	实施机构
20	不按照许可证的规定倾倒，或者向已经封闭的倾倒区倾倒废弃物。	《海洋污染防治法》第86条	并处三万元以上二十万元以下的罚款；对情节严重的，可以暂扣或者吊销许可证。	海洋行政主管部门
21	将中华人民共和国境外废弃物运进中华人民共和国管辖海域倾倒。	《海洋污染防治法》第87条	予以警告，并根据造成或者可能造成的危害后果，处十万元以上一百万元以下的罚款。	国家海洋行政主管部门
22	船舶、石油平台和装卸油类的港口、码头、装卸站不编制溢油应急计划。	《海洋污染防治法》第89条	予以警告，或者责令限期改正。	行使海洋环境监督管理权的部门
23	造成海洋环境污染事故的单位。	《海洋污染防治法》第91条	根据所造成的危害和损失处以罚款（按照直接损失的百分之三十计算，但最高不得超过三十万元）；负有直接责任的主管人员和其他直接责任人员属于国家工作人员的，依法给予行政处分。	行使海洋环境监督管理权的部门
24	造成重大海洋环境污染事故，致使公私财产遭受重大损失或者人身伤亡严重后果。		追究刑事责任。	司法机关
25	海洋环境监督管理人员滥用职权、玩忽职守、徇私舞弊，造成海洋环境污染损害。	《海洋污染防治法》第94条	依法给予行政处分。	行使海洋环境监督管理权的部门
26			构成犯罪的，依法追究刑事责任。	司法机关

另外，《海洋污染防治法》第90条规定了因海洋污染导致受害者受到损害的，加害者要承担一定的民事责任。

第90条规定：造成海洋环境污染损害的责任者，应当排除危害，并赔偿损失；完全由于第三者的故意或者过失，造成海洋环境污染损害的，由第三者排除危害，并承担赔偿责任。

对破坏海洋生态、海洋水产资源、海洋保护区，给国家造成重大损失的，由依照本法规定行使海洋环境监督管理权的部门代表国家对责任者提出损害赔偿要求。

另外，第92条规定：完全属于下列情形之一，经过及时采取合理措施，仍然不能避免对海洋环境造成污染损害的，造成污染损害的有关责任者免予承担责任：

（1）战争；

（2）不可抗拒的自然灾害；

（3）负责灯塔或者其他助航设备的主管部门，在执行职责时的疏忽，或者其他过失行为。

（六）放射性污染的环境监察执法应用

1. 放射性污染

放射性污染，是指由于人类活动造成物料、人体、场所、环境介质表面或者内部出现超过国家标准的放射性物质或者射线。

放射源，是指除研究堆和动力堆核燃料循环范畴的材料以外，永久密封在容器中或者有严密包层并呈固态的放射性材料。

放射性废物，是指含有放射性核素或者被放射性核素污染，其浓度或者比活度大于国家确定的清洁解控水平，预期不再使用的废弃物。

2. 放射性污染防治法的立法

自 2003 年 10 月 1 日起施行《中华人民共和国放射性污染防治法》。

3. 违反《放射性污染防治法》承担的法律后果

在《中华人民共和国放射性污染防治法》第 48 条和 58 条中，规定了有关违法行为的法律责任。违反放射性污染防治法的行为及法律责任条款如表 4—9 所示。

表 4—9 违反放射性污染防治法的行为及法律责任条款

序号	违法行为	责任条款	应承担的法律责任	实施机构
1	放射性污染防治监督管理人员违反法律规定，利用职务上的便利收受他人财物、谋取其他利益，或者玩忽职守，对不符合法定条件的单位颁发许可证和办理批准文件。	《放射性污染防治法》第 48 条	给予行政处分；构成犯罪的，依法追究刑事责任。	行使监督管理的机构/司法机关
2	如前款的放射性污染防治监督管理人员，不依法履行监督管理职责。			
3	如前款的放射性污染防治监督管理人员，发现违法行为不予查处。			
4	不按照规定报告有关环境监测结果。	《放射性污染防治法》第 49 条	依据职权责令限期改正，可以处两万元以下罚款。	县级以上人民政府环保部门
5	拒绝环保部门和其他有关部门进行现场检查，或者被检查时不如实反映情况和提供必要资料。			

续前表

序号	违法行为	责任条款	应承担的法律责任	实施机构
6	未编制环境影响评价文件，或者环境影响评价文件未经环保部门批准，擅自进行建造、运行、生产和使用等活动。	《放射性污染防治法》第50条	责令停止违法行为，限期补办手续或者恢复原状，并处一万元以上二十万元以下罚款。	审批环境影响评价文件的环保部门
7	未建造放射性污染防治设施、放射防护设施，或者防治防护设施未经验收合格，主体工程即投入生产或者使用。	《放射性污染防治法》第51条	责令停止违法行为，限期改正，并处五万元以上二十万元以下罚款。	审批环境影响评价文件的环保部门
8	未经许可或者批准，核设施营运单位擅自进行核设施的建造、装料、运行、退役等活动。	《放射性污染防治法》第52条	责令停止违法行为，限期改正，并处二十万元以上五十万元以下罚款。	国务院环保部门
9			构成犯罪的，依法追究刑事责任。	司法机关
10	生产、销售、使用、转让、进口、贮存放射性同位素和射线装置以及装备有放射性同位素的仪表。	《放射性污染防治法》第53条	依据职权责令停止违法行为，限期改正；逾期不改正的，责令停产停业或者吊销许可证。	县级以上人民政府环保部门或者其他有关部门
11			有违法所得的，没收违法所得；违法所得十万元以上的，并处违法所得一倍以上五倍以下罚款。	
12			没有违法所得或者违法所得不足十万元的，并处一万元以上十万元以下罚款。	
13			构成犯罪的，依法追究刑事责任。	司法机关
14	未建造尾矿库或者不按照放射性污染防治的要求建造尾矿库，贮存、处置铀（钍）矿和伴生放射性矿的尾矿。	《放射性污染防治法》第54条	责令停止违法行为，限期改正，处以十万元以上二十万元以下罚款；构成犯罪的，依法追究刑事责任。	县级以上人民政府环保部门/司法机关
15	向环境排放不得排放的放射性废气、废液。			

续前表

序号	违法行为	责任条款	应承担的法律责任	实施机构
16	不按照规定的方式排放放射性废液,利用渗井、渗坑、天然裂隙、溶洞或者国家禁止的其他方式排放放射性废液。	《放射性污染防治法》第54条	责令停止违法行为,限期改正,处以十万元以上二十万元以下罚款;构成犯罪的,依法追究刑事责任。	县级以上人民政府环保部门/司法机关
17	不按照规定处理或者贮存不得向环境排放的放射性废液。		责令停止违法行为,限期改正,处一万元以上十万元以下罚款;构成犯罪的,依法追究刑事责任。	
18	将放射性固体废物提供或者委托给无许可证的单位贮存和处置。		责令停止违法行为,限期改正,处十万元以上二十万元以下罚款;构成犯罪的,依法追究刑事责任。	
19	不按照规定设置放射性标识、标志、中文警示说明。	《放射性污染防治法》第55条	责令限期改正;逾期不改正的,责令停产停业,并处两万元以上十万元以下罚款;构成犯罪的,依法追究刑事责任。	县级以上人民政府环保部门或者其他有关部门/司法机关
20	不按照规定建立健全安全保卫制度和制定事故应急计划或者应急措施。			
21	不按照规定报告放射源丢失、被盗情况或者放射性污染事故。			
22	产生放射性固体废物的单位,不按照本法第四十五条的规定对其产生的放射性固体废物进行处置。	《放射性污染防治法》第56条	责令停止违法行为,限期改正;逾期不改正的,指定有处置能力的单位代为处置,所需费用由产生放射性废物的单位承担,可以并处二十万元以下罚款。	审批该单位立项环境影响评价文件的环保部门
23			构成犯罪的,依法追究刑事责任。	司法机关
24	未经许可,擅自从事贮存和处置放射性固体废物活动。	《放射性污染防治法》第57条	责令停产停业或者吊销许可证;有违法所得的,没收违法所得;违法所得十万元以上的,并处违法所得一倍以上五倍以下罚款;没有违法所得或者违法所得不足十万元的,并处五万元以上十万元以下罚款;构成犯罪的,依法追究刑事责任。	省级以上人民政府环保部门
25	不按照许可的有关规定从事贮存和处置放射性固体废物活动。			

续前表

序号	违法行为	责任条款	应承担的法律责任	实施机构
26	向我国境内输入放射性废物和被放射性污染的物品，或者经我国境内转移放射性废物和被放射性污染的物品。	《放射性污染防治法》第58条	责令退运该放射性废物和被放射性污染的物品，并处五十万元以上一百万元以下罚款。	海关
27			构成犯罪的，依法追究刑事责任。	司法机关

另外，《放射性污染防治法》第59条规定：因放射性污染造成他人损害的，应当依法承担民事责任。

四、思考与训练

（1）企业排放废水中污染物的种类、数量和浓度发生变化，或需拆除、闲置水污染防治设施的应如何做到守法？

（2）附近鱼塘受到排污单位所排废水的污染，造成鱼死，直接责任单位应怎样处理？

（3）随意倾倒有毒废物违反了国家哪些法律的规定？

（4）技能训练。

任务来源：根据情境案例1、情境案例2、情境案例3完成相关的工作任务。

训练要求：根据环境污染防治法的有关规定，指出违法行为及应承担的法律责任条款，编写违法排污环境监察执法与处罚处理报告。

训练提示：参考专门的环境污染防治法的有关规定完成任务。

模块三　环境行政复议与行政诉讼

一、教学目标

能力目标

◇　认知环境行政处罚裁量权、环境行政复议与行政诉讼；

◇　能正确使用环境行政处罚自由裁量权；

◇　能操作环境行政复议流程；

◇　能应用环境行政诉讼的适用条件和法律规定。

知识目标

◇ 熟悉自由裁量权、环境行政复议、环境行政诉讼的含义；

◇ 了解自由裁量权、环境行政复议、环境行政诉讼的适用条件和法律规定；

◇ 了解行政赔偿的权利和义务。

二、具体工作任务

◇ 认知行政处罚裁量权、环境行政复议，判断环境行政复议受理机关和确定受理范围；

◇ 按照环境行政复议的规定提出复议操作步骤；

◇ 认知环境行政诉讼，提出因环境行政执法引起的环境行政诉讼操作步骤；

◇ 正确分析环境行政赔偿。

三、相关知识点

（一）环境行政处罚自由裁量权的正确行使

根据国家环保部发布的《规范环境行政处罚自由裁量权若干意见》，环境行政处罚自由裁量权，是指环保部门在查处环境违法行为时，依据法律、法规和规章的规定，酌情决定对违法行为人是否处罚、处罚种类和处罚幅度的权限。

正确行使环境行政处罚自由裁量权，是严格执法、科学执法、推进依法行政的基本要求。近年来，各级环保部门在查处环境违法行为的过程中，依法行使自由裁量权，对于准确适用环保法规，提高环境监管水平，打击恶意环境违法行为，防治环境污染和保障人体健康发挥了重要作用。但是，在行政处罚工作中，一些地方还不同程度地存在着不当行使自由裁量权的问题，个别地区出现了滥用自由裁量权的现象，甚至由此滋生执法腐败，在社会上造成不良影响，应当坚决予以纠正。

1. 环境法律、法规的适用规则

（1）高位法优先适用规则。

环保法律的效力高于行政法规，地方性法规、规章；环保行政法规的效力高于地方性法规、规章；环保地方性法规的效力高于本级和下级政府规章；省级政府制定的环保规章的效力高于本行政区域内的较大的市政府制定的规章。

（2）特别法优先适用规则。

同一机关制定的环保法律、行政法规、地方性法规和规章，特别规定与一般规定不一致的，适用特别规定。

（3）新法优先适用规则。

同一机关制定的环保法律、行政法规、地方性法规和规章，新的规定与旧的规定不一致的，适用新的规定。

（4）地方法规优先适用情形。

环保地方性法规或者地方政府规章依据环保法律或者行政法规的授权，并根据本行政区域的实际情况作出的具体规定，与环保部门规章对同一事项规定不一致的，应当优先适用环保地方性法规或者地方政府规章。

（5）部门规章优先适用情形。

环保部门规章依据法律、行政法规的授权作出的实施性规定，或者环保部门规章对于尚未制定法律、行政法规而国务院授权的环保事项作出的具体规定，与环保地方性法规或者地方政府规章对同一事项规定不一致的，应当优先适用环保部门规章。

（6）部门规章冲突情形下的适用规则。

环保部门规章与国务院其他部门制定的规章之间，对同一事项的规定不一致的，应当优先适用根据专属职权制定的规章；两个以上部门联合制定的规章，优先于一个部门单独制定的规章；不能确定如何适用的，应当按程序报请国务院裁决。

2. 环境行政处罚自由裁量的原则

环保部门在环境执法过程中，对具体环境违法行为决定是否给予行政处罚、确定处罚种类、裁定处罚幅度时，应当严格遵守以下原则：

（1）过罚相当。

环保部门行使环境行政处罚自由裁量权，应当遵循公正原则，必须以事实为依据，与环境违法行为的性质、情节以及社会危害程度相当。

（2）严格程序。

环保部门实施环境行政处罚，应当遵循调查、取证、告知等法定程序，充分保障当事人的陈述权、申辩权和救济权。对符合法定听证条件的环境违法案件，应当依法组织听证，充分听取当事人意见，并集体讨论决定。

（3）重在纠正。

处罚不是目的，要特别注重及时制止和纠正环境违法行为。环保部门实施环境行政处罚，必须首先责令违法行为人立即改正或者限期改正。责令限期改正的，应当明确提出要求改正违法行为的具体内容和合理期限。对责令限期改正、限期治理、限产限排、停产整治、停产整顿、停业关闭的，要切实加强后督察，确保各项整改措施执行到位。

（4）综合考虑。

环保部门在行使行政处罚自由裁量权时，既不得考虑不相关因素，也不得排除相关因素，要综合、全面地考虑以下情节：

1）环境违法行为的具体方法或者手段；

2）环境违法行为危害的具体对象；

3）环境违法行为造成的环境污染、生态破坏程度以及社会影响；

4）改正环境违法行为的态度和所采取的改正措施及其效果；

5）环境违法行为人是初犯还是再犯；

6）环境违法行为人的主观过错程度。

（5）量罚一致。

环保部门应当针对常见环境违法行为，确定一批自由裁量权尺度把握适当的典型案例，作为行政处罚案件的参照标准，使同一地区、情节相当的同类案件，行政处罚的种类和幅度基本一致。

（6）罚教结合。

环保部门实施环境行政处罚，纠正环境违法行为，应当坚持将处罚与教育相结合，教育公民、法人或者其他组织自觉遵守环保法律法规。

3. 环境行政处罚的裁量情节

（1）从重处罚的裁量情节。

1）主观恶意的。常见的恶意环境违法行为有："私设暗管"偷排的，用稀释手段"达标"排放的，非法排放有毒物质的，建设项目"未批先建"、"批小建大"、"未批即建成投产"以及"以大化小"骗取审批的，拒绝、阻挠现场检查的，为规避监管私自改变自动监测设备的采样方式、采样点的，涂改、伪造监测数据的，拒报、谎报排污申报登记事项的。

2）后果严重的。环境违法行为造成饮用水中断的，严重危害人体健康的，群众反映强烈以及造成其他严重后果的，从重处罚。

3）区域敏感的。环境违法行为对生活饮用水水源保护区、自然保护区、风景名胜区、居住功能区、基本农田保护区等环境敏感区造成重大不利影响的，从重处罚。

4）屡罚屡犯的。环境违法行为人被处罚后 12 个月内再次实施环境违法行为的，从重处罚。

（2）从轻处罚的情节。

主动改正或者及时中止环境违法行为的，主动消除或者减轻环境违法行为危害后果的，积极配合环保部门查处环境违法行为的，环境违法行为所致环境污染轻微、生态破坏程度较小或者尚未产生危害后果的，一般性超标或者超总量排污的，从轻处罚。

（3）单位个人"双罚"制。

企事业单位实施环境违法行为的，除对该单位依法处罚外，环保部门还应当对直接责任人员依法给予罚款等行政处罚；对其中由国家机关任命的人员，环保部门应当移送任免机关或者监察机关依法给予处分，如表 4—3 中《水污染防治法》第 83 条的规定。

（4）按日计罚。

环境违法行为处于继续状态的，环保部门可以根据法律法规的规定，严格按照违法行为持续的时间或者拒不改正违法行为的时间，按日累加计算罚款额度。

（5）从一重处罚。

同一环境违法行为，同时违反具有包容关系的多个法条的，应当从一重处罚。

如在人口集中地区焚烧医疗废物的行为，既违反《大气污染防治法》第 41 条 "禁止在人口集中区焚烧产生有毒有害烟尘和恶臭气体的物质"的规定，同时又违反《固体废物污染环境防治法》第 17 条 "处置固体废物的单位，必须采取防治污染环境的措施"的规定。由于"焚烧"医疗垃圾属于"处置"危险废物的具体方式之一,因此,违反《大气污染防治法》第41条禁止在人口集中区焚烧医疗废物的行为,必然同时违反《固体废物污染环境防治法》第17条必须依法处置危险废物的规定。这两个相关法条之间存在包容关系。对于此类违法行为触犯的多个相关法条,环保部门应当选择其中处罚较重的一个法条,定性并量罚。

(6) 多个行为分别处罚。

一个单位的多个环境违法行为,虽然彼此存在一定联系,但各自构成独立违法行为的,应当对每个违法行为同时、分别依法给予相应处罚。

如一个建设项目同时违反环评和"三同时"规定,属于两个虽有联系但完全独立的违法行为,应当对建设单位同时、分别、相应予以处罚。即应对其违反"三同时"的行为,依据相关单项环保法律"责令停止生产或者使用"并依法处以罚款,还应同时依据《环境影响评价法》第31条的规定,"责令限期补办手续"。需要说明的是,"限期补办手续"是指建设单位应当在限期内提交环评文件;环保部门则应严格依据产业政策、环境功能区划和总量控制指标等因素,作出是否批准的决定,不应受建设项目是否建成等因素的影响。

(二) 环境行政复议

1. 行政复议和环境行政复议

(1) 行政复议。指国家行政机关在依法赋予的职权进行行政管理的活动中,与行政管理相对人发生争议时,上一级行政机关或依法规定的行政机关,根据相对人的申请,对争议的具体行政行为是否合法适当进行复查审理并作出裁决的活动。

(2) 环境行政复议。指公民、法人或其他组织认为环境行政机关或其工作人员的具体环境行政行为侵犯其环境权益,而向该机关的上一级机关提出的重新审查的请求。

2. 环境保护行政复议受理机关

《中华人民共和国行政复议法》规定,依照本法履行行政复议职责的行政机关是行政复议机关;行政复议机关负责法制工作的机构具体办理行政复议事项。据此,县级以上地方政府环保部门都是行政复议机关。

申请人可以选择向被申请人的本级人民政府申请行政复议,也可以选择向被申请人的上一级主管部门申请行政复议。但公民、法人或者其他组织向人民法院提起行政诉讼,人民法院已经依法受理的,不得申请行政复议。申请行政复议应当一并提交其身份证明、与被申请复议的具体行政行为有关的材料和证明。

3. 环境保护行政复议范围

公民、法人或其他组织对环保部门的行政决定、环境行政处罚决定等具体环境行政行为不服或持有异议或认为侵犯了他们的合法权益,《行政复议法》规定公民、法人或其他组织可以依法向有关行政部门申请行政复议。《环境行政复议与行政应诉办法》具体规定了以下六项内容:

(1) 对环保部门作出的警告、罚款、没收违法所得、责令停止生产或者使用,暂扣、吊销许可证等行政处罚决定不服的；

（2）认为符合法定条件，申请环保部门颁发许可证、资质证、资格证等证书，或者申请审批、登记等有关事项，环保部门没有依法办理的；

（3）对环保部门有关许可证、资质证、资格证等证书的变更、中止、撤销、注销决定不服的；

（4）认为环保部门违法征收排污费或者违法要求履行其他义务的；

（5）申请环保部门履行法定职责，环保部门没有依法履行的；

（6）认为环保部门的其他具体行政行为侵犯其合法权益的。

认为环保行政机关的具体行政行为所依据的规定不合法，在对具体行政行为申请复议时，可以一并向行政复议机关提出复议。这些规定是：国务院部门的规定；县级以上地方各级人民政府及其工作部门的规定；乡镇人民政府的规定。这些规定不含国务院部委规章和地方人民政府规章。

行政复议的范围不包括环保行政主管部门对环境污染纠纷作出的调解处理。

4. 环境行政复议的操作步骤

（1）申请人提出申请。

公民、法人或者其他组织认为环保部门或其所属机构的具体行政行为侵犯其合法权益或持有异议的，可以自知道该具体行政行为之日起 60 天内提出行政复议申请。申请可以是书面的，也可以口头申请。

（2）行政复议受理。

环保部门接到行政复议申请后，应在 5 日之内进行审查，对不符合《行政复议法》规定的行政复议申请，决定不予受理，并书面告知申请人；对符合《行政复议法》的规定，但不属于本机关受理的行政复议申请，应当告知申请人向有关行政复议机关提出。

负责法制工作的机构应当自受理行政复议申请之日起 7 个工作日内，制作《提出答复通知书》。《提出答复通知书》、行政复议申请书副本或者行政复议申请笔录复印件应一并送达被申请人。

被申请人应当自收到《提出答复通知书》之日起 10 日内，提出书面答复，并提交当初作出该具体行政行为的证据、依据和其他有关材料。行政复议机关无正当理由不予受理的，上级行政机关应当责令其受理；必要时，上级行政机关也可以直接受理。行政机关不得向行政复议申请人收取任何费用。

（3）行政复议审理。

行政复议机关在对被申请人作出的具体行政行为进行审查时，认为其依据不合法，本机关有权处理的，应当在 30 日内依法处理；无权处理的，应当在 7 日内按照法定程序转送有权处理的国家机关依法处理。处理期间，终止对具体行政行为的审查。

行政复议机关应当自受理申请之日起 60 日内作出行政复议决定。情况复杂，不能在规定期限内作出行政复议决定的，经行政复议机关的负责人批准，可以适当延长，并告知申请人和被申请人，但是延长期限最多不超过 30 日。

（4）环境行政复议决定。

在行政复议过程中，被申请人不得自行向申请人和其他有关组织或者个人收集证据。

行政复议机关对被申请人作出的具体行政行为进行审查，提出意见，经行政复议机关的负责人同意或者集体讨论通过后，作出明确的行政复议决定。环境行政复议机关可以根据不同情况作出如下决定：

1）维持决定。对于被申请的具体行政行为，环境行政复议机关认为事实清楚，证据确凿，适用法律正确，程序合法，内容适当的，应当作出维持该具体行政行为的决定。

2）履行决定。被申请的环境行政机关不履行其法定职责的，环境行政复议机关可以决定其在一定期限内履行。

3）撤销、变更和确认违法决定。环境行政复议机关经过对被申请的具体行政行为的审查，认为具有下列情形之一的，依法作为撤销、变更或者确认该具体行政行为违法的决定，必要时，可以附带责令被申请人在一定期限内重新作出具体行政行为：主要事实不清、证据不足的；适用法律错误的；违反法定程序的；超载或者滥用职权的；具体行政行为明显不当的。

4）赔偿决定。环境行政复议机关审理复议案件，在决定撤销、变更具体行政行为或者确认具体行政行为违法时，可以应申请人请求或者依法主动责令被申请人对申请人的合法权益造成的损害给予行政赔偿。

（5）复议决定执行。

行政复议决定书一经送达，即发生法律效力。

行政复议机关在行政复议过程中，发现被申请人有其他不当行政行为的，应当提出改进和完善建议，制作《行政复议建议书》，与《行政复议决定书》一并送达被申请人。

被申请人不履行或者无正当理由拖延履行行政复议决定的，行政复议机关或者有关上级行政机关应当责令其限期履行。

不履行行政复议决定，又逾期不起诉的，按下列规定分别处理：

1）维持具体行政行为的行政复议决定，由作出具体行政行为的行政机关强制执行，或者申请人民法院强制执行；

2）变更具体行政行为的行政复议决定，由行政复议机关依法强制执行，或者申请人民法院强制执行。

《行政复议法》还对行政复议机关和被申请人违反该法的行为作出了规定，如对直接负责的主管人员和其他直接责任人员给予行政处分，直至开除。构成犯罪的，依法追究刑事责任。

5. 环境行政复议应注意的问题

环境行政复议只能由不服行政处罚的法人、公民或其他组织的申请行为而引起，不能由作出处罚决定的环保执法机关提出，也不能由复议机关主动实施。

行政复议实行一级复议制，即不服行政处罚的公民、法人或其他组织，可以向作

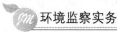

出处罚决定的上一级行政机关或者法律法规规定的其他机关申请复议。如果对复议决定不服，只能向人民法院提起诉讼，不得再向上一级机关申请复议。

行政复议与行政诉讼不能同时进行，即复议申请人如先申请复议，在复议期限内，不得又向法院提起行政诉讼；同样，先提起行政诉讼且法院已经受理的，不得同时申请行政复议。

（三）环境行政诉讼

1. 环境行政诉讼的概念

环境行政诉讼是指法人、公民或者其他组织认为环保执法机关的具体行政行为侵犯了其合法权益，依法向人民法院起诉，由人民法院进行审理并作出判决的活动。环境行政诉讼依据《中华人民共和国行政诉讼法》和有关法律、法规的规定实施。

2. 环境行政诉讼的特点

环境行政诉讼解决的是有关环境保护行政行为和行政行为的争议案件。

诉讼的原告是行政管理相对人，即具体行政行为涉及的法人、公民或者其他组织。

行政诉讼的被告是作出具体行政行为的环境保护行政执法机关。

行政诉讼是由当事人在人民法院支持下的诉讼活动。人民法院的职责是审查具体行政行为是否合法、正确。

3. 环境行政诉讼的原则

根据《行政诉讼法》的规定，行政诉讼法坚持以下原则：

（1）着重审查具体行政行为合法性原则。

人民法院审理行政案件，一般是对具体行政行为是否合法进行审查，而对具体行政行为是否适当基本不予审查。

（2）人民法院特定主管原则。

这是指人民法院依照行政诉讼法规定只管辖一部分行政案件的原则。人民法院主管的行政案件的范围，主要包括法律规定人民法院受理行政机关对外的、具体的关于人身权、财产权的行政行为所引起的行政案件。

（3）行政机关负有举证责任原则。

这是指被告行政机关有责任提供作出具体行政行为的证据和依据的规范性文件。行政机关不能提供证据证明所做的具体行政行为合法的，应当承担具体行政行为被人民法院判决撤销的后果。

（4）不适用调解原则。

人民法院对行政案件的审理不适用调解，也不以调解方式结案，而应在查明案情、分清是非的基础上做出公正的判决。

（5）司法变更权有限原则。

这是指人民法院在对被诉具体行政行为审查后，对一般的行政行为，法院只能判决维持或撤销；对于行政处罚显失公正的，法院才可能判决变更。规定这一原则，既是对司法权的限制，又可以促使行政机关提高执法水平。

4. 环境行政诉讼的受案范围

行政诉讼受案范围是指人民法院受理行政案件的范围，它明确了哪些行政行为是可诉的。首先，《行政诉讼法》第 2 条概括地规定了行政诉讼的受案条件，即"公民、法人或者其他组织认为行政机关和行政机关工作人员的具体行政行为侵犯其合法权益，有权依照本法向人民法院提起诉讼"。其次，《行政诉讼法》第 11 条明确列举了多种可以提起行政诉讼的具体行政行为，如行政强制、行政处罚、行政许可、行政机关违法要求履行义务等，又概括地规定行政机关侵犯公民人身权和财产权的其他具体行政行为也可以被提起行政诉讼。最后，《行政诉讼法》12 条规定了四类排除在行政诉讼范围之外的行政行为，即国家行为、抽象行政行为、行政机关内部的人事管理行为和法律规定的行政机关终局裁决行为。

根据《行政诉讼法》的上述规定和环境保护的实践，环境行政诉讼的受案范围主要分为三类：

（1）环境行政司法审查之诉。

环境行政司法审查之诉是相对人认为环境行政机关的行政行为不合法或者显失公正而要求法院审查的诉讼。具体包括：1）环境行政机关作出的环境行政处罚行为；2）环境行政机关违法要求相对人履行环境保护义务的行为；3）环境行政机关违法限制人身自由，对财产进行查封、扣押、冻结等行政强制措施，以及侵犯人身权、财产权、经营自主权的行为。

（2）请求履行职责之诉。

请求履行职责之诉是指相对人为要求环境行政机关及其工作人员履行法定职责而向法院提起的诉讼。不履行法定职责的环境行政行为主要包括：1）环境行政监督检查；2）环境行政许可行为；3）环境行政强制措施；4）环境行政救济中的某些环境行政行为。

（3）环境行政侵权赔偿之诉。

环境行政侵权赔偿之诉是指环境行政机关及其工作人员违法行使职权，侵犯相对人合法权益造成损害所应承担赔偿责任，由相对人向法院提起的诉讼。如违反环境行政处罚行为造成的损害赔偿、违法采取环境行政强制措施造成的损害赔偿等。

5. 环境行政诉讼案件的管辖

行政诉讼管辖是各级和各地人民法院之间受理第一审行政案件的分工与权限。环境行政诉讼案件的管辖与一般行政案件的管辖一致，包括级别管辖、地域管辖和裁定管辖。

（1）级别管辖。

级别管辖是指上下级法院之间受理第一审行政案件的分工与权限。按照我国人民法院的组织体系，人民法院受理第一审行政案件的分工如下：

1）基层人民法院管辖第一审环境行政案件。基层人民法院是我国法院体系的基层单位，数量大，分布广，由基层人民法院受理第一审行政案件有利于方便相对人提起行政诉讼，一些基层人民法院还设立了专门的环境保护审判庭。

2）中级人民法院管辖的一审环境行政案件包括：对国家环保部或者省、自治区、直辖市人民政府所作的行政决定提起诉讼的案件，以及在本辖区内重大、复杂的环境行政案件。

3）高级人民法院管辖本辖区内重大、复杂的第一审环境行政案件。高级人民法院更主要的任务是受理中级法院的上诉案件，加强对下级法院审判工作的指导和监督。

4）最高人民法院管辖全国范围内重大、复杂的第一审环境行政案件。最高人民法院更主要的任务是对全国各级各类法院的审判工作进行指导监督，对具体的审判工作进行司法解释。

（2）地域管辖。

行政诉讼的地域管辖解决的是同级人民法院在受理第一审行政案件上的权限分工问题。根据《行政诉讼法》的规定，环境行政诉讼的地域管辖分为以下几种：

1）一般地域管辖。《行政诉讼法》17条规定："行政案件由最初作出具体行政行为的行政机关所在地人民法院管辖。经复议的案件，复议机关改变原具体行政行为的，也可以由复议机关所在地人民法院管辖。"这遵循的是"原告就被告"的原则。

2）特殊地域管辖。《行政诉讼法》18条规定："对限制人身自由的行政强制措施不服提起的诉讼，由被告所在地或者原告所在地人民法院管辖。"这里的"原告所在地"，根据司法解释包括原告的户籍所在地、经常居住地和被限制人身自由地。《行政诉讼法》19条规定："因不动产提起的行政诉讼，由不动产所在地人民法院管辖。"

（3）裁定管辖。

所谓裁定管辖是指不是根据法律规定而是根据人民法院裁定确定的管辖。包括：

1）移送管辖。即无管辖权的人民法院将已经受理的案件移送给有管辖权的人民法院进行审理。《行政诉讼法》21条规定："人民法院发现受理的案件不属于自己管辖时，应当移送有管辖权的人民法院。受移送的人民法院不得自行移送。"

2）指定管辖。即上级人民法院用裁定的方式，指令下一级法院审理某一行政案件。《行政诉讼法》22条规定，指定管辖有两种情形：一是有管辖权的人民法院由于特殊原因不能行使管辖权的，由上级人民法院指定管辖；二是人民法院对管辖权发生争议后协商不成的，报它们的共同上级人民法院指定管辖。

3）管辖权的转移，即经上级人民法院同意或者决定，把行政案件的管辖权由下级人民法院移交给上级人民法院，或者由上级人民法院移交给下级人民法院。根据《行政诉讼法》23条的规定，管辖权的转移包括三种情况：上级人民法院提审下级人民法院管辖的第一审行政案件；上级人民法院把自己管辖的第一审行政案件移交下级人民法院审判；下级人民法院对其管辖的第一审行政案件，认为需要由上级人民法院审判的，报请上级人民法院决定。

6. 环境行政诉讼的操作步骤

（1）提起诉讼。

当事人对环境保护执法机关的具体行政行为不服，依法向人民法院提起诉讼。根据环保法律、法规的有关规定，提起环保行政诉讼的案件主要有两类：一类是当事人不服环保机关的具体行政行为，直接向人民法院提起的诉讼；另一类是当事人不服上一级环保部门作出的复议决定，而向人民法院提起的诉讼。

（2）受理。

人民法院接到原告的起诉状后，由行政审判庭进行审查，符合起诉条件的，应当在 7 日内立案受理；不符合起诉条件的，应当在 7 日内作出不予受理的裁定。

（3）审理。

人民法院审理行政案件实行第一审和第二审制度。

一审是人民法院审理行政案件最基本的审理程序，包括：人民法院在立案之日起 5 日内，将起诉状副本发送被告环保部门；被告应在收到起诉副本之日起 10 日内，向法院提交做出具体行政行为的证据和依据，并提出答辩状；法院应在收到被告的答辩之日起 5 日内，将答辩状副本发送原告；开庭审理，经过法院调查、法庭辩论、合议庭评议等审理程序做出一审判决。

二审是指上级人民法院对下级人民法院所做的一审案件的判决。如果被告或者原告对一审判决不服，可以在收到判决书之日起 15 日内，向上级人民法院提起上诉，即进行二审并做出二审判决。

（4）判决。

判决是指人民法院经过审理，根据不同情况，分别做出维持、撤销或者部分撤销、在一定期限内履行和变更的判决和裁定。人民法院作出判决的期限，一审案件为立案之日起 3 个月，二审案件为立案之日起 2 个月。

（5）执行。

当事人必须履行人民法院发生法律效力的判决和裁定。原告当事人不履行或拒绝履行判决或裁定的，被告环保部门可以向一审人民法院申请强制执行。被告环保部门拒绝判决裁定的，一审人民法院可以依法采取强制措施，情景严重的要追究主管人员和直接责任人员的法律责任。

（四）行政赔偿

1994 年颁布的《国家赔偿法》，是为了促进国家机关依法行使职权，保障公民、法人和其他组织，因国家机关、国家机关工作人员违法行使职权，致使合法权益受到损害时取得国家赔偿的权利。

环境监察机构或者环境监察人员，在行使行政监察或现场执法检查时，超越自身职权，或者违法违纪执行公务，给行政相对人造成人身或财产损伤，致使其合法权益受到损害，环境监察机构或监察人员要负责任，这就促使环境监察机构和环境监察人员必须正当执法，不能违法违纪。

《国家赔偿法》规定，行政机关及其工作人员在行使行政职权时有下列侵犯财产权情形之一的，受害人有取得赔偿的权利：

（1）违法实施罚款、吊销许可证和执照、责令停产停业，没收财物等行政处罚的；

（2）违法对财产采取查封、扣押、冻结等行政强制措施；

（3）违反国家规定征收财物、摊派费用的；

（4）造成财产权损害的其他违法行为。

下面对该规定作具体解释：

1）罚款是行政机关对违反行政法律规范的公民、法人或者其他组织实施的经济处罚。

2）吊销许可证和执照，是对依法持有某种许可证或者执照，但其活动违反许可的内容和范围的公民、法人或者其他组织的处罚。

3）责令停产停业，是对工商业企业或者个体经营户违反行政法律规范的一种处罚。

4）没收财产是将违法行为人的非法所得、违禁物或者违法行为工具予以没收的一种经济上的处罚。作出没收财产处罚的前提必须是财产取得方式和财产本身是违禁物或者违法行为工具。

5）查封，是行政机关依其职权对财产运到另外场所所予以扣留。

6）冻结，是银行根据行政机关的请求，不准存款人提取银行存款。

7）"等"主要有强制划拨、强制销毁、强制收兑、强行退还、强行拆除、强行抵缴、强制收购。

8）违法对财产采取强制措施主要是指：无权作出行政强制措施的机关对财产采取强制措施；采取对财产的强制措施没有明确的法律依据；违反国家规定征收财物、摊派费用的。这是指行政机关征收财物、摊派费用没有法律依据，强迫公民、法人或者其他组织履行非法律规定的义务。造成财产权损害的其他违法行为。这是一项原则性规定。

一般来讲，环境监察机构没有决定处罚的权力，特别是吊销许可证、没收和扣押财物的权力。所以我们在现场执法中，一是不要超越权限，二是要按照环保部门的决定办事。以证据先行登记保存为例，《中华人民共和国行政处罚法》第 37 条第 2 款规定："行政机关在收集证据时，可以采取抽样取证的方法；在证据可能灭失或者以后难以取得的情况下，经行政机关负责人批准，可以先行登记保存，并应当在七日内及时做出处理决定，在此期间，当事人或者有关人员不得销毁或者转移证据。"

《国家赔偿法》规定："行政机关及其工作人员行使行政职权侵犯公民、法人和其他组织的合法权益造成损害的。该行政机关为赔偿义务机关。""法律、法规授权的组织在行使授予的行政权力时侵犯公民、法人和其他组织的合法权益造成损害的。被授权的组织为赔偿义务机关。受行政机关委托的组织或者个人在行使受委托的行政权力时侵犯公民、法人和其他组织的合法权益造成损害的，委托的行政机关为赔偿义务机关。"值得注意的是，如果受委托的组织或者个人所实施的致害行为与委托职权无关，则该致害行为只能被认定为个人行为，由致害人承当民事责任。

造成损害的行政行为经复议机关复议的，最初造成侵权行为的行政机关为赔偿义务机关，但复议机关的复议决定加重损害的，复议机关对加重的部分履行赔偿义务。这样规定，有利于复议机关对下级行政机关执法的监督，同时，对复议机关依法行使职权也起到促进作用。

对于财产损害的处理，《国家赔偿法》规定，侵犯公民、法人和其他组织的财产权造成损害的，按照下列规定处理：

（1）处罚款、罚金、追缴、没收财产或者违反国家规定征收财物、摊派费用的，返还财产；

（2）查封、扣押、冻结财产的，解除对财产的查封、扣押、冻结，造成财产损害或者灭失的，依照本条第（3）、（4）项的规定赔偿；

（3）应当返还的财产损坏的，能够恢复原状的恢复原状，不能恢复原状的，按照损害程度给付相应的赔偿金；

（4）财产已经拍卖的，给付拍卖所得的价款；

（5）吊销许可证和执照、责令停产停业的，赔偿停产停业期间必要的经常性费用开支；

（6）对财产权造成其他损害的，按照直接损失给予赔偿。

四、思考与训练

（1）如何界定环境行政复议的范围？

（2）关于环境行政复议的时限在法律上有什么规定？

（3）假设你是一名环境监察人员，谈谈在执法过程中应如何避免导致行政赔偿事件的发生。

（4）技能训练。

任务来源：根据情境案例4完成相应的工作任务。

训练要求：学会运用行政复议受理条件、受理程序，从环境行政实施主体和管理相对人的角度，分析以上案例的处理和表现的合法性，并按照行政复议法进行受理和作出决定。

训练提示：根据环境行政执法的依据以及违反环境保护法律法规的有关规定进行分析、判断。结合环境行政复议法的规定进行处理。

相关链接

文书样式十一：

行政复议申请书

申请人：姓名_____年龄_____性别_____住址_____。（法人或者其他组织名称_____住址_____法定代表人或者主要负责人姓名_____）

委托代理人：姓名_____住址_____。

被申请人：姓名＿＿＿＿＿＿＿＿＿＿　住址＿＿＿＿＿＿＿＿＿＿＿＿＿＿＿＿＿＿＿。
行政复议请求：

事实和理由：

此致
＿＿＿＿＿＿＿＿＿＿＿（行政复议机关）

申请人：＿＿＿＿＿＿＿

年　　月　　日

文书样式十二：

不予受理决定书

＿＿＿＿＿＿〔　　〕号

申请人：姓名＿＿＿＿＿＿＿　年龄＿＿＿＿　性别＿＿＿＿　住址＿＿＿＿＿＿＿＿＿＿＿＿＿＿＿。（法人或其他组织名称＿＿＿＿＿＿＿＿＿＿＿＿＿＿住址＿＿＿＿＿＿＿＿＿＿＿＿＿＿＿＿法定代表人或主要负责人姓名＿＿＿＿＿＿＿＿＿）

被申请人：姓名＿＿＿＿＿＿＿＿＿　住址＿＿＿＿＿＿＿＿＿＿＿＿＿＿＿＿。

申请人对被申请人的（<u>具体行政行为</u>）不服提出的行政复议申请，经审查，本机关认为：＿＿＿＿＿＿
＿＿＿＿＿＿＿＿＿＿＿＿＿＿＿＿＿＿＿。根据《中华人民共和国行政复议法》第十七条和第＿＿＿＿＿条的规定，决定不予受理。

（法律、法规规定应当先向行政复议机关申请行政复议，对行政复议不服再向人民法院提起行政诉讼的，写明：不服本决定，可以根据《中华人民共和国行政复议法》第十九条的规定自收到本决定书之日起 15 日内依法向＿＿＿＿＿＿＿＿＿＿＿＿＿人民法院提起行政诉讼。）

年　　　月　　　日
（行政复议机关印章或行政复议专用章）

文书样式十三：

行政复议告知书

＿＿＿＿＿＿〔　　〕号

（<u>申请人</u>）：

你（你单位）＿＿＿＿＿年＿＿＿＿月＿＿＿＿日对（<u>被申请人的具体行政行为</u>）不服提出的行政复议申请，依法应当向（行政复议机关）提出。

接到本告知书后请按照《中华人民共和国行政复议法》第九条规定的行政复议申请期限，向（行政复议机关）申请行政复议（自提出行政复议申请之日起到收到本告知书之日止的时间，不计入法定申请期限）。

特此告知。

年　　月　　日
（行政复议专用章或者法制工作机构印章）

文书样式十四：

责令履行通知书

_____〔　　　〕号

_____（被责令履行的机关）：

_____（申请人）不服你机关的（具体行政行为）申请行政复议一案，本机关已作出行政复议决定（_____〔　　　　〕号），并于_____年___月___日送达你机关，你机关至今仍未履行。

根据《中华人民共和国行政复议法》第三十二条的规定，请你机关于_____年_____月_____日前履行该行政复议决定，并将履行结果书面报告本机关。

特此通告。

年　　月　　日

（行政复议专用章或者法制工作机构印章）

抄送：（申请人）_____

文书样式十五：

提出答复通知书

_____〔　　　〕号

_____（被申请人）：

_____（申请人）不服你机关的（具体行政行为）提出的行政复议申请，我们依法已予受理。依照《中华人民共和国行政复议法》第二十三条的规定，现将行政复议申请书副本（口头申请笔录复印件）发送你机关，请你机关自收到申请书副本（口头申请笔录复印件）之日起十日内，对该行政复议申请提出书面答辩，并提交当初作出具体行政行为的证据、依据和其他有关材料。

特此通告。

年　　月　　日

（行政复议专用章或者法制工作机构印章）

文书样式十六：

停止执行通知书

_____〔　　　〕号

_____（被申请人）：

_____（申请人）不服你机关的（具体行政行为）提出的行政复议申请，我们依法已予以受理。（需要停止执行的事由）_____。根据《中华人民共和国行政复议法》第二十一条的规定，决定自_____年_____月_____日起至作出行政复议决定之日前，停止该具体行政行为的执行。

177

特此通知。

年　月　日
（行政复议机关印章或者行政复议专用章）

抄送：（申请人）_____

文书样式十七：

（行政复议机关名称）行政复议决定书

_____〔　〕号

申请人：姓名_____年龄_____性别_____住址_____。（法人或者其他组织名称_____住址_____法定代表人或者主要负责人姓名_____）。

委托代理人：姓名_____住址_____。

被申请人：姓名_____住址_____。

第三人：姓名_____住址_____。

申请人不服被申请人的（具体行政行为），于_____年_____月_____日提起行政复议申请，本机关依法已予受理。

申请人请求：

申请人称：

被申请人称：

经查：

本机关认为：（具体行政行为认定事实是否清楚，证据是否确凿，适用法律依据是否正确，程序是否合法，内容是否适当）。根据《中华人民共和国行政复议法》第二十八条的规定，本机关决定如下：_____。（符合行政诉讼受案范围的，写明：对本决定不服，可以自接到本决定之日起15日内向_____人民法院提起行政诉讼。）

（法律规定行政复议决定为最终裁决的，写明：本决定为最终裁决，申请人、被申请人或者第三人应于_____年_____月_____日前履行。）

年　月　日
（行政复议专用章或者法制工作机构印章）

21世纪职业教育规划教材

项目五

排污收费与管理

一、任务导向

工作任务1　排污申报登记与排污收费管理
工作任务2　排污费的计算

二、活动设计

在教学中，以项目工作任务确定教学内容，以模块化构建课程教学体系，开展"导、学、做、评"一体的教学活动。以排污申报登记和排污费核算作为任务驱动，采用案例教学法和启发式教学法等多种形式开展教学，通过课业训练和评价达到学生掌握专业知识和职业技能的教学目标。

三、案例素材

【情境案例1】　某市一家机械加工企业 2000 年建成投产，建有废水站一座，日处理废水 2 000 t/日（月处理 30 天），其中 60% 的废水处理后回用。根据当年前三季度监测结果，其排放口 COD 180 mg/L，SS 140 mg/L，氨氮 15 mg/L，pH 值 6.8；电镀车间，车间排污口废水排放量 100 t/日，六价铬排放浓度 0.6 mg/L，总镉排放浓度 0.4 mg/L。该厂污水直接排入 Ⅳ 类水体。该企业使用燃煤锅炉，全年耗煤 1 200 t（含硫量 1.0%，灰分含量 30%），采用除尘脱硫设施一台，脱硫效率 60%，除尘率 90%。根据排污收费管理规定，需要进行下一年的排污申报登记工作。

工作任务1：

1. 指出下一年排污申报登记对象、核定的主体和时间要求。

2. 指出该企业排污申报登记报表类型、登记内容、所提交的材料以及登记哪个时间段的排污数据为申报依据。

3. 指出若对该厂的排污申报登记进行审核，现场注意勘察哪些方面的内容。

4. 根据排污核定要求，计算该厂当年污染物实际排放量。

【情境案例2】 某工业园区热电站 2005 年建成投产，最大供热能力 130 t/小时，总热效率 60%、热电比 355%。场址所属空气质量功能二类区，附近河流的主要功能为一般工业用水。厂区北外角临时堆放固废等。锅炉月利用小时数为 700 小时，采用脱硫技术和除尘技术。工业废水经废水站处理排入附近河流。7 月经监测，SO_2 排放量 0.061 t/小时，烟尘排放量 0.0173 t/小时，NO_x 排放量 0.143 t/小时；工业废水排放量为 4 200 t/日，其中 COD 180 mg/L，pH 值 5.2，SS 210 mg/L。该电厂北界发生锅炉排气噪声频繁，每天夜间排气 4~7 次，每次约数秒。厂界昼间等效声级为 72 dB（A），夜间等效声级为 66 dB（A），峰值为 82 dB（A）。

工作任务2：

1. 指出排污费应征收的项目。

2. 计算该电站 7 月应缴纳的排污费。

【情境案例3】 某化工厂位于工业区，以生产聚酯、树脂、盐酸、硫酸、烧碱为主，月生产天数 27 天，每天生产 20 小时，其中第一季度监测报告显示，生产过程排放 HC 13.4 kg/小时，氯气 1.1 kg/小时，硫酸雾 2.8 kg/小时，丙烯腈 3.8 kg/小时；该厂的储气罐每月夜间排气 7~8 次，每次约数秒钟。厂界外 1 m 处夜间噪声等效声级为 69 dB（A），偶然突发噪声峰值为 85 dB（A），求该厂应缴纳的第一季度排污费。

工作任务3：

1. 指出排污收费对象和征收项目。

2. 列出各项目排污费计征操作步骤。

3. 计算第一季度的排污费。

模块一　排污申报登记与排污收费管理

一、教学目标

能力目标

◇　认知排污收费管理条例；

◇　能进行排污收费申报、审核、核定和收费管理流程操作；

◇　能进行工业企业的排污申报登记工作。

知识目标

◇　熟悉排污收费管理条例的具体内容；

◇　了解排污收费征收流程；

◇　掌握排污申报登记的工作任务和具体要求。

二、具体工作任务

◇　认知排污收费管理条例；

◇　编写排污收费管理工作方案；

◇　填报工业企业排污申报表；

◇　提出工业企业排污审核要点。

三、相关知识点

（一）环境经济手段的类型

1. 排污收费

按排放污染物的数量和对环境的影响程度确定收费额，强调的是环境责任。

2. 环境税

根据产品的性质和对环境的影响，确定单位产品的平均环境税率，强调的是环境义务。发达国家的大气污染物收费项目多采用环境税形式，如碳税、硫税、NO_x 税等。

3. 财政补贴

财政补贴是对采用清洁生产工艺以减少污染或进行综合利用的单位提供财政支持、价格支持或税收优惠的一种激励政策。

4. 排污交易

按环境控制标准预先确定区域的污染物总排放量，再以排污许可证的形式将允许排污量在辖区内的排污者进行合理分配，形成"排污权"。一个排污者经过治理，增加了污染消减量，可以将剩余的排污权进行有偿转让（排污权交易）。

5. 押金、退款制度

押金、退款制度是对存在潜在环境污染影响的产品增加一项额外的费用，将该产品使用后的残余物送回指定的收集系统，在避免残留物污染确认后将押金退回给产品使用者的一项制度。如世界一些国家采用的对易拉罐、汽车轮胎、旧电池等的押金制度，都收到了良好的环境效果。

6. 使用收费

对规模较小或治理工艺复杂的排污单位，可以委托其他单位或集中处理公司代为处理，处理单位根据排污单位排放的污染物数量确定收费标准。

7. 产品收费

对超过一定限度危害环境的产品进行收费，促使生产单位在生产时严格控制某些化学要素的含量，以减少产品使用对环境的影响。

（二）排污收费的依据

1. 排污收费

排污收费是指向环境排放污染物或超标排放污染物的排污单位和个人，必须依照国家法律和有关规定按标准缴纳费用的制度。

2. 法律依据

《环境保护法》第 28 条规定，依法缴纳超标排污费，征收的排污费专用治污。第 35 条规定，不按国家规定缴纳超标排污费，给予警告或处以罚款。

环境污染防治专门性法律也对排污收费做了相应规定。

（三）《排污费征收使用管理条例》的主要内容

1. 排污收费的目的

《排污费征收使用管理条例》规定了排污收费的目的，是促进企、事业单位加强经营管理，节约和综合利用资源，治理污染，改善环境。

2. 排污收费的对象

排污收费的对象为直接向环境排放污染物的单位和个体工商户，包括一切排污的生产、经营、管理和科研单位（即工业企业、商业机构、服务机构、政府机构、公用事业单位、军队下属的企业事业单位和行政机关等），但不包括向环境排污的居民和家庭。对居民和家庭消费引起污染行为的排污收费，国家将另行制定收费办法，一般是采用征收环境税或使用收费的形式收费，如污水处理费和垃圾处理费的征收形式。

3. 排污费征收管理的主体

排污量核定与排污费的收缴由市级和县级环境保护部门实行属地管理，30 万千瓦以上的 SO_2 的排污费由省级环保部门负责排污量核定与排污费的收缴。排污申报登记的审核、核定的具体工作由相应的环境监察机构负责实施。排污费征收工作由相应的环境监察机构和同级财政部门共同管理。排污费的使用由相应的环境保护部门和同级财政部门共同管理。

4．收费项目和收费条件

排污费征收的项目为污水排污费、废气排污费、危险废物排污费、噪声超标排污费。

● 污水排污费、废气排污费征收规定向环境排放污染物就要征收排污费。但对进入城市污水集中处理设施集中处理的污水、蒸汽机车和其他流动污染源排放的废气暂不征收排污费。

5．征收排污费的规范化管理

规定了排污费资金收缴管理的基本工作管理程序。

排污申报登记工作的统一实施，促进了全国环境管理工作的定量化、信息化和规范化，排污收费工作的规范化管理，促进了全国污染源的定量化监督管理，也便于实现污染源信息的资源共享。

6．排污申报登记与排污收费的关系

排污申报登记是指向环境排放污染物的所有排污单位及个体经营者，都应当按照环境保护法律、法规的规定向所在地环保部门申报拥有的排污设施、处理设施，正常生产条件下排放污染物的种类、数量、浓度和新建、改建、扩建建设项目等项内容，排污申报登记是征收排污费的原始依据，是各级环保部门的法定职责，也是排污单位的法定义务。

7．环境保护专项资金的使用

排污费资金，严格实行"收支两条线"，列入环保专项资金进行管理。全部专项用于环境污染防治。

8．未按规定缴纳排污费的罚则

未按规定缴纳排污费和未按规定使用环境保护专项资金应受到的相应处罚规定：排污者未按规定缴纳的，由县级以上环保部门依据职权责令限期缴纳；逾期拒不缴纳的，处以 1 倍以上 3 倍以下的罚款，并报政府批准责令停产停业整顿；弄虚作假的责令限期补缴应缴的，并处以骗取部分 1 倍以上 3 倍以下的罚款。

（四）排污收费管理的操作步骤

国家规定征收排污费必须经过以下程序：排污申报→排污申报审核→排污申报核定→确定排污者的排污费并予以公告→送达《排污费缴费通知单》→排污者到银行缴纳排污费→对不按规定缴纳者，责令限期缴纳→对拒不履行缴费义务的，依法申请法院强制征收。

1．排污申报登记制度的实施

排污申报登记制度是一项法律制度。排污者应当按照国务院环保部门的规定，向县级以上地方人民政府环保部门申报排放污染物的种类、数量，并提供有关资料。

（1）排污申报登记制度的执行主体。

县级以上环保部门按照国家环境保护总局发布的《关于排污费征收核定有关工作的通知》有关规定，负责排污申报登记工作，其所属的环境监察机构具体负责排污申

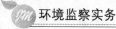

报登记工作。排污申报登记的管理权限是排污费由谁征收，排污申报登记也由谁负责。

（2）排污申报的对象。

排污收费的对象就是排污申报登记的对象，排污申报登记的具体对象应为在辖区内所有排放污水、废气、固体废物、环境噪声的企事业单位、个体工商户、党政机关、部队、社会团体等一切排污者。

（3）排污申报登记的内容。

1）排污者的基本情况。包括排污者的详细地址、法人代表、产值与利税、正常生产天数、缴纳排污费情况、新扩改建设项目、产品产量、原辅材料等指标。

2）生产工艺示意图。

3）用水排水情况。包括新鲜用水量、循环用水量、污水排放量、污水中污染物排放浓度与排放量、污水排放去向及功能区、污水处理设施运行情况等项指标。

4）废气排污情况。包括生产工艺废气排污情况，如生产工艺排污环节、生产工艺排污位置、生产工艺排放污染物的种类和数量、废气排放去向及功能区、污染治理设施的运行情况等；燃料燃烧排污情况，如锅炉、炉窑、茶炉及炉灶燃料的类型，燃料的耗量，污染物排放情况，废气排放去向及功能区，污染治理设施的运行情况等。

5）固体废物的产生、处置与排放情况。包括各种固体废物的名称、产生量、处置量、综合利用量、排放量等。

6）环境噪声排放情况。包括噪声源的名称、位置，所在功能区，昼间、夜间的等效声级等。

具体内容见附录一。

（4）排污申报的组织工作。

排污申报事前应做好如下准备工作：

1）收集辖区内主要行业的生产工艺分析、介质流量、监测数据和排污测算等资料；

2）对无法监测的小型企业，做好排污强度的测算；

3）确定应缴排污费单位的污染源数据库；

4）根据不同地区（如省、地市）编写排污申报登记手册；

5）做好辖区内的排污单位的培训和沟通，使它们认识排污申报登记的重要性及应承担的义务，了解申报的基本要求，了解本单位污染源的排污测算。

2. 排污申报登记的操作步骤

（1）排污申报。

1）排污申报对象及申报时间。所有排污单位和个体工商户必须遵守《环境保护法》等法律法规的规定，于每年 12 月 15 日前领取相关的申报表格。以本年度实际排污情况和下一年度生产计划所需产生的排污情况为依据，如实地填报下一年度正常作业条件下的排污情况；于下一年度 1 月 1 日～15 日内填写完毕及时交回环境监察机构，完成下一年度排污申报登记工作。

新、扩、改建和技术改造项目的排污申报登记，应在项目试产前 3 个月内办理。

当排放污染物的种类、数量、浓度、强度、排放去向、排放方式、污染处理设施、排污口监控装置做重大变更、调整的，在变更、调整前 15 日内向环境监察机构履行变更手续，填报申报表。

属突发性的重大改变，须在改变后 3 天内进行申报，并提交月排污变更申报登记表；第三产业、禽畜养殖业排污和建筑施工场所排污也需填写申报简表，噪声产生建筑施工单位须在开工前 15 日内办理申报。

2）排污申报登记表格形式。负责排污费征收管理工作的县级及以上环保部门及其所属的环境监察机构应要求排污者按照其实际情况分类申报登记。

工业企业等一般排污单位应填报《排放污染物申报登记统计表（试行）》。

小型企业、第三产业、个体工商户、畜禽养殖场、机关、事业单位等其他排污单位可填报《排放污染物申报登记统计简表（试行）》，地方环保部门可根据实际工作需要对该表进行简化，以便于申报。

建设施工单位应填报《建设施工排放污染物申报登记统计表（试行）》。

污水处理单位，包括城镇污水处理厂、工业区废（污）水集中处理装置、其他独立的污水处理单位等应填报《污水处理厂（场）排放污染物申报登记统计表（试行）》。

固体废物专业处置单位，包括垃圾处理场、危险废物集中处置厂、医疗废物集中处置场和其他固体废物专业处置单位等应填报《固体废物专业处置单位排放污染物申报登记统计表（试行）》。

（2）排污申报登记审核。

负责征收排污费的环境监察机构在受理排污者排污申报表格后，应对排污者申报材料进行认真审核，并于下一年 2 月 10 日前完成辖区内全部排污单位的排污审核工作。主要从以下几方面进行审核：

1）对申报表本身内容的审核与核定；

2）利用多年积累的数据进行审核与核定；

3）利用有关部门的资料进行审核；

4）监测复核、物料衡算数据等进行审核；

5）现场监察复核。

排污申报审核的要点如表 5—1 所示。如对所报数据持有异议，应到排污者的排污现场进行现场勘察，具体内容如表 5—2 所示。

表 5—1　　　　　　　　　　　　　排污申报审核的要点

查找问题	分析与判断
是否按时申报	排污者是否在规定时限内申报登记，未按时登记的，视为未按规定时限申报。
申报的内容是否齐全	检查申报内容是否有漏添的项目，内容是否齐全，尤其是与排污有关的生产数据、原辅材料消耗量，缺项不报，视为谎报。

续前表

查找问题	分析与判断
生产过程中物料的投入产出是否平衡合理	如用水的循环（新鲜水量＝排水量＋蒸发＋产品消耗水量）是否合理；所报耗煤量与生产实际是否相符（从生产规模、产品量，锅炉、炉窑运行及消耗量方面分析）；物质在生产的投入和产出量是否平衡等。不符合视为谎报和瞒报行为。
排污者实际生产能力、管理和治理水平与排污水平是否合理	通过对排污者生产工艺、设备、物料消耗、产品数量、产污系数、污染防治设施的运行分析与排污者所报排污量进行比较，看是否相匹配。不符合视为谎报和瞒报行为。
产污量、排污量、污染物去除量是否平衡	产污量＝排污量＋去除量。看污染治理设施的去除率是否稳定，是否真实，如燃煤锅炉的烟尘产生量＝炉渣量＋粉煤灰量＋烟尘排放量等。不符合视为谎报和瞒报行为。
对所用监测数据进行分析	排污浓度大多是不稳定的，利用日常监督检查和对排污者的了解，判断其使用的监测数据是否真实，如不真实，可突击抽样检测。
利用相关部门的数据进行分析	主要是分析资源消耗量数据，如新鲜水量、耗煤量等，从相关部门（如自来水公司、统计部门、行业管理部门等）获得数据；还可以用申报准确的同类企业的平均使用量进行对比、判断。
利用排污者的历史数据进行动态分析	可以参考排污者环评、"三同时"的验收资料，前几年的排污水平、污染物浓度，结合近几年的生产发展，进行动态分析，以确认数据的合理性。
分析排污者近几年的环境守法记录	若排污者守法记录好，审核可从简，守法记录不好，则要仔细核对，对其各项数据要认真核对。因此对辖区内所有排污者的守法记录要列表分类，对生产数据不稳定的、排污数据不真实的、污染治理设施运行不稳定的、经常超标的、有偷排行为的要分类，在排污核定时要区别对待。

表5—2   现场勘察的内容

检查项目	分析与处理
对生产状况、生产产品进行检查	生产规模是否正常？扩大还是减小？使用的原料、生产产品是否改变？
对生产工艺、环境管理进行检查	工艺是否有变化？是否采取清洁生产措施？是否有综合利用和循环使用措施？
对原料消耗、资源的消耗（水量、煤量）情况进行核查	核查生产记录，核对物料消耗量。
对污染治理设施的运行状况进行检查	是否运行正常？检查运行记录和资料。
对排污口的排放情况进行检查	看排污口是否都有申报登记，排放物的物理表观和化学特征是否有异常现象，一般应进行突击性检查，以防排污者有防备，应随车携带简易检测仪器，如发现异常应立即取证采样。

经过审核对符合要求的，环境监察机构应于每年 2 月 10 日前向排污者发回一份经审核同意的《排污申报登记表》。经核查发现问题的，如问题属于对填报理解不清、技术方面或不符合规定等客观原因的，及时纠正或责令补报。通过审核时故意瞒报、谎报的排污者，要依法进行处罚并限期补报。排污申报不合格的排污者不按期补报的应视为拒报。

通过审查核实，环境监察机构对排污申报合格的排污者除了发回签署审核同意的排污申报登记表之外，还应逐一登记建档，以备查阅。

排污申报登记的审核应以排污者的排污事实为依据。由于我国实施的排污申报登记制度，在实施的过程中还缺少相应的配套手段，除少量的重点排污单位设置了污染物排放自动监测设施外，多数排污者主要依靠监测数据确定排放的介质流量和污染物浓度，用这种方法确定的排污量是一种抽样推断，诸多因素会影响排污量的真实性，许多中小排污单位没有自动监控设施，缺乏必要的监测数据，主要依靠物料衡算和排放系数的测算来确定排污量。

排污申报虽然是排污者对下一年度排污量的一种预报，与下一年度每个收费时段的实际排污数据有一定差距，但可以作为下一年度排污者的基本排污水平的估计。如果在下一年度某一收费时段没有申报变更或环境监察机构没有发现异常变化，则申报的预期数据即可作为核定数据。

（3）排污核定。

依据环境保护法律法规要求，环境监察机构应当对排污者申报的《全国排放污染物申报登记表》按年进行审核，按月（或按季）进行核定。各级环境监察机构应在每月或每季终了后的 10 日内，依据经审核的《全国排放污染物申报登记表》、《排污变更申报登记表》，并结合当月或当季的实际排污情况，核定排污者排放污染物的种类、数量，并向排污者送达《排污核定通知书》。

排污者依据排污申报登记的内容，每月结束后对其实际排污量进行确认或作出变更。如没有确认或变更申请的，等于默认排污申报登记预报的排污量，环境监察机构应对排污者的确认（默认）或变更，根据掌握的实际监察情况进行认真核定。国家规定在排污申报核定污染物排放种类、数量的时候，如果排污者使用国家规定强制检定的污染物排放自动监控仪器对污染物排放进行监测的，其监测数据可以作为核定污染物排放种类、数量的依据；具备监测条件的，应按照国务院环保部门规定的监测方法进行核定；不具备监测条件的，可以按照国家环保部门规定的物料衡算方法进行核定；也可以由市（地）级以上环保部门根据当地实际情况，采用抽样测算办法核算排污量（确定行业排放系数或企业排污系数），核算办法应当向社会公开。

排污者对核定结果有异议的，自接到《排污核定通知书》之日起 7 日内，可以向发出通知的环境监察机构申请复核；环境监察机构应当自接到复核申请之日起 10 日内，重新核定该排污者的排污量，并作出复核决定，并将《排污核定复核决定通知书》送达排污者。

　　排污量的核定一般应经过三人以上小组进行核议，并得出核定结果，再将核议确定结果提交环境监察机构负责人进行审核。经负责人审核认为核定符合规定的，环境监察机构负责人应签发《排污核定通知书》并送达排污者；经审核认为不符合规定的，环境监察机构负责人应责成负责审议的环境监察人员进行重新核定。

　　年排污申报登记审核与月排污申报核定本质上有很大区别，年排污申报登记审核是一种预测，不存在事实上的依据，只是排污申报登记主客体双方对明年排污量的一种共识，可以粗略一些；月排污申报核定是一种实测，应该有较明确的依据。

　　排污单位填报的排污申报登记是对自身排污情况的预报。如果排污情况发生变化，排污单位在每月（或每季）还要通过排污申报变更及时对自己的排污申报登记进行更改。

　　（4）排污费的征收。

　　1）排污费的确定和送达。经过排污核定，排污者对环境监察机构核定的污染物排放种类和数量没有异议的，由负责污染物排放核定工作的环境监察机构，根据排污费征收标准和排污者排放的污染物种类、数量，计算并确定排污者应当缴纳的排污费数额。排污者如对环境监察机构复核的污染物排放的种类、数量仍持有异议，也应当先按照复核的污染物种类、数量缴纳排污费，再依法申请行政复议或提起行政诉讼。

　　根据排污量核定计算出的各排污者的排污费应征收额，应经过环境监察机构审议小组的审议确定无误后，由环境监察机构负责人签发《排污费缴费通知单》。环境监察机构审议小组审议的主要内容包括：

　　a. 排污核定的事实是否清楚和属实；

　　b. 使用的法律、法规是否正确；

　　c. 排污费计算的方法是否正确。

　　《排污费缴费通知单》应载明以下内容：

　　a. 应缴纳排污费所属的时间；

　　b. 污水排污费、废气排污费、噪声超标排污费、危险废物排污费应征金额和排污费合计金额；

　　c. 受纳排污费的银行名称、缴费专户名称及账号；

　　明确告知对缴费通知不服的，可以在接到通知之日起60日内向上级单位申请复议；也可以在3个月内直接向人民法院起诉。同时，明确告知逾期不申请行政复议，也不向人民法院起诉，又不按要求缴纳排污费的，环保部门将申请人民法院强制执行，并每日按排污费金额的2‰征收滞纳金。

　　《排污费缴费通知单》经环境监察负责人签发后，环境监察机构应及时将缴费通知单送达排污单位，作为排污者缴纳排污费的依据。

　　《排污费缴费通知单》可以采用直接送达或挂号邮寄送达等方式进行。送达必须有送达回执，送达回执既是排污单位收到通知单的凭证，同时送达签收日期也是开始征收排污费的起始日期。排污单位在送达回执上注明签收日期，并签名或者盖章。

　　如受达人拒绝签收的，送达的环境监察人员应邀请见证人到场，说明情况，并在送达回执上记明拒收的理由和日期。把收费通知书留在受达人处，即被认为送达。使用挂号邮寄送达方式，可以避免排污者拒绝收达的麻烦，但要和当地邮政局进行相应的协商，在邮局将挂号信送达排污单位处，应有签收日期的回执返回环境监察机构，以作凭证。

在发出《排污费缴费通知单》的同时，环境监察机构应同时建立排污收费统计台账记录，便于以后的排污收费征收的系统管理和查询，同时定期将其转为排污收费的环境监察管理档案。

2）排污费的缴纳。排污者在环境监察机构送达《排污费收缴通知单》之日起7日内，填写财政部门监制的《一般缴款书（五联）》，到财政部门指定的商业银行缴纳排污费。

排污单位在银行缴纳排污费后，将第二联作为本单位记账凭证，将第四联交给环境监察机构。

也可采用现金方式缴纳排污费。缴费方式由负责征收排污费的环境监察机构直接向排污单位收缴排污费，同时给排污单位开具省级财政统一印制的行政事业型收费票据作为收款凭证，并填写《一般缴款书》，于当日将收缴的排污费直接交到财政部门指定的商业银行。

3）排污费的收缴入库。

a. 环境监察机构对排污单位缴费情况的对账管理。环境监察对迟缴和拒缴的排污者应进行催缴直至法院强制执行。

收缴排污费的环境监察机构应当根据"一般缴款书"回联，及时核对银行将排污费缴库的资金数额，并与国库对账，一并立卷归档。

b. 排污费的收缴入库。负责收纳排污费资金的商业银行，在收到排污费的当日，必须将排污费资金上缴国库。国库部门在收到商业银行缴入的排污费后，应将排污费的10%转入中央国库，90%转入地方国库。由于排污费的征收实行"属地收费"原则，转入地方国库的90%排污费，多大比例转入省级地方国库，多大比例留在征收排污费的市（地）或县级地方国库，国家没有明确规定，由各省自行规定。

c. 征收排污费的档案管理。负责征收排污费的环境监察机构应做好与征收排污费有关的排污申报登记表、排污申报登记核定通知书、排污费缴纳通知单、一般缴款通知书等的档案管理操作，待排污单位交纳的排污费解缴国库对账认可后，将排污者上述表格、票证一并立卷存档。

4）排污费的减免。

a. 排污费减免的一般条件。《排污费征收使用管理条例》（以下简称《条例》）第15条规定："排污者因不可抗力遭受重大经济损失的，可以申请减半缴纳排污费或者免缴排污费。"按照这条规定，排污费减免的一般条件应是排污者的污染排放是因主观不能避免的客观原因造成的。一般条件具体可以分为下述三种情况：一是因不能预见且不能克服的自然灾害，如台风、地震、火山爆发等，造成重大损失的；二是因可以预见，但不可避免也不易克服的自然灾害，如洪水、干旱、气温过高或过低等造成重大损失的；三是因战争或重大突发事件，如战争、恐怖事件、来自外界的重大破坏事件或者他人事故灾祸造成排污单位重大损失的等。

由于排污单位自身原因引发的事故不应列入减免排污费范围。在上述不可抗力因素给排污单位造成重大经济损失的情况下，排污者应积极采取有效措施控制污染，在不可抗力造成排污单位损害时，如排污者未能及时采取措施，造成环境污染的，也不得申请减缴或免缴排污费。

b. 排污费减缴、免缴的特殊条件。在《条例》规定一切排污者应依法缴纳排污费的公平原则下，国家考虑养老院、福利机构、殡葬机构、孤儿院、特殊教育学校、幼儿园、中小学校（不含其校办企业）等非营利性的社会公益事业单位的困难，可以申请特殊政策免缴排污费。但是这些单位还应自觉遵守国家的环境保护法律法规，履行各项环境保护的义务，履行环境保护责任，这些单位还须按年度申请，经征收排污费的环保部门核实后才可免缴排污费。如果违反环保法律法规，就不会免除相应的法律责任。如处罚或赔偿，属于国家淘汰的企业都应按相关法规办理。

c. 排污费减免的程度和限额。《条例》规定排污费的减免程度只分为两种：减半缴纳和全额免缴。《条例》同时规定对某一排污单位申请减免排污费的最高限额不得超过1年的排污费应缴数额。

d. 申请排污费减免的审批。对于排污单位依照减免条件申请减免排污费，按申请减免数额分为50万元以下、500万元以下和500万元以上三个级差，按国家、省、市（地、州）三级行政管理机关（财政、价格主管部门会同环保部门）进行分级审批。

装机容量30万千瓦以上的电力企业申请减免二氧化硫排污费，减免数额在500万元以下（含500万元）的，由省、自治区、直辖市财政、价格主管部门会同环保部门负责审批。减免排污费数额在500万元以上的，由省、自治区、直辖市财政、价格主管部门会同环保部门提出审核意见，报国务院财政、价格主管部门会同环保部门审批。

5）排污费的缓缴。

a. 排污费的缓缴条件。排污费缓缴主要是考虑到排污者受市场经济的影响，生产经营不力，造成经济困难，在支付排污费方面确实存在困难，以此作为缓缴排污费的条件。同时，与减免排污费政策的配套衔接，对于正在办理减免手续的排污者也应给予缓缴处理。缓缴排污费的基本条件如下：由于经营困难处于破产、倒闭、停产、半停产状态的排污者；符合条件，正在申请减免排污费以及市（地、州）级以上财政、价格、环保部门正在批复减免排污费期间的排污者。

b. 排污费缓缴的时限。每次排污者申请缓缴排污费的缴费最长时限不应超过3个月，在每次批准缓缴排污费之后1年内不得再重复申请。

6）排污费的使用。

《条例》第18条规定："排污费必须纳入财政预算，列入环境保护专项资金进行管理，主要用于下列相互的拨款补助或贷款贴息：（一）重点污染源防治；（二）区域性污染防治；（三）污染防治新技术、新工艺的开发、示范和应用；（四）国务院规定的其他污染防治项目。"

排污收费管理工作的程序如图 5—1 所示。

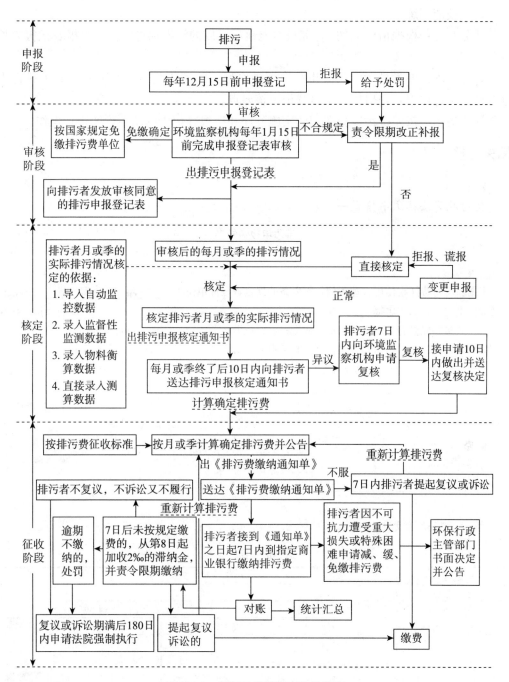

图 5—1　排污收费管理工作的程序

四、思考与训练

（1）排污收费涉及哪些项目？关于收费条件是如何规定的？

（2）未按规定缴纳排污费将如何处理？

（3）技能训练。

任务来源：根据情境案例1，完成对电镀厂排放的污染物进行排污申报登记报表填报与核定。

训练要求：熟悉排污申报与排污许可操作程序和工作内容，掌握各类有关排污申报登记的文件填报，提出排污申报登记审核要点。

训练提示：按照排污申报登记的实施程序和申报登记表的填报说明进行操作。

相关链接

【资料】

排污收费法律文书格式一

排污申报通知书

＿＿＿＿＿〔　　〕号

＿＿＿＿＿＿＿＿＿＿＿：

根据《排污费征收使用管理条例》第六条的规定，限你单位于＿＿＿年＿＿＿月＿＿＿日前，按本通知要求内容，如实申报＿＿＿年＿＿＿月＿＿＿日至＿＿＿年＿＿＿月＿＿＿日期间排放污染物种类、数量并提供有关资料。如拒报或谎报，将依据有关法律、法规予以行政处罚。

如你（单位）对本通知有异议，可于收到本通知书之日起六十日内向申请行政复议，或者三个月内向＿＿＿＿＿＿＿＿＿＿人民法院提起行政诉讼。

（公章）
年　月　日

联系人：＿＿＿＿＿＿＿＿＿＿＿＿＿＿＿＿＿＿

办公地址：＿＿＿＿＿＿＿＿＿＿＿＿＿＿＿＿＿

办公电话：＿＿＿＿＿＿＿＿＿＿＿＿＿＿＿＿＿

排污收费法律文书格式二

送　达　回　证

受送达人			
送达地点			
案　由			
送达文书名称	字号	收到时间	受送达人签名或盖章
送达人			
备注			

注：送达单位法人不在时，可由其他负责人或收发部门签收。送达单位拒收签收时，送达人应在其他有关人员的见证下，留下送达文件并在备注栏中附注说明，即为送达。

排污收费法律文书格式三

排污核定通知书

_____〔　　〕号

_____：

根据《排污费征收使用管理条例》第 7 条的规定，本机构对你_____年_____月至_____月污染物排放情况进行了核定，结果如下：

排污核定结果				
一、污水与废气				
排污口名称	排污介质排放量（m³）	污染物名称	浓度（mg/L 或 mg/m³）	排放量（kg）
二、固体废弃物				
固废名称	产生量（t）	贮存、处置量（t）	综合利用量（t）	排放量（t）

三、边界噪声						
测点位置	主要噪声源名称	时段	噪声类型	超标声级值［dB（A）］	超标天数	超标边界长度是否超过 100 米

本机构将根据以上核定结果计算确定你_____年_____月至_____年_____月应缴的排污费。如对以上核定结果有异议，可在接到本通知之日起 7 日内向本机构申请复核。

（公章）

年　　月　　日

模块二　排污费的计算

一、教学目标

能力目标

◇　能识别不同收费项目的排放执行标准；

◇ 能进行废水、废气、危险废物、超标噪声的排污费的计算。

知识目标

◇ 掌握污染物排放的执行标准；

◇ 熟悉废水、废气、固废、危险废物、超标噪声的排污费的计征方式和计算步骤。

二、具体工作任务

◇ 计算废水排污量和排污费；

◇ 计算废气排污量和排污费；

◇ 计算危险固废的排污费；

◇ 计算超标噪声的排污费。

三、相关知识点

（一）收费标准和收费项目

《条例》第 12 条按照环境要素并根据相关的污染防治法律分别确定了向大气和海洋排放污染物、向水体排放污染物、向环境排放固体废物和危险废物、向环境排放超标噪声的收费规定。

新的排污费征收标准是在原国家环保局 1994—1997 年《中国排污收费制度设计及其实施研究》课题成果基础上，结合我国排污者的具体情况，按照《条例》相关要求制定的，该课题组以环境控制目标、污染治理投资和国内外专家估计的污染损失为确定排污费标准的前提，坚持国际通行的"污染者负担原则"，以大量污染治理设施的测算数据为基础，提出污水和废气中的污染物总量以污染当量计算，污水、废气分别统一确定单价，排放污染物按多因子总量计征收费，固体废物按排污量计费，超标噪声按超标声级计费。排污费可分为四大类。

1. 水污染收费标准及收费因子

污水中各种污染物的当量值以 COD 为主体，首先确定排放 COD 的数量为 1 个当量，平均治理成本为 1.40 元。再确定其他污染物的费用当量（用平均治理成本 1.40 元去除污染物的治理费用）、有害当量（10 m^3 污水执行一级排放标准所允许的排污数量）、毒性当量（67 m^3 污水执行Ⅲ类水体质量标准所允许的最大允许量），费用当量体现了各种污染物治理成本的相对关系，有害当量体现了各种污染物对环境有害影响的相对关系。污水排污费当量值共确定了 61 种一般污染物（包括 COD），4 种特殊污染物（pH 值、色度、大肠菌群、余氯量），以及畜禽养殖、现行企业、饮食娱乐服务业和医院 4 个特征值收费项目。

2. 废气污染收费标准及收费因子

废气中的烟尘依据林格曼黑度确定相应的收费标准，按我国平均燃烧 1 t 煤排放 12 500 m^3 的烟气量，不同林格曼黑度的 1 t 煤的烟尘排放量可以由物料衡算计算出来，再乘以烟尘标准（每千克 0.35 元烟尘），确定不同林格曼黑度的 1 t 燃料的收费标准。一般工艺废气（包括烟尘、二氧化硫、氮氧化物）以处理成本和排放标准为确定当量值的参考依据，确定了 44 种大气污染物的当量值，另外增加烟尘黑度收费项目，共45 项。

3. 固废收费标准和收费因子

根据 2005 年 4 月 1 日起施行的《中华人民共和国固体废物污染环境防治法》对固体废物管理的规定，对于不符合国家规定转移、扬散、丢弃、遗散一般固体废物的，不再收取排污费，而是作为违法行为进行相应处罚，同时并不免除防治责任。《条例》和相关配套规定中对一般固体废物的收费规定与修订后的《固体废物污染防治法》规定不符的条款，停止实行。

只对以填埋方式处置危险废物不符合国务院环保部门规定的，要按规定要求缴纳危险废物排污费。为此，固废的收费项目只有危险废物 1 项。

4. 噪声超标收费标准及收费因子

对于固定噪声源的超标排放收费标准的确定，是按国际标准组织（ISO）的规定，噪声声级每减少 3 dB，能量级减半，在确定收费标准时，体现超标准噪声值每增加3 dB，排污费应增加 1 倍的原则。通过测算噪声，超标 1 dB 应收费 350 元。

噪声收费的项目：工业企业厂界与建筑施工厂（场）界昼夜等效噪声、工业企业厂界与建筑施工厂（场）界夜间频繁突发峰值噪声、工业企业厂界与建筑施工厂（场）界夜间偶然突发峰值噪声。

（二）排污收费计征方式

排污费一般可按污染物（因子）、污染介质（如废水量）、表征污染排放强度的替代变量（如产品数量）三种类型的参数进行征收。对污染排污量大的收费对象，一般按选择污染物为收费依据；对污染排放量小、分布广和数目多的收费对象，则可选择污染介质或替代变量参数。

为了简化和统一收费方法，新的收费标准设计引入污染当量的概念。

1. 污染当量和污染当量值（单位：kg）

污染当量是利用污染治理平均处理费用法提出的，它表示了不同污染物或污染排放活动之间的污染危害和处理费用的相对关系，主要是综合考虑了各种污染物或污染排放活动对环境的有害程度、对生物体的毒性以及处理的费用等几方面因素制定的。

污染当量的概念只在水污染收费和大气污染收费标准中采用。

（1）污水污染当量：以污水中 1 kg 最主要污染物 COD 为一个基准污染当量，按照其他污染物的有害程度、对生物体的毒性以及处理的费用等进行测算，与 COD 比较，分别得出其他污染物的污染当量值。如 4 kg 的 SS、0.1 kg 的石油类、0.05 kg 的氰化物与 1 kg 的 COD 在排放时的污染危害和污染治理费用的综合效果是相当的。

（2）废气污染当量：以大气中主要污染物烟尘、二氧化硫为基准，按照水污染当量的类似方法计算。

2. 污染当量数（无量纲）

污染当量数是污水（或废气）中各类污染物折合成污染当量的数量，可以是某一污染物排放量折算成当量的数量，也可以是多因子排污当量的总数量。

对于某种污染物，污染当量数＝排放量÷污染当量值。

3. 收费单价的具体制定

收费单价就是每一污染当量的具体收费标准。

（1）污水收费单价：根据核算，每千克 COD 收费单价确定为 1.4 元，即 1 污染当量收费单价为 1.4 元。

（2）废气收费单价：1 污染当量收费单价为 1.2 元。

考虑排污者的承受能力和环境监测水平，目前每一污染当量的收费单价污水为 0.7 元、废气为 0.6 元。以后逐步调整到位。

（3）噪声收费单价：只有超过一定的标准，才会造成污染，因此超标才收费。将原来每超标 3 dB 为一个收费档次细化为每超标 1 dB 为一个收费档次。

（4）固体废物和危险废物收费单价：按照修订后的《固体废物污染防治法》的规定，一般固体废物不再收取排污费，而是作为违法行为进行相应处罚，因此新的排污收费标准中收费的种类只包括危险废物。

（三）污水排污费征收计算

1. 计征原则

（1）排污即收费和超标处罚的原则。根据环保法的规定，对向地表水或地下水体直接排放污水（达到国家或者地方规定的水污染物排放标准）的，按照排放污染物的种类、数量向排污者征收污水排污费，特殊污染物除外（pH 值、色度、总大肠菌群数、余氯量四种不超标不收费）。按照《水污染防治法》第 74 条的规定，排放水污染物超过国家或者地方规定的水污染物排放标准，或者超过重点水污染物排放总量控制指标的，由县级以上人民政府环境保护主管部门按照权限责令限期治理，处应缴纳排污费数额两倍以上五倍以下的罚款。

直接向海洋排放污水的只按排放污染物的种类、数量向排污者征收污水排污费，超标排放污水的按《海洋污染防治法》规定，由依法行使海洋环境监督管理权的部门责令限期改正，并处以两万元以上十万元以下的罚款。

（2）三因子叠加收费的原则。对同一排污口排放多种污染物的，按各种污染物的污染当量数从大到小的顺序排列，将排污当量数最大的前三种污染物分别计算，叠加收费。

（3）城市集中污水处理设施实行不重复征收污水排污费和超标处罚的原则。按照《水污染防治法》第 44 条和第 45 条的规定，排污单位向城镇污水集中处理设施排放污水、缴纳污水处理费用的，不再缴纳排污费。向城镇污水集中处理设施排放水污染物，应当符合国家或者地方规定的水污染物排放标准。而城镇污水集中处理设施的出水水质达到国家或者地方规定的水污染物排放标准的，可以按照国家有关规定免缴排污费。

对排放水污染物超过国家或者地方规定的水污染物排放标准，或者超过重点水污染物排放总量控制指标的，按照《水污染防治法》第 74 条的规定处罚。

（4）一类污染物按车间排放口排放量收费。按照废水污染物排放标准，排污者排放的污水中的一类污染物应以车间排放口处为准计算。

（5）对同一排放口中的同类污染物或相关污染物的不同指标不应重复收费的原则。对同一排污口中的 COD、BOD 和 TOC，只得征收其中一项污染因子的污水排污费；对同一排污口的大肠菌群数和总余氯量，只得征收其中一项污染因子的污水排污费。

（6）对征收冷却排水和矿井排水污水排污费应扣除进水本底值的原则。一般冷却排水和矿井排水主要是由地表或地下有一定污染物的水经生产使用而排放的，在计算排污量时应扣除原有进水污染物本底值。

（7）对规模化禽畜养殖场征收污水排污费。禽畜养殖业规模小于 50 头牛、500 头猪、5 000 只鸡（鸭）不收污水排污费。

（8）对医院能监测的按监测值收费，不能监测的依据特征值换算污染当量计算排污费。规模大于 20 张床位不能监测的，按床位或污水排放量中收费额较高项计费，规模小于 20 张床位的不计费。

（9）对无法进行实际监测或物料衡算的禽畜养殖业、小型企业、第三产业和医院等小型排污者排放的污水，可实行抽样测算，依据特征值换算污染当量计算排污费。

（10）一个排污者有多个排污口应分别计算、合并征收。

2. 污水排污费征收标准

（1）按排放污染物的种类、数量以污染当量计，每一污染当量征收标准为 0.7 元。

（2）对每一排放口征收污水排污费的污染物种类数，以污染当量数从多到少的顺序，最多不超过三项。

（3）冷却水、矿井水等排放污染物的污染当量数应扣除进水的本底值。

3. 污水排污费的计算方法和步骤

（1）计算污染物排放量。

某排放口某种污染物的排放量(kg/月或季)＝[污水排放量(t/月或季)×污染物排放浓度(mg/L)]÷1 000

（2）计算污染物污染当量数。

1）一般污染物的污染当量数计算：

某污染物的污染当量数＝[某污染物的排放量(kg/月或季)]÷某污染物的污染当量值(kg)

2）pH 值、大肠菌群数、余氯量的污染当量数计算：

某污染物的污染当量数＝[污水排放量(t/月或季)]÷该污染物的污染当量值(t)

3) 色度的污染当量数计算：

$$色度的污染当量数＝[污水排放量(t/月或季)×色度超标倍数]$$
$$÷色度的污染当量值(t·倍)$$
$$色度超标倍数＝(色度实测值－色度排放标准)÷色度排放标准$$

4) 禽畜养殖、小型企业和第三产业的污染当量数计算：

$$污染当量数(月或季)＝污染排放特征值÷污染当量值$$

(3) 确定收费因子，计算污染因子当量总数。

确定每一排污口各类污染物的污染当量数，将每个排污口的当量数从大到小在前三位的污染物的当量数相加得到该排污口的总污染当量数。

(4) 计算污水排污费。

$$污水排污费(月或季)＝污水排污费征收标准(元/污染当量)×(第一位最大污$$
$$染物的污染当量数＋第二位最大污染物的污染当量数＋第三位最大污染$$
$$物的污染当量数)$$

水污染物污染当量值如表 5—3 所示。

表 5—3 水污染物污染当量值

污染物分类		污染物的名称	污染当量值/kg		污染物的名称	污染当量值/kg
第一类污染物	1	总汞	0.000 5	6	总铅	0.025
	2	总镉	0.005	7	总镍	0.025
	3	总铬	0.04	8	苯并［a］芘	0.000 000 3
	4	六价铬	0.02	9	总铍	0.01
	5	总砷	0.02	10	总银	0.02
第二类污染物	11	悬浮物（SS）	4	37	五氯酚及五氯酚钠（以五氯酚计）	0.25
	12	五日生化需氧量（BOD₅）	0.5	38	三氯甲烷	0.04
	13	化学需氧量（COD）	1	39	可吸附有机卤化物（AOX）	0.25
	14	总有机碳（TOC）	0.49	40	四氯化碳	0.04
	15	石油类	0.1	41	三氯乙烯	0.04
	16	动植物油类	0.16	42	四氯乙烯	0.04
	17	挥发酚	0.08	43	苯	0.02
	18	氰化物	0.05	44	甲苯	0.02

续前表

污染物分类		污染物的名称	污染当量值/kg		污染物的名称	污染当量值/kg
第二类污染物	19	硫化物	0.125	45	乙苯	0.02
	20	氨氮	0.8	46	邻-二甲苯	0.02
	21	氟化物	0.5	47	对-二甲苯	0.02
	22	甲醛	0.125	48	间-二甲苯	0.02
	23	苯胺类	0.2	49	氯苯	0.02
	24	硝基苯类	0.2	50	邻二氯苯	0.02
	25	阴离子表面活性剂（LAS）	0.2	51	对二氯苯	0.02
	26	总铜	0.1	52	对硝基氯苯	0.02
	27	总锌	0.2	53	2，4-二硝基氯苯	0.02
	28	总锰	0.2	54	苯酚	0.02
	29	彩色显影剂（CD-2）	0.2	55	间-甲酚	0.02
	30	总磷	0.25	56	2，4-二氯酚	0.02
	31	元素磷（以 P_4 计）	0.05	57	2，4，6-三氯酚	0.02
	32	有机磷农药（以 P 计）	0.05	58	邻苯二甲酸二丁酯	0.02
	33	乐果	0.05	59	邻苯二甲酸二辛酯	0.02
	34	甲基对硫磷	0.05	60	丙烯腈	0.125
	35	马拉硫磷	0.05	61	总硒	0.02
	36	对硫磷	0.05			

pH 值、色度、大肠菌群、余氯量当量值如表 5—4 所示。

表 5—4　　　　　　　　　pH 值、色度、大肠菌群、余氯量当量值

非污染物形式表述污染当量值	pH 值	0～1，13～14	0.06 t 污水
		1～2，12～13	0.125 t 污水
		2～3，11～12	0.25 t 污水
		3～4，10～11	0.5 t 污水
		4～5，9～10	1 t 污水
		6.5～6	5 t 污水
	色度		5 t 水·倍
	大肠菌群数（超标）		3.3 t 污水
	余氯量（用氯化消毒的医院废水）		3.3 t 污水

说明：①大肠菌群数和余氯量只征收一项。

②pH 值 5～6（pH 值大于等于 5，小于 6），pH 值 9～10（pH 值大于等于 9，小于 10），以此类推。

禽畜养殖业、小型企业和第三产业污染当量换算表如表 5—5 所示。

表 5—5   禽畜养殖业、小型企业和第三产业污染当量换算表

禽畜养殖业	牛	0.1 头·月
	猪	1 头·月
	鸡、鸭等家禽	30 羽·月
小型企业		1.8 t 污水
饮食娱乐服务业		0.5 t 污水
医院	消毒	0.14 床·月
		2.8 t 污水
	不消毒	0.07 床·月
		1.4 t 污水

4. 排污费计算训练

[例 1]：某有机化工染料厂 2000 年建厂，某年第一季度监测结果：外排污口 COD 排放浓度为 165 mg/L，BOD 排放浓度为 98 mg/L，挥发酚排放浓度为 1.5 mg/L，石油类排放浓度为 8.5 mg/L，SS 排放浓度为 110 mg/L，pH 值 6.2，污水排放量为 1 100 000 t。该厂污水通过下水管网排入河道（功能为一般工业用水）。计算该厂第一季度应缴纳的污水排污费。

解：（1）计算污染物排放量。

COD 排放量(kg/季)＝(1 100 000×165)/1 000＝181 500

BOD 排放量(kg/季)＝(1 100 000×98)/1 000＝107 800

挥发酚排放量(kg/季)＝(1 100 000×1.5)/1 000＝1 650

石油类排放量(kg/季)＝(1 100 000×8.5)/1 000＝9 350

SS 排放量(kg/季)＝(1 100 000×110)/1 000＝121 000

（2）计算污染当量数。

COD 的污染当量数＝181 500/1＝181 500

BOD 的污染当量数＝107 800/0.5＝215 600

挥发酚的污染当量数＝1 650/0.08＝20 625

石油类的污染当量数＝9 350/0.1＝93 500

SS 的污染当量数＝121 000/4＝30 250

（3）确定收费因子。

一个排放口污染当量数最大的前三项污染物中，BOD 与 COD 只能征收其中最大一项，为 BOD，确定收费因子从大到小依次为 BOD、石油类、SS。

（4）计算排污费。

污水排污费(元/季)＝0.7×(215 600＋93 500＋30 250)＝237 545

[例2]：某化工厂1993年建厂，该厂为了配套生产，于1998年5月又新建成并投产了一电镀车间。根据监测报告，某年4月总排污口污水排放量为90 000 t，COD排放浓度为390 mg/L，BOD排放浓度为200 mg/L，SS排放浓度为85 mg/L，石油类排放浓度为23 mg/L，pH值为5.5；车间排污口排放水量为10 000 t，六价铬排放浓度为0.6 mg/L，铅排放浓度为0.8 mg/L，该厂污水排入Ⅳ水域，计算该厂4月应缴纳废水排污费多少元。

解：（1）计算各排污口各种污染物的排放量。

总排污口中各种污染的排放量：

COD排放量（kg/月）＝（90 000×390）/1 000＝35 100

BOD排放量（kg/月）＝（90 000×200）/1 000＝18 000

SS排放量（kg/月）＝（90 000×85）/1 000＝7 650

石油类的排放量（kg/月）＝（90 000×23）/1 000＝2 070

电镀车间排污口一类污染物的排放量：

六价铬的排放量（kg/月）＝（10 000×0.6）/1 000＝6

铅的排放量（kg/月）＝（10 000×0.8）/1 000＝8

（2）计算各排污口各种污染物的污染当量数。

总排污口中各种污染物的污染当量数：

COD的污染当量数＝35 100÷1＝35 100

BOD的污染当量数＝18 000÷0.5＝36 000

SS的污染当量数＝7 650÷4＝1912.5

石油类的污染当量数＝2 070÷0.1＝20 700

pH值的污染当量数＝90 000÷5＝18 000

电镀车间排污口一类污染物的污染当量数：

六价铬的污染当量数＝6÷0.02＝300

铅的污染当量数＝8÷0.025＝320

（3）确定收费因子。

同一排污口只征收污染当量数最大的前三项污染物和BOD与COD只能征收其中一项的规定，经排序总排污口和车间排污口的收费因子从大到小依次为BOD、石油类、pH值。

车间排污口的排污收费因子为六价铬、铅两项污染物。

（4）计算排污费。

总口排污费（元/月）＝0.7×（36 000＋20 700＋18 000）＝52 290

车间排污口污水排污费（元/月）＝0.7×（300＋320）＝434

企业污水排污费征收总额（元/月）＝52 290＋434＝52 724

[例3]：某医院共有30张床，月排污水500 t，排污口处于Ⅳ类水域区，有消毒设施，该医院每月应缴纳排污费多少元？

解：按照对医院没有监测数据，依据特征值换算污染当量计算排污费的原则执行。

（1）计算污染当量数。

每月按床位计算的污染当量数＝30÷0.14≈214.3

每月按污水计算的污染当量数＝500÷2.8≈178.6

根据医院污水排放量的污染当量数和床位数的污染当量数其中较大一种计征排污费的原则，该医院以床位计征排污费。

（2）计算排污费。

污水排污费（元/月）＝0.7×214.3＝150.01

（四）废气排污费征收计算

1. 废气排污费的收费规定

（1）实行排污即收费及三因子总量收费的原则。

《条例》规定，应该按照排放污染物的种类、数量向排污者征收废气排污费；废气排污费的多因子按排污量最多的三个污染因子叠加收费。

（2）同种污染物不同污染因子不得重复收费的原则。

烟尘和林格曼都是反映燃料燃烧产生的烟尘污染的监测指标，只能按收费额最高的一项收费。

（3）一个排污者有多个排污口，应分别计算、合并征收。

由于排污者废气污染源的排污口都是孤立的，即一个污染源就有一个排污口，同一排污者的废气排污口一般都有多个，必须对每个排污口的废气排污口分别计算，再合并征收。

2. 一般污染物污染当量数计算

某污染物排放量(kg/月或季)＝[某排放口废气排放量(m³/月或季)×某污染物的排放浓度(kg/m³)]÷1 000 000

某污染物的污染当量数＝[污染物的排放量(kg/月或季)]÷该污染物的污染当量值(kg)

3. 废气排污费计算步骤

（1）计算污染物排放量，采用实测法或物料衡算法。

1）实测法：

某污染物排放量(kg/月)＝废气排放量(m³/月)×某污染物排放浓度(mg/m³)×10^{-6}

或

某污染物排放量(kg/月)＝某污染物排放量(kg/小时)×生产天数(天/月)×生产时间(小时/天)

2）物料衡算法：

a. 利用单位产品污染物排放量系数，计算污染物排放量。

某污染物排放量(kg/月)＝产生某污染物的产品总量(产品总量/月)×某污染
　　　　物的单位产品排放系数(kg/单位产品的量)

　　b. 利用单位产品废气排放量与污染物排放浓度,计算污染物排放量。

　　　　某污染物排放量(kg/月)＝产生某污染物的产品总量(产品总量/月)×单位产
　　　　品废气排放量系数(m³/单位产品的量)×单位产品某污染物的排放浓度系
　　　　数(kg/m³)

　　c. 利用单位产品废气排放量与污染物百分比浓度,计算污染物排放量。

　　　　某污染物排放量(kg/月)＝产生某污染物的产品总量(产品总量/月)×单位产
　　　　品废气排放量系数(m³/单位产品的量)×废气中某污染物的百分比浓度
　　　　(％)×某污染物的气体密度(kg/m³)

　　3) 燃料(固、液、气体)燃烧过程污染物排放量计算。先将燃料折算成标准煤耗
后计算。

　　　　燃煤烟尘排放量(kg/月)＝{1 000(kg/t)耗煤量(t/月)×煤中的灰分(％)×灰
　　　　分中的烟尘(％)×[1－除尘效率(％)]}/[1－烟尘中的可燃物(％)]
　　　　燃煤 SO_2 排放量(kg/月)＝1 600(kg/t)×耗煤量(t/月)×煤中的含硫量(％)
　　　　燃煤NO_x排放量(kg/月)＝1 630(kg/t)×耗煤量(t/月)×[0.015×煤中氮的
　　　　NO_x转化率(％)＋0.000 938]
　　　　燃煤CO排放量(kg/月)＝2 330(kg/t)×耗煤量(t/月)×煤中的含碳量(％)×
　　　　煤的不完全燃烧值(％)

　　说明:上式中的 1 000、1 600、1 630、2 330 为公式中单位间的换算系数值,80％
为可燃硫占全硫分的百分比,0.015 为燃煤的含氮量。0.000 938 为 1 千克燃料煤所生
成温度型 NO_x 的毫克数。

　　　　燃油 SO_2 排放量(kg/月)＝2×耗油量(kg/月)×燃油含硫量(％)
　　　　燃油NO_x排放量(kg/月)＝163×耗油量(kg/月)×[燃油中 NO_x 转化率(％)×
　　　　燃油中氮含量(％)＋0.000 938]
　　　　燃油CO排放量(kg/月)＝2 330×耗油量(kg/月)×燃油含碳量(％)×燃油的
　　　　不完全燃烧值(％)

　　说明:上式中 2 000、1 630、2 330 为公式中的单位间换算系数值。

　　　　燃气 SO_2 排放量(kg/月)＝气体耗量(kg/月)×燃气 SO_2 含量(％)×2.857
　　　　燃气CO排放量(kg/月)＝1.25(kg/m³)×气体燃料耗量(m³/月)×2％×[1×
　　　　C_1(碳 1 化合物含量,％)＋2×C_2(碳 2 化合物含量,％)＋…＋n×C_n(碳 n
　　　　化合物含量,％)]

　　说明:上式中 1.25 为 CO 气体密度,2％为气体燃料不完全燃烧值。

（2）计算污染当量数。

某污染物的污染当量数＝[污染物的排放量(kg/月或季)]/该污染物的污染当量值(kg)

（3）确定收费因子。

烟尘和林格曼只能选择收费额较高的一项为收费因子。

燃料排污收费因子选其中收费额较高的前三项作为该排污单位的收费因子。

1）一般污染物的排污费计算方法。

某污染物的排污费(元/月)＝废气污染当量征收排污费标准(元/污染当量)×某污染物的当量数

2）林格曼黑度排污费计算方法。

林格曼黑度排污费(元/月)＝林格曼黑度(级)的收费标准(元/t)×某林格曼黑度(级)条件下的燃料耗用量(t/月)

对锅炉排放的烟尘，可按林格曼黑度征收排污费，收费标准为：黑度1级——1元/t燃煤；2级——3元/t燃煤；3级——5元/t燃煤；4级——10元/t燃煤；5级——20元/t燃煤。

上式中当燃料为非煤时（如木材、柴草、原油、柴油、汽油、天然气、有机可燃废气等），应将非煤燃料折算成标准煤后再计算排污费。

各种燃料的折算如表5—6所示。

表5—6　　　　　　　　　　　各种燃料的折算

燃料名称	折算成标准煤（t）	燃料名称	折算成标准煤（t）
1 t 原煤	0.714	1 t 汽油	1.471
1 t 原油或者重油	1.429	1 000 m³ 天然气	1.33
1 t 渣油	1.286	1 t 焦炭	0.971
1 t 柴油	1.457		

（4）计算排污口的排污费。

选择收费额最大的前三项总和。

废气污染物的污染当量值如表5—7所示。

表5—7　　　　　　　　　　废气污染物的污染当量值　　　　　　　　　单位：kg

序号	污染物名称	污染当量值	序号	污染物名称	污染当量值	序号	污染物名称	污染当量值
1	二氧化硫	0.95	16	镉及其化合物	0.03	31	苯胺类	0.21
2	氮氧化物	0.95	17	铍及其化合物	0.000 4	32	氯苯类	0.72
3	一氧化碳	16.7	18	镍及其化合物	0.13	33	硝基苯	0.17

续前表

序号	污染物名称	污染当量值	序号	污染物名称	污染当量值	序号	污染物名称	污染当量值
4	氯气	0.34	19	锡及其化合物	0.27	34	丙烯腈	0.22
5	氯化氢	10.75	20	烟尘	2.18	35	氯乙烯	0.55
6	氟化物	0.87	21	苯	0.05	36	光气	0.04
7	氰化氢	0.005	22	甲苯	0.18	37	硫化氢	0.29
8	硫酸雾	0.6	23	二甲苯	0.27	38	氨	9.09
9	铬酸雾	0.000 7	24	苯并 [a] 芘	0.000 002	39	三甲胺	0.32
10	汞及其化合物	0.000 1	25	甲醛	0.09	40	甲硫醇	0.04
11	一般性粉尘	4	26	乙醛	0.45	41	甲硫醚	0.28
12	石棉尘	0.53	27	丙烯醛	0.06	42	二甲二硫	0.28
13	玻璃棉尘	2.13	28	甲醇	0.67	43	苯乙烯	25
14	炭黑尘	0.59	29	酚类	0.35	44	二硫化碳	20
15	铅及其化合物	0.02	30	沥青烟	0.19			

　　4. 排污费计算训练

　　[例1]：某工厂以生产 PVC 树脂、盐酸、烧碱为主，每月生产时间为 30 天，每天生产时间为 16 小时，生产过程中排放的氯化氢为 4.2 kg/小时，氯气为 1.9 kg/小时，氯乙烯为 5.4 kg/小时，求该工厂每月应缴多少元的废气排污费。

　　解：(1) 计算污染物排放量。

　　　　氯化氢排放量(kg/月)＝4.2×16×30＝2 016
　　　　氯气排放量(kg/月)＝1.9×16×30＝912
　　　　氯乙烯排放量(kg/月)＝5.4×16×30＝2 592

　　(2) 计算污染当量数。

　　　　氯化氢的污染当量数＝2 016/10.75≈188
　　　　氯气的污染当量数＝912/0.34≈2 682
　　　　氯乙烯的污染当量数＝2 592/0.55≈4 713

　　(3) 确定收费因子。
　　只有三项，全部为收费因子。
　　(4) 计算排污费。

　　　　排污费(元/月)＝0.6×(188＋2 682＋4 713)＝4549.8

　　[例2]：某炼铁厂月生产铁 8 000 t，月生产时间为 720 小时，高炉煤气回收率为 95%，经查物料衡算排放系数每吨铁产生高炉煤气 4 500 m³，其中 CO 含量为 30%，

CO 的气体密度为 $1.25 \ kg/m^3$，含尘量为 $0.1 \ kg/m^3$，该厂安装了除尘设备，除尘效率 90%。计算每月应缴纳多少元排污费。

解：（1）计算排放量。

CO 排放量（kg/月）=8 000×4 500×30%×1.25×（1－95%）
=675 000

粉尘排放量（kg/月）=8 000×4 500×0.1×（1－95%）×（1－90%）
=18 000

（2）计算污染当量数。

CO 的污染当量数=675 000/16.7≈40 419.16
粉尘的污染当量数=18 000/4=4 500

（3）确定收费因子。
只有两种污染物，均为收费因子。

（4）计算排污费。

排污费（元/月）=0.6×（40 419.16＋4 500）≈26 951.50

[例3]：某厂 9 月废气排放情况如下：氮氧化物 $500 \ mg/m^3$，二氧化硫 800 mg/m^3，粉尘 $1 \ 600 \ mg/m^3$，废气 $30 \ 000 \ m^3/h$，该厂月生产时间 720 小时，该厂位于 Ⅱ类区域，求该厂 9 月应缴纳废气排污费多少元。

解：（1）计算排放量。

氮氧化物排放量（kg/月）=500×30 000×10^{-6}×720=10 800
二氧化硫排放量（kg/月）=800×30 000×10^{-6}×720=17 280
粉尘排放量（kg/月）=1 600×30 000×10^{-6}×720=34 560

（2）计算污染当量数。

氮氧化物污染当量数=10 800/0.95≈11 368
二氧化硫污染当量数=17 280/0.95≈18 189
粉尘污染当量数=34 560/4=8 640

（3）确定收费因子。
根据收费原则，符合三项都征收排污费。

（4）计算排污费。

该厂需缴纳排污费（元/月）=0.6×（11 368＋18 189＋8 640）=22 918.2

（五）固体废物排污费征收计算

按照 2005 年 4 月 1 日起施行的《中华人民共和国固体废物污染环境防治法》对固体废物管理做出的规定，对以填埋方式处置危险废物不符合国家环保部规定的，按规定要求缴纳危险废物排污费。

1. 计征原则

对以填埋方式处置不符合国家有关规定的危险废物（危险废物指列入国家危险废物目录或根据国家规定的危险废物鉴别标准和鉴别法认定的具有危险废物特征的废物），实行计征危险废物排污费的原则。

2. 危险废物排污费征收标准

对以填埋方式处置危险废物不符合国家有关规定的，危险废物排污费征收标准为每吨 1 000 元。

3. 危险废物排污费的计算

首先查《危险废物名录》确认是否为危险废物，对属于危险废物的、不符合填埋或处置规定的，征收危险废物排污费。

危险废物排放量(t/月)＝危险废物产生量(t/月)－符合国家有关规定的危险废物填埋量(t/月)－符合国家有关规定的处置(t/月)

危险废物排污费(元/月)＝危险废物排放量(t/月)×危险废物收费标准(元/t)

4. 污染费计算训练

［例］：某电镀厂废水站每月产生污泥 73t，产生生活垃圾 1.2t，送往生活垃圾简易填埋场填埋，该厂每月应缴纳多少排污费？

解：（1）电镀污泥含重金属，属危险废物。

（2）处置方式不符合国家有关规定。

（3）查收费标准为：危险废物每次每吨 1 000 元。

（4）危险废物排放量：危险废物 73t/月。

（5）应征收排污费(元/月)＝1 000×73＝73 000。

（六）噪声超标排污费征收计算

工业企业、企事业单位、餐饮娱乐服务业场所噪声适用《工业企业厂界环境噪声排放标准》（GB 12348—2008），建筑施工场所作业噪声适用《建筑施工厂界噪声限值》（GB 12523—90）。

1. 计征原则

（1）超标收费的原则。

（2）一个单位边界上有多处噪声超标，按征收噪声超标排污费最高一处计征。如一个单位昼间厂界噪声多个监测点环境噪声分别超标，则昼间超标噪声按超标值最高的监测点进行计算。

（3）一个单位边界长度超过 100 m 有两处以上（含两处）噪声超标的，按噪声超标排污费最高一处加一倍征收超标噪声排污费。当沿厂（场）界监测，发现多处超标，沿边界长度超过 100 m 有两处以上噪声超标，应加一倍征收。对超标噪声加一倍征收的排污者的厂（场）界周长必然超过 200 m 以上。

（4）一个单位有不同地点（不同厂区）作业场所，应分别计算、合并计征。

（5）昼夜应分别计算，叠加计征。

（6）超标噪声排污费按月核定，一月内不足 15 天，减半计征。

（7）夜间频繁突发和夜间偶然突发厂界超标噪声，应按等效声级和峰值噪声两种指标中收费额最高一项计征排污费。频繁噪声属于非稳态噪声，是指夜间多次发生的频繁间断性噪声（如排气管的噪声、短时间的撞击和振动噪声），昼间影响小只控制等效噪声；偶然突发噪声是指偶然突发的一次性短促噪声（如短促的汽笛声等），偶发噪声一夜发生 1 次和多次都规定为夜间偶发噪声。昼间影响小只控制等效噪声。

（8）建筑施工场地同一施工单位多个建筑施工阶段同时施工时，按噪声限值最高的施工阶段计征超标噪声排污费。

（9）农民自建住宅不得征收超标噪声排污费。

（10）机动车、飞机、船舶等流动污染源暂不征收噪声超标排污费。

2. 工业企业厂界超标噪声排污费的计算（四种）

（1）确定所在功能区。确定昼间与夜间允许排放标准值。

（2）计算超标噪声值。

超标噪声值＝实际噪声值－噪声标准值

昼间超标噪声值 [dB（A）]＝昼间实测噪声值－昼间噪声排放标准值

夜间超标噪声值 [dB（A）]＝夜间实测噪声值－夜间噪声排放标准值

（3）查收费标准，确定超标噪声收费处。分别选择昼间与夜间超标最高点为计征昼间与夜间的超标噪声收费处。

（4）计算排污费。

超标噪声排污费(元/月)＝昼间超标噪声收费标准×A×B＋夜间超标噪声收费标准×C×D

上式中当排放一月不足 15 昼或夜时，A 和 C 取值为 0.5；当排放时间超过 15 昼或夜时，A 和 C 取值为 1。

上式中昼或夜以最高超标噪声处沿厂界查找，当发现昼间或夜间 100 m 以上还有超标噪声排放时，B 和 D 取值为 2；当昼间或夜间 100 m 以上无超标噪声排放时，B 和 D 取值为 1。

噪声超标排污费的征收标准如表 5—8 所示。

表 5—8　　　　　　　　　　　噪声超标排污费的征收标准

超标分贝值	1	2	3	4	5	6	7	8
收费标准/（元/月）	350	440	550	700	880	1 100	1 400	1 760
超标分贝值	9	10	11	12	13	14	15	16 及以上
收费标准/（元/月）	2 200	2 800	3 520	4 400	5 600	7 040	8 800	11 200

说明：本标准以 dB 为计征单位，噪声超标不足 1 dB 的，按四舍五入原则计算。

3. 排污费计算训练

[例1]：某机械厂地处工业区，厂界北侧为交通干道，经监测：厂北边界铸造车间产生的昼间噪声等效声级为 74 dB（A），夜间等效声级为 65 dB（A），厂北界长度为 120 m；厂南边界修理车间的昼间噪声等效声级为 71 dB（A），夜间等效声级为 62 dB（A）；厂南界边界长度为 80 m；厂西边界机加工车间产生的昼间噪声等效声级为 83 dB（A），夜间等效声级为 63 dB（A）（该车间每月实际生产天数为 14 天），厂西界长度为 90 m；厂东边界热处理车间产生的昼间噪声等效声级为 68 dB（A），夜间等效声级为 61 dB（A），厂东界为 110 m。该厂每月应缴纳超标噪声排污费多少元？

解：（1）确定不同超标噪声处的环境功能区标准。

查《工业企业厂界噪声标准》（GB 12348—2008），确定不同超标噪声处的环境功能区及噪声允许排放标准：厂北界执行 4a 类标准；其他三界执行 3 类标准。

（2）计算各排放点的噪声超标值。

厂北界昼间噪声超标值［dB（A）］＝74－70＝4；夜间噪声超标值［dB（A）］＝65－55＝10。

厂南界昼间噪声超标值［dB（A）］＝71－65＝6；夜间噪声超标值［dB（A）］＝62－55＝7。

厂西界昼间噪声超标值［dB（A）］＝83－65＝18；夜间噪声超标值［dB（A）］＝63－55＝8。

厂东界昼间噪声超标值［dB（A）］＝68－65＝3；夜间噪声超标值［dB（A）］＝61－55＝6。

（3）选择确定超标噪声收费处。

经比较，昼间厂西界超标噪声值 18 dB（A）为最高处；夜间厂北界超标噪声值 10 dB（A）为最高处。

（4）计算排污费。

昼间厂西界超标噪声值 18 dB(A) 的收费标准为 11 200 元/月，夜间厂北界超标 10 dB(A) 的收费标准为 2 800 元/月。

厂西界一月生产 14 日，A＝0.5，收费减半；厂北界生产满一月，C＝1。

经分析，昼间厂西界 100 m 以上有南、东、北三处噪声超标，夜间厂北界 100 m 以上有东、南、西三处噪声超标，因此，B＝2，D＝2。

$$超标噪声排污费(元/月)＝11\ 200×0.5×2＋2\ 800×1×2＝16\ 800$$

[例2]：某校办工厂有两个分厂，第一分厂位于工业混杂区内，厂北界昼间噪声等效声级为 66 dB（A），夜间等校声级为 57 dB（A）；第二分厂位于工业区，厂南界昼间噪声等级为 72 dB（A），夜间等校声级为 63 dB（A）。该厂每月应缴纳噪声超标排污费多少元？

解：（1）确定不同超标噪声处的环境功能区标准。

查《工业企业厂界噪声标准》（GB 12348—2008），确定不同超标噪声处的环境功能区及噪声允许排放标准。一分厂边界执行 2 类标准；二分厂边界执行 3 类标准。

（2）计算各分厂的噪声超标值。

一分厂：昼间噪声超标值［dB（A）］＝66－60＝6；夜间噪声超标值［dB（A）］＝57－50＝7。

二分厂：昼间噪声超标值［dB（A）］＝72－65＝7；夜间噪声超标值［dB（A）］＝63－55＝8。

（3）查收费标准。

找出各分厂排污费基本征收额。

（4）计算收费额。

$$该厂超标噪声排污费是两分厂之和(元/月)＝1\ 100＋1\ 400＋1\ 400＋1\ 760$$
$$＝5\ 660$$

［例3］：某发电厂，地处Ⅲ类区域。经监测分析，厂北界发生锅炉属频繁突发噪声。每天夜间分别排放 2～5 次，昼间等效声级为 68 dB（A），夜间等效声级为 64 dB（A），峰值噪声为 76 dB（A）；厂南界机修车间属稳定噪声，经测昼间等效声级为 66 dB（A），夜间等效声级为 64 dB（A）。计算该厂每月应缴纳多少噪声排污费。

解：（1）确定不同超标噪声处的环境功能区标准。

查《工业企业厂界噪声标准》（GB 12348—2008）分别找出测点昼间或夜间的允许噪声值。南北界均执行 3 类标准，其中北界夜间峰值执行标准夜间等效声级＋10 dB（A）。

（2）计算超标噪声值。

北界：昼间超标等效声级［dB（A）］＝68－65＝3；夜间超标等效声级［dB（A）］＝64－55＝9；峰值超标声级［dB（A）］＝76－65＝11。

南界：昼间超标等效声级［dB（A）］＝66－65＝1；夜间超标等效声级［dB（A）］＝64－55＝9。

（3）确定收费额。

根据标准：北界：昼间 550 元/月；夜间 2 200 元/月；峰值 3 520 元/月。

南界：昼间 350 元/月；夜间 2 200 元/月。

同一测点夜间频繁突发噪声收费额按收费最高一项计征的原则，北界按峰值声级。

（4）计算排污费。

$$该厂昼间和夜间的超标噪声排污费基本应征额(元/月)＝550＋3\ 520＝4\ 070$$

［例4］：某住宅小区建设工地有六栋楼房在同时施工，该工地周边都为住宅区或者工商区，其工地厂界超过 300 米。某月经监测该工地东、西、南、北侧厂界昼/夜等效噪声值分别为 74/58 dB（A）、72/59 dB（A）、80/63 dB（A）、75/62 dB（A）。该月工地有结构和装修阶段在同时施工，该月昼间整月都在施工，夜间因突击施工 7 天。该施工工地该月应缴纳超标噪声排污费多少元？

解：（1）确定建筑工地各侧场界所处功能区执行标准。

查建筑施工场界噪声排放标准。由于施工阶段和装修阶段同时施工，噪声排放标准应以结构阶段的排放标准为准，查《建筑施工场界噪声限值》（GB 12523—90）表得结构阶段昼/夜排放标准分别为 70 dB（A）/55dB（A）。

（2）计算各侧厂界环境噪声的超标值。

东侧昼超标值［dB（A）］＝74－70＝4；夜超标值［dB（A）］＝58－55＝3。

西侧昼超标值［dB（A）］＝72－70＝2；夜超标值［dB（A）］＝59－55＝4。

南侧昼超标值［dB（A）］＝80－70＝10；夜超标值［dB（A）］＝63－55＝8。

北侧昼超标值［dB（A）］＝75－70＝5；夜超标值［dB（A）］＝62－55＝7。

（3）确定厂界噪声超标排污费计征点。经比较，昼/夜间噪声超标排污费计征点均为南侧，最高超标值为 10dB（A）/8 dB（A），查收费标准得昼间超标 10 dB（A）收费标准为 2 800 元/月；夜间超标 8 dB（A）收费标准为 1 760 元/月。

（4）每月昼间排污费按一个月征收；又由于四侧均超标，且厂界超过 300 米，应加倍收费。因此，A＝1，B＝2。

昼间排污费（元/月）＝ 2 800×1×2＝5 600

（5）该月夜间工作 7 天，不足 15 天，减半征收排污费；又由于四侧均超标，且厂界超过 300 米，应加倍收费。因此，C＝0.5，D＝2。

夜间排污费（元/月）＝1 760×0.5×2＝1 760

（6）该排污单位应缴噪声超标排污费（元/月）＝5 600＋1 760＝7 360。

四、思考与训练

（1）加倍收费应用在哪些污染项目上？

（2）哪些污染项目排污费是按污染当量计征的？

（3）技能训练。

任务来源：根据情境案例 2、情境案例 3、情境案例 4 完成相应的工作任务。

训练要求：根据废水、废气、固废及噪声的排污收费计算原则和方法，计算排污者应缴纳的排污费。

训练提示：参照情境案例训练步骤分别计算不同污染项目的排污费，再合并计算。

相关链接

排污收费法律文书格式四

排污费缴纳通知书

_____〔　　　〕号

_____：

根据《排污费征收使用管理条例》和有关环境保护法律、法规、规章的规定，依据《排污核定通知书》和《排污核定复核决定通知书》，经计算，决定征收你_____年_____月（季）以下排污费：

排污费项目		排污费金额									
		千	百	十	万	千	百	十	元	角	分
污水	排污费										
	超标排污费										
废气排污费											
噪声超标准排污费											
固体废物排污费											
危险废物排污费											
合　计											

你应当自接到本通知之日起 7 日内，到_____银行缴纳，逾期将每日按排污费金额千分之二征收滞纳金。

如对本排污费缴纳通知不服，可在接本通知单之日起 60 日内，向_____或_____申请复议；也可在 3 个月内直接向_____人民法院起诉。逾期不申请复议，也不向人民法院起诉，又不按要求缴纳排污费和滞纳金的，本机构将申请人民法院强制执行。

（公章）
年　月　日

排污收费法律文书格式五

排污费限期缴纳通知书

_____［　　］号

_____：

经查，你应当于_____年_____月_____日前缴纳（_____号《排污费缴纳通知单》）_____年_____月排污费_____元，至今已缴_____元，欠缴_____元，违反了《排污费征收使用管理条例》第十四条的规定。根据《排污费征收使用管理条例》第二十一条的规定，责令你于_____年_____月_____日前到_____银行缴纳欠缴排污费_____元。

逾期拒不缴纳的，根据《排污费征收使用管理条例》第二十一条的规定，将处应缴纳排污费数额 1 倍以上 3 倍以下的罚款，并报经人民政府批准，责令停产停业整顿。

（公章）
年　月　日

排污收费法律文书格式六

排污费强制执行申请书

_____ 〔   〕号

申请执行人：_____地址：_____

法定代表人：_____职务：_____电话：_____

委托代理人：_____职务：_____电话：_____

被申请执行人：_____住址：_____

申请执行内容：_____

_____

　　本机关已将排污费缴纳通知单书（_____ 〔   〕号）于_____年_____月_____日和排污费限期缴纳通知书（_____ 〔   〕号）于_____年_____月_____日送达被申请执行人，申请执行人在法定期间内既不履行，又不向人民法院起诉。根据《中华人民共和国行政诉讼法》的规定，现申请予以强制执行。

　　此致

_____人民法院

附件：1.《排污费缴纳通知书》和《排污费限期缴纳通知书》

　　　 2. 有关材料　　件

年　　月　　日

（公章）

项目六

环境污染事故与纠纷的调查与处理

一、任务导向

工作任务 1　突发环境事件的调查与处理
工作任务 2　环境污染纠纷的调查与处理

二、活动设计

在教学中，以项目工作任务确定教学内容，以模块化构建课程教学体系，开展"导、学、做、评"一体的教学活动。以突发环境事件和环境污染纠纷的调查处理为任务驱动，采用案例教学法、启发式教学法等形式开展教学，通过课业训练和评价达到学生掌握专业知识和职业技能的教学目标。

三、案例素材

【情景案例 1】　2010 年 8 月 13 日晚，某市城北祥符镇新文社区一化工厂仓库有毒原料发生泄漏挥发事故。化工厂内向外散发出大量浓烟，附近的居民闻到刺鼻的气味，多人感觉眼睛开始流泪，喉咙发疼。当地有关部门接到指挥中心报警紧急疏散了附近 2 000 多名居民。至 14 日凌晨，现场恢复正常。

在抢险救援过程中，5 名消防战士中毒。截至 14 日上午，仍有一名战士在重症监护室接受救治。据调查，事故原因是由于化工厂内生产原料硫脲（硫化尿素）因堆积放置，天气炎热，分解挥发，产生刺激性气体。在现场，市环境保护部门组织有关单位密切监测空气质量，并开展详细事故调查。化工厂已被勒令停产整改。

工作任务 1：

1. 突发污染事件分几级？上述案例定为几级？说明理由。

2. 上述污染事故报告制度如何执行？市环境监察机构从哪几方面着手调查工作？

3. 编写化工毒气泄漏环境污染事件的调查与处理方案。

4. 编写一份化工厂突发环境污染事件一般应急预案。

【情景案例 2】　某年年初，浙江省某市某乡某村农民史某向当地市环保局反映，认为其种植的两亩葡萄园因受同村农民卞某开办的铸造厂所排放的氟化物的污染，葡萄果实造成减产，要求市环保局调查处理，妥善解决污染损害赔偿问题。市环保局先后两次派环保人员现场调查，认为葡萄园氟污染症状明显。另据了解的情况，卞某因其铸造厂排放的污染物质对该村的水稻和竹园造成污染也曾作过经济赔偿，环保局认定史某的葡萄园严重减产系卞某的铸造厂在生产过程中排放含氟废气所致。为此，先后三次召集当事人协商解决污染赔偿问题，终因卞某或拒绝到场或中途退场而调解失败。

最终，市环保局根据案件的实际情况作出处理决定：由卞某一次性赔偿史某当年葡萄园减产损失人民币 13 920 元。卞某不服此处理决定，遂向市人民法院提起行政诉讼，请求法院撤销市环保局的处理决定。

工作任务 2：

1. 环境污染纠纷如何依法调解？

2. 分析上述案例中环保部门的处理是否符合法律规定。

3. 卞某所提起的行政诉讼要求是否符合法律规定？应该如何解决？

模块一　突发环境事件的调查与处理

一、教学目标

能力目标

◇ 能根据污染造成的后果判断事件危害等级；

◇ 能编写环境污染事件的现场调查和行政处理工作方案；

◇　能制定污染突发事件应急预案。

知识目标

◇　熟悉突发环境污染事件的等级及报告制度；

◇　了解突发环境污染事件调查工作内容、处理程序和注意事项。

二、具体工作任务

◇　认知突发环境事件与分级；

◇　编写突发环境事件的现场调查与处理方案；

◇　进行突发环境事件的调查与取证；

◇　参与突发环境事件的处理。

三、相关知识点

（一）突发环境事件与分类

1. 突发环境事件

突发环境事件是指突然发生，造成或可能造成重大人员伤亡、重大财产损失和对全国或某一地区的经济社会稳定、政治安定构成重点威胁和损害，有重大社会影响的涉及公共安全的环境事件（包括因环境问题引发的群体性事件）。

突发环境事件包括环境污染事件、生物物种安全事件、辐射事件、海上石油勘探开发溢油事件以及海上船舶、港口污染事件等。

2. 环境污染事件

环境污染事件是指单位或个人由于违反环境保护法律法规排放污染物，以及意外因素的影响或不可抗拒的自然灾害等原因导致环境污染、生态环境破坏、危害人体健康、财产损失，造成不良社会影响的事件。

类型：

（1）不定期偷排未经处理的污染物（污水、固废等）；不按规定保存、运输、使用危险化学品等。属于违法。

（2）意外事件。由于自然灾害引起、生产或交通事故引起；正常排污引起的非正常影响。如某厂达标排放的污水流入河道后被用来灌溉，由于当时上游来水减少，从而造成该段河水中污水所占比例剧增，使污染物浓度达到了有害程度，造成灌溉农田作物的大量死亡，需要承担一定的污染赔偿责任。

3. 突发环境事件分级标准

2006 年 1 月，国务院发布了《国家突发环境事件应急预案》，按照突发事件严重性和紧急程度，突发环境事件分为特别重大突发环境事件（Ⅰ级）、重大突发环境事件（Ⅱ级）、较大突发环境事件（Ⅲ级）和一般突发环境事件（Ⅳ级）四级。为了规范突发环境事件信息报告工作，提高环境保护主管部门应对突发环境事件的能力，依据《中华人民共和国突发事件应对法》、《国家突发公共事件总体应急预案》、《国家突发环境事件应急预案》及相关法律法规的规定，环境保护部 2011 年第一次部务会议于 2011 年 3 月 24 日审议通过《突发环境事件信息报告办法（试行）》，自 2011年 5 月 1 日起施行。

（1）特别重大突发环境事件（Ⅰ级）。

凡符合下列情形之一的，为特别重大突发环境事件：

1）因环境污染直接导致 10 人以上死亡或 100 人以上中毒的。

2）因环境污染需疏散、转移群众 5 万人以上的。

3）因环境污染造成直接经济损失 1 亿元以上的。

4）因环境污染造成区域生态功能丧失或国家重点保护物种灭绝的。

5）因环境污染造成地市级以上城市集中式饮用水水源地取水中断的。

6）1、2 类放射源失控造成大范围严重辐射污染后果的；核设施发生后需要进入场外应急的严重核事故，或事故辐射后果可能影响邻省和境外的，或按照"国际核事件分级（INES）标准"属于 3 级以上的核事件；台湾核设施中发生的按照"国际核事件分级（INES）标准"属于 4 级以上的核事故；周边国家核设施中发生的按照"国际核事件分级（INES）标准"属于 4 级以上的核事故。

7）跨国界突发环境事件。

（2）重大突发环境事件（Ⅱ级）。

凡符合下列情形之一的，为重大突发环境事件：

1）因环境污染直接导致 3 人以上 10 人以下死亡或 50 人以上 100 人以下中毒的。

2）因环境污染需疏散、转移群众 1 万人以上 5 万人以下的。

3）因环境污染造成直接经济损失 2 000 万元以上 1 亿元以下的。

4）因环境污染造成区域生态功能部分丧失或国家重点保护野生动植物种群大批死亡的。

5）因环境污染造成县级城市集中式饮用水水源地取水中断的。

6）重金属污染或危险化学品生产、贮运、使用过程中发生爆炸、泄漏等事件，或因倾倒、堆放、丢弃、遗撒危险废物等造成的突发环境事件发生在国家重点流域、国家级自然保护区、风景名胜区或居民聚集区、医院、学校等敏感区域的。

7）1、2 类放射源丢失、被盗、失控造成环境影响，或核设施和铀矿冶炼设施发生的达到进入场区应急状态标准的，或进口货物严重辐射超标的事件。

8）跨省（区、市）界突发环境事件。

（3）较大突发环境事件（Ⅲ级）。

凡符合下列情形之一的，为较大突发环境事件：

1）因环境污染直接导致 3 人以下死亡或 10 人以上 50 人以下中毒的。

2）因环境污染需疏散、转移群众 5 000 人以上 1 万人以下的。

3）因环境污染造成直接经济损失 500 万元以上 2 000 万元以下的。

4）因环境污染造成国家重点保护的动植物物种受到破坏的。

5）因环境污染造成乡镇集中式饮用水水源地取水中断的。

6）3类放射源丢失、被盗或失控，造成环境影响的。

7）跨地市界突发环境事件。

（4）一般突发环境事件（Ⅳ级）。

除特别重大突发环境事件、重大突发环境事件、较大突发环境事件以外的突发环境事件。

（二）环境污染与破坏事件（故）的确认与报告

1. 环境污染与破坏事件（故）报告制度

环保法规定，因发生事故或者其他突然性事件，造成或者可能造成污染事故的单位，必须立即采取措施处理，及时通报可能受到污染危害的单位和居民，并向当地环保部门和有关部门报告，接受调查处理。可能发生重大污染事故的企业事业单位，应当采取措施，加强防范。

突发环境事件发生地设区的市级或者县级人民政府环保部门在发现或者得知突发环境事件信息后，应当立即进行核实，对突发环境事件的性质和类别做出初步认定。

对初步认定为一般（Ⅳ级）或者较大（Ⅲ级）突发环境事件的，事件发生地设区的市级或者县级人民政府环保部门应当在四小时内向本级人民政府和上一级人民政府环保部门报告。

对初步认定为重大（Ⅱ级）或者特别重大（Ⅰ级）突发环境事件的，事件发生地设区的市级或者县级人民政府环保部门应当在两小时内向本级人民政府和省级人民政府环保部门报告，同时上报环境保护部。省级人民政府环保部门接到报告后，应当进行核实并在一小时内报告环境保护部。

突发环境事件处置过程中事件级别发生变化的，应当按照变化后的级别报告信息。

发生下列一时无法判明等级的突发环境事件，事件发生地设区的市级或者县级人民政府环保部门应当按照重大（Ⅱ级）或者特别重大（Ⅰ级）突发环境事件的报告程序上报：

（1）对饮用水水源保护区造成或者可能造成影响的；

（2）涉及居民聚居区、学校、医院等敏感区域和敏感人群的；

（3）涉及重金属或者类金属污染的；

（4）有可能产生跨省或者跨国影响的；

（5）因环境污染引发群体性事件，或者社会影响较大的；

（6）地方人民政府环保部门认为有必要报告的其他突发环境事件。

2. 突发环境事件报告形式

突发环境事件的报告分为初报、续报和处理结果报告三类。

初报是指在发现或者得知突发环境事件后首次上报；续报是指在查清有关基本情况、事件发展情况后随时上报；处理结果报告是指在突发环境事件处理完毕后上报。

初报应当报告突发环境事件的发生时间和地点、信息来源、事件起因和性质、基本过程、主要污染物和数量、监测数据、人员受害情况、饮用水水源地等环境敏感点受影响情况、事件发展趋势、处置情况、拟采取的措施以及下一步工作建议等初步情况，并提供可能受到突发环境事件影响的环境敏感点的分布示意图。突发环境事件信息应当采用传真、网络、邮寄和面呈等方式书面报告；情况紧急时，初报可通过电话报告，但应当及时补充书面报告。

续报应当在初报的基础上，报告有关处置进展情况。

处理结果报告应当在初报和续报的基础上，报告处理突发环境事件的措施、过程和结果，突发环境事件潜在或者间接危害以及损失、社会影响、处理后的遗留问题、责任追究等详细情况。

核与辐射事件的信息报告在按照本办法规定报告的同时，还须按照有关核安全法律法规的规定报告。

3. 违反突发环境事件信息报告制度的处理

在突发环境事件信息报告工作中迟报、谎报、瞒报、漏报有关突发环境事件信息的，给予通报批评；造成后果的，对直接负责的主管人员和其他直接责任人员依法依纪给予处分；构成犯罪的，移送司法机关依法追究刑事责任。

（三）环境监察机构的应急预案

面对严峻的环境安全问题，各级环境监察队伍是处理环境污染事故的主力和先锋。

1. 登记、审查与报告

环境监察机构接到环境污染事件的报告，应进行登记，经初步审查，对已经发生或有可能发生危害后果并属本环保部门管辖的，应立即向本级环保行政主管部门汇报，组成事故调查组及时赶赴现场；对明显不属于本部门管辖的，应及时通知有关部门。

预案要对环境监察机构的应急组织体系加以确定。建立应急领导组、调查取证组、现场处理组等应急组织。确定具体人选、联络方式方法，安排好应急所需的一切装备（车辆、仪器、服装、面具工具等），保证随时可以出动。

2. 控制、调查与初报

按预案组成调查组进入事故现场，在出示有关证件后，应立即责成并协助事故发生单位采取应急措施，减轻或消除污染危害；可要求环境监测机构对有关污染物进行跟踪监测。必要时配合有关部门组织当地群众疏散，同时向上级环保部门报告简单情况。

预案中要针对本辖区可能发生的环境事件和环境污染事故，分类型、分状况给出应对方案。在初步确定状况后立即按原定方案执行，以求尽快控制局面，尽量减少损失。

3. 收集证据

调查组进行全面、客观、公正的调查，收集有关证据。证据应包括书证、物证、视听材料、证人证言、当事人陈述、鉴定结论、勘验笔录和现场记录。

4. 认定与续报

调查组在初步查清污染事故发生的时间、地点、污染源及主要污染物、经济损失数额、人员损害情况后，对事故的类型和等级按有关规定作出认定，并向有关上级和环保部门进行续报。

5. 处理与报告

调查组在查清事故发生的原因、过程、危害及采取的措施和有关方面责任的基础上，向主管部门提交调查报告，并提出处理意见的建议。经主管上级部门批准，环境监察机构应就事故的善后进行工作。

6. 处理结果报告

环保行政部门根据事故性质依法进行处理，并将事故详情向上级报告。在续保的基础上，报告处理事故的具体措施、过程和结果，事故潜在或间接的危害、社会影响、遗留问题，参与处理的有关部门和工作内容，出具有关危害和损失的证明文件等。

7. 结果归档

将有关文件和资料整理归档。

（四）企业单位突发环境污染事故应急预案大纲

（1）单位的概况。

（2）根据生产设备、工艺和生产涉及的化学品确定预测的危险源、危险目标（车间、单位、设备）。

（3）确定应急管理机构、人员。

（4）管理制度。包括岗位制度，值班制度，培训制度，危险化学品运输单位检查运输车辆实际运行制度，应急救援装备、物资、药品等检查与维护制度，安全运输卡制度，应急演练制度。

（5）事故发生后应采取的措施、环境应急的物资准备等。

（五）查处环境污染事故（含事件）的工作制度

1. 处理原则

采用先控制后处理的原则。避免使引起的环境和经济损害增大；随时间的推移，污染物扩散使污染破坏的地域、空间和损害范围、程度迅速扩大，防止污染蔓延。

（1）立即采取措施控制污染源，消除并减少污染隐患，并划定严重污染区域，通知有关消防、卫生、自来水、公安等部门，联合采取措施，及时救护、隔离、疏散群众，防止污染加重。视情况轻重采取措施立即停止自来水供应，发布空气危险通告让群众不要外出。

（2）在处理环境污染事故时，对确认有违法行为的排污者，在实施行政处罚时，要依法确定责任，严肃公正地处理。

2. 环境污染事故的调查处理责任部门及处罚机关

（1）大气污染事故报当地环保部门并接受调查。

（2）水污染事故报当地环保部门，会同有关部门（航政、水利等）进行调查处理。

（3）饮用水污染事故报当地供水、卫生防疫、环保、水利、地矿和污染单位主管部门，由环保部门组织调查处理。

（4）渔业水域污染事故报渔政港监督部门协同环保部门调查处理。

（5）船舶海洋污染重大事故报我国港务监督部门，接受调查处理。

（6）发生拆船污染损害事故，向监督拆船污染的主管部门报告。具体分工：在港区水域外的岸边拆船发生的污染事故，向县级以上环保部门报告并接受其调查处理；在水上拆船和综合渔港区水域拆船发生的污染事故，向港务监督报告，接受其调查处理；在渔港水域拆船发生的污染事故，向渔政渔港监督管理部门报告，由渔政渔港监督管理部门会同环保部门调查处理；在军港水域拆船发生的污染事故，向军队环保部门报告，接受其调查处理。

（7）发生放射性环境污染事故，向所在地环保部门及县以上卫生、公安部门报告。

（8）发生陆源污染损害海洋环境事故，向当地环保部门报告，并抄送有关部门。由县级以上环保部门会同有关部门调查处理。

（9）海洋石油勘探作业发生溢油、井喷、漏油的重大污染事故报国家海洋管理部门，接受其调查处理。

（10）入海口陆源污染损害海洋环境事故报当地环保部门，由入海口处省级环保和水利部门会同有关省级环保和水利部门处理。

（11）尾矿污染事故报当地环保部门接受处理。

3. 责任追究处罚权的实施单位

（1）对污染事故的肇事者，触犯刑法的，由司法机关对直接责任人员依法追究刑事责任。

（2）对造成污染事故的企业事业单位的有关人员依法追究行政责任，按照《环境保护违法违纪处分暂行规定》，给予有关责任人员行政处分。

（3）对造成污染事故的企业事业单位的行政处罚，由环保部门或其他依照法律规定行使环境监督管理权的部门作出：

1）一般情况下，由环保部门对造成污染事故的行为人依法行使行政处罚权；

2）在内陆水域发生的船舶污染事故及船舶造成的海损事故，由交通部门的航政机关、海事部门依法行使行政处罚权；

3）由于海洋石油勘探开发造成的重大污染事故，由海洋管理部门依法行使行政处罚权。

（六）环境污染事故（事件）调查与处理流程

环境污染事故调查与处理程序分为现场污染控制、现场调查和报告、依法处理、结案归档四个步骤。

1. 现场污染控制

根据国家环境保护法律法规的规定，发生环境污染事故或突然事件造成或可能造成污染事故的单位，必须立即采取处理措施，步骤如下：

（1）立即采取措施：已发生污染的，立即采取减轻和消除污染的措施，防止污染危害的进一步扩大；尚未发生污染但有污染可能的，立即采取防止措施，杜绝污染事故的发生。

（2）及时通报或疏散可能受到污染危害民众，使得他们能及时撤出危险地带，以保证即使发生了污染事故，也可以避免人身伤亡。

（3）向当地环境行政执法部门报告，接受调查处理。报告必须及时准确，不得拒报、谎报，事故查清后，应作事故发生的原因、过程、危害，采取的措施，处理结果以及遗留问题和防范措施等情况的详细书面报告，并附有关证明文件。

2. 现场调查和报告

（1）现场调查。

1）污染事故现场勘察。

实地踏勘并记录环境污染与破坏事故现场状况。包括事故对土地、水体、大气的危害；动、植物及人身伤害；设备、物体的损害等。详细记录污染破坏范围、周围环境状况、污染物排放情况、污染途径、危害程度等，提取有关物证。

2）技术调查。

a. 采样监测。利用各种监测手段测定事故地点及扩散地带有毒有害物质的种类、浓度、数量；各污染物在环境各要素（如土壤、水体、大气）区域、地带和部位存在的浓度等。

b. 声像取证。录制了解污染事故当事人员的陈述及被害人介绍事故发生情况的陈述等。

c. 技术鉴定。对重大或情况比较复杂的环境污染与事故，环境执法部门应聘请其他有关法定部门的专业技术人员对事故所造成的危害程度和损失作出有关技术鉴定。

d. 经济损失核算。根据污染事故的危害程度、损失范围，按照国家、地方或当地市场价格核算危害承受物的经济损失金额。对无可靠依据计算损失标准的或不能准确计算损失金额的，如农作物小苗死亡、鱼虾幼苗受害等，要根据具体情况作具体分析，可以提出若干计算方案，反复比较，多方倾听意见，推出比较接近实际双方基本能够接受的方案，避免明显偏差。

（2）报告。

按前面讲述的有关规定进行报告。

3. 依法处理

环境污染事故的证据收集工作完成后，即进入审查、决定、处理阶段。审查是指环境执法人员对所调查的证据、调查过程和调查意见、处罚建议进行认真的审理。得出审查结果后，对环境污染事故依法进行处理，做出决定。

（1）审查人员的组成。

一般情况下，受理、调查阶段与审查、决定阶段截然分开，由不同的环境执法人员执行。接收、受理、调查主要由环境监察人员负责，而审查、决定、处理多由环保部门的法制管理人员和环境监察部门负责人负责，这就是通常所讲的"查处分开"的原则。审查小组由各级环保部门组成，以三人或三人以上单数为宜。

（2）审查内容。

审查内容主要是对调查材料、调查处理、调查意见、处罚建议进行书面审理。

重点审查：违法事实是否清楚；证据是否充分确凿；查处程序是否合法；处理意见是否适当。必要时由调查人员进行补充调查，然后提出处理意见。

（3）确定赔偿金额，提出处理决定。

根据《环境保护法》第41条第1款的规定："造成环境污染危害的，有责任排除危害，并对直接受到损害的单位或个人赔偿损失。"依据调查分析结果合理确定环境污染与破坏事故给受害单位和个人所造成的经济损失，并下达处理决定，提出具体赔偿金额。

（4）追究环境法律责任，进行行政处罚。

根据环境污染与破坏事故发生的情节，危害后果（刑事责任除外），应依有关环境法律法规追究造成环境污染与破坏事故的单位或个人的法律责任，进行行政处罚，并提出杜绝和避免类似事故再次发生的措施和要求。

（5）送达与执行。

环保行政执法部门依法对环境污染事故作出的环境决定或行政处罚决定应由环境执法人员及时将决定书的正本送达当事人或被处罚人。送达时间必须在7日内完成。环境执法人员在送达决定书时，应要求当事人和被处罚人在副本上签收。按规范要求，环保政执行部门应制作送达回执，由送达人员填写送达回执，送达回执的主要内容包括：决定书制作的环保行政执法部门，回执字号，被送达人，案由，送达地点，送达人，受件人签名，受件人拒收事由，不能送达的理由以及有关时间。

送达决定书有直接面交、留置送达、邮寄送达或委托送达、公告送达等送达方式。送达人视具体情况采取其中一种，但不管采用哪一种方式，送达人员都应将有关回执和证明依据妥善归档。决定书送达当事人或被处罚人后，依法产生法律效力，进入执行阶段。环境污染事故处理决定书依法执行完毕后，整个处理程序到此便告结束。

4. 结案归档

将全部材料及时整理，装订成卷，按一事一卷要求，填写《查处环境污染事故终结报告书》，存档备查。

例如，某地发生水污染事故，出现数厂污水污染同一个水域、造成死鱼虾事故。发生水污染事故后，在污染最严重的现场取不到污染发生时的证据，就必须到被污染的上游或下游追踪取证。在取证时监测分析与查阅资料档案并进。

如何鉴别责任的主次与大小？关键是取证。一般应从两个方面取证：第一，现场取若干水样，分析一下污染物是由哪个企业废水所造成的；第二，查一查档案，哪个企业排污量最大，算一算哪个企业的排污量在哪个时间对被污染的水域起决定作用，从而取得符合污染事故发生时的实际证据。

又如，大气污染事故难以取证。有些工厂在建厂数十年间未发生过污染事故，而在一个特定气象条件下发生了较大污染事故，肇事企业很难接受。在这种情况下，唯一的办法是以证据为准，一般可从三个方面取证：取被污染作物叶片分析；查阅气象资料；查排污生产记录。将三方面证据放在一起进行分析判断。

（七）突发环境污染事件（含污染事故）的法律责任

环境污染事故的行为及法律责任条款如表6—1所示。

表6—1　　　　　　　　　　环境污染事故的行为及法律责任条款

序号	责任事故及肇事者	法律法规依据	应承担的法律责任
1	造成大气污染事故的企业事业单位	《大气污染防治法》第61条	略，相应条款见表4—1。
2	造成大气污染危害的单位	《大气污染防治法》第62条	略，相应条款见表4—1。
3	造成大气污染危害的单位	《大气污染防治法》第63条	略，相应条款见表4—1。
4	造成水污染事故的	《水污染防治法》第82条	略，相应条款见表4—3。
5	造成一般或者较大水污染事故的	《水污染防治法》第82条	略，相应条款见表4—3。
6	造成水污染事故的	《水污染防治法》第85条	由于不可抗力造成水污染损害的，排污方不承担赔偿责任；法律另有规定的除外。
7	造成水污染事故的	《水污染防治法》第85条	水污染损害是由受害人故意造成的，排污方不承担赔偿责任。水污染损害是由受害人重大过失造成的，可以减轻排污方的赔偿责任。
8	造成固体废物污染环境事故的	《固体废物污染防治法》第82条	略，相应条款见表4—4。
9	收集、贮存、利用、处置危险废物，造成重大环境污染事故的	《固体废物污染防治法》第83条	略，相应条款见表4—4。
10	造成固体废物污染环境的	《固体废物污染防治法》第85条	应当排除危害，依法赔偿损失，并采取措施恢复环境原状。
11	造成海洋环境污染事故的单位	《海洋污染防治法》第91条	略，相应条款见表4—8。
12	对造成重大海洋环境污染事故，致使公私财产遭受重大损失或者人身伤亡严重后果的	《海洋污染防治法》第91条	略，相应条款见表4—8。

四、思考与训练

(1) 突发环境事件环境监察应急方案如何制定？

(2) 突发环境事件的处理原则是什么？

(3) 技能训练。

任务来源：根据情境案例 1 提出的要求完成相关工作任务。

训练要求：能确认所发生的突发污染事件级别，能执行突发污染事件的报告制度，从环境监察和企业的责任要求出发分别进行环境污染事故的处理，并能编写相关的突发环境污染事件一般应急预案。

训练提示：根据突发环境事件的处理原则、基本操作程序和调查取证应满足的条件完成任务。

相关链接

【资料1】 　　　　　　　　　**常见污染事故污染源控制**

1. 氰化物泄漏处置

氰化物有氢氰酸、氰化钠、氰化钾、氰化锌（难溶于水）、乙腈、丙烯腈、丁腈（丁腈以上难溶于水）等。

(1) 水上泄漏的应急处理。在运输过程中，如氰化钠或丙烯腈在水体中泄漏或掉入水中，现场人员应在保护好自身安全的情况下，报警并开展伤员救护工作，及时采取以下措施：

1) 现场控制与警戒。在消防或环保部门到达现场之前，操作人员在保证自身安全的前提下，利用堵漏工具或措施进行堵漏控制。大量氰化钠（大于 200 kg）在水中泄漏时，紧急隔离半径不小于 95 m。现场人员应根据泄漏量、扩散情况及所涉及的区域建立 500 m～10 000 m 的警戒区。组织人员对沿河两岸或湖泊进行警戒，严禁取水、用水、捕捞等活动。

2) 环境清理。现场可沿河筑建拦河坝，防止受污染的河水下泄。然后向受污染的水体中投放大量生石灰或次氯酸钙等消毒品，中和氰根离子。如果污染严重的话，可在上游新开一条河道，让上游来的清洁水改走新河道。

微溶或不溶的腈类液体（如密度大于水的如苯乙腈）泄漏水中时，在河底或湖底位于泄漏地点的下游开挖收容沟或坑，并在下游筑堤防止液体向下游流动。对于密度小于水的腈类液体（如戊腈、苯乙腈）应尽快在泄漏水体下游建堤、坝，拉过滤网或围漂浮栅栏，减小受污染的水体面积。

3) 水质监测。检测人员及现场处理人员应佩戴橡胶耐油防护手套。

(2) 陆上泄漏的应急处理。

1) 现场控制与警戒。在消防或环保部门到达现场之前，操作人员在保证自身安全的前提下，利用堵漏工具或措施进行堵漏控制。人员进入现场可使用自吸过滤式防毒面具。一定要禁止泄漏物流入水体、地下水管道或排洪沟等限制性空间。禁止无关人员、车辆进入。

2）现场处理。小量泄漏时，应急人员可使用活性炭或其他惰性材料吸收，也可用大量水冲洗，冲洗水稀释后放入废水处理系统。

大量泄漏时，可借助现场环境，通过挖坑、挖沟、围堵或引流等方式使泄漏物汇聚到低洼处并收容起来。建议使用泥土、沙子作收容材料。可以使用抗溶性泡沫、泥土、沙子或塑料布、帆布覆盖，降低氰化物蒸汽危害。喷雾状水或泡沫冷却和稀释蒸汽，以保护现场人员。

2. 硫化氢泄漏处置

使泄漏污染区人员迅速撤离至上风处，并立即进行隔离。通常情况下，小量泄漏时隔离 150 m，大量泄漏时隔离 300 m。消除所有点火源。禁止无关人员出入。

建议应急处理人员戴自给正压式呼吸器，穿防静电工作服，从上风处进入现场，确保自身安全才能进行现场处理。

合理通风，加速扩散，并用喷雾状水稀释、溶解，禁止用水直接冲击泄漏物或泄漏源。

构筑围堤或挖坑，收容产生的大量废水，通过三氯化铁处理。

3. 氯气泄漏处置

使泄漏污染区人员迅速撤离至上风处，并立即进行隔离。通常情况下，小量泄漏时隔离半径 150 m，大量泄漏时初始隔离半径 450 m。建议应急处理人员戴自给正压式呼吸器，穿防毒工作服，尽可能切断泄漏源。

泄漏现场应去除或消除所有可燃和易燃物质，所使用的工具严禁粘有油污，防止发生爆炸事故。防止泄漏的液氯进入下水道。合理通风，加速扩散。

喷雾状碱液吸收已经挥发的氯气，防止其大面积扩散。严禁在泄漏的液氯钢瓶上喷水。构筑围堤或挖坑收容所产生的大量废水。

4. 液氨泄漏处置

（1）少量泄漏。防止吸入、接触液体或蒸汽。处置人员应使用呼吸器，加强通风，在保证安全的情况下堵泄。

泄漏的容器应转移到安全地带，在确保安全的情况下才能打开阀门泄压。

可用沙土、蛭石等惰性吸收材料收集和吸附泄漏物。

（2）大量泄漏。撤离区域内所有未防护人员到上风处。处置人员应穿全身防护服，使用呼吸器，消除附近火源。

禁止接触或跨越泄漏的液氨，防止泄漏物进入阴沟和排水道，增强通风。场内禁止吸烟和明火。喷雾状水，以抑制蒸汽或改变蒸汽云的流向，但禁止用水直接冲击泄漏的液氨或泄漏源。

【资料2】　　　　　　　　　　水上油泄漏处置

1. 水上油泄漏事故的特点

（1）随水流漂移，扩散速度快。

（2）涉及面广，污染面大，遇明火极易形成大面积火灾，造成灾难。

（3）受船舶的影响，造成泄漏物向两岸扩散。

（4）危险源较多，并难以控制。

2. 水上油泄漏处置的措施

（1）通知水上航政部门实行水域管制，命令难船向安全水域转移。

（2）通知沿岸单位严密监视险情，加强防范。

（3）组织水陆消防力量，采取止漏、圈围、拦截等措施，控制扩散蔓延。

（4）对水面泄漏物用油泵进行吸附、输转，用油脂分解剂降解，难于实施吸附、降解且严重污染环境时可采取点燃措施。

（5）船上泄漏或爆炸燃烧的具体处置方法与陆地相同。

【资料3】　　　　　　河流水污染应急处理方案及相关技术

1. 污染物限产限排、停产停排应急方案。根据河流干流及支流的流量，以及断面水质的监测指标超过一定的阈值，在污染源调查的基础上，确定该区域污染物限产限排、停产停排的单位，关停搬迁；或采用河岸截污。

2. 调水应急方案。根据断面"水环境临界流量"，加大水库放水流量，合理调度输水量实施水利调控措施，增加下游河道流量补给。

3. 取水点保护措施。根据取水点污染的程度，采取停水、减压供水、改路供水，通知沿途居民停止取水、用水，启用备用水源、交通管制、疏散人群、保护高危人群等措施。

4. 污染水体疏导措施。实行分流或导流，开关相关的闸口，将受污染水体疏导排放至安全区域，降低污染物浓度和影响程度。

5. 限量用水方案。实施应急期间用水大户限产或限量用水方案，压缩工业用水和农业水，采取拦污、导污、截污措施，减少污水排放量。

6. 备用水源的准备。根据水污染预警信息，提前做好水源备用和防止重大供水污染事故的应急工作，保证水厂水质。

7. 相关技术。沿河筑建堤坝收集（主要针对堤坝发生的污染事故，沿河防止液体化学品扩散到水中）。

（1）拦截。如油类、漂浮物。

（2）改道。将受污染的水体与干净的水体分开。

（3）桥梁防泄漏收集系统。主要指针对在桥梁及跨河高速公路上发生的翻车事故所采取的工程技术措施。

（4）围堤、稀释、中和。如酸类或碱类污染物。

（5）氧化还原。如氰化物、氨氮、有机物等。

（6）沉淀。如重金属离子等。

（7）吸附和吸收。如有机液体、油类等。

（8）消毒。如微生物和寄生虫等。

模块二　环境污染纠纷的调查与处理

一、教学目标

能力目标

◇　能按法律规定规范调解处理环境污染纠纷；

◇　能正确选用调解方式；

◇　基本能妥善解决赔偿问题。

知识目标

◇　理解环境污染纠纷产生的原因、解决途径和处理原则；

◇　熟悉处理环境污染纠纷的操作程序和注意事项。

二、具体工作任务

◇　进行环境污染纠纷的受理；

◇　依法执行环境污染纠纷的调解处理；

◇　分析与判断环境污染纠纷双方的法律责任。

三、相关知识点

（一）环境污染纠纷

根据国家环保部每年一度的《全国环境统计公报》的数据，环境污染纠纷事件数呈现逐年上升趋势。

1. 概念

环境污染纠纷是指因环境污染引起的单位与单位之间、单位与个人之间或个人与个人之间的矛盾和冲突。这种纠纷通常都是由于单位或个人在利用环境和资源的过程中违反环保法律规定，污染和破坏环境，侵犯他人的合法权益而产生的。

2. 性质

环境污染纠纷是一种民事侵权纠纷，在一般污染事件和污染事故中，只要污染存在民事侵权行为，就可能产生环境污染纠纷。环境污染纠纷一般可以通过协商的方式予以疏导，化解矛盾，妥善解决。

企事业单位内部引起的环境污染纠纷和因公伤害问题不能称为环境污染纠纷，那是属于工厂内部劳动保护关系，应由劳动法调整。要构成污染纠纷，还应有污染物、污染源、防治管理标准、影响、危害等一些定量的条件。

3. 产生的原因

环境污染纠纷产生的原因错综复杂，大致有以下几种：

（1）经济建设布局不合理，规划失控，环境保护欠债太多。许多老的污染企业和经济欠发展的小城市产生污染纠纷多属于这种情况；部分新建排污单位没有留足卫生防护距离。

（2）违反建设项目环境影响评价制度和"三同时"规定，产生新的污染源。许多乡镇、街道、个体企业和"三产"企业产生污染纠纷多属于这种情况。

（3）许多排污者因管理不善或设备陈旧，生产过程中跑、冒、滴、漏现象严重，经常对周围单位和群众产生污染危害。

（4）排污者法制观念淡薄，无视环境保护法律、法规的规定，不仅不积极治理污染，还经常偷排偷放各种污染物，产生环境污染纠纷。

（5）数量众多的饮食、娱乐、服务企业与居民和单位相邻很近或者就在同一座楼内、楼上和楼下，产生的油烟、噪声、异味扰民影响很大。

（6）人民群众生活水平改善，环境法制观念和环境意识迅速提高，对不良环境状况的危害有了更深刻的认识，有时也会因缺乏环境科学知识而造成纠纷。

（二）环境监察机构的责任

在污染事件的行政处罚和污染纠纷的调查处理中，环境监察机构应依法办事，按相关的环境保护制度和污染防治法规进行严格的处罚。但是，在许多污染事件和污染事故中都不同程度地存在环境污染损害和赔偿问题，即环境污染纠纷问题。

环境监察的工作职责明确规定为"三查两调一收费"，对于产生的污染纠纷事件和群众在来信来访中涉及的污染事件，环境监察有责任进行调查、处理和调解。

在环境污染纠纷中如存在违反环境法律法规的行为，环境监察机构必须对环境违法行为进行行政处罚，这不属于污染纠纷的问题，而属于环境处罚的问题。必须明确在环境污染纠纷事件中，对造成污染影响和损害的责任方，环境监察人员应观点鲜明地确定其责任，制止其污染行为，责令其消除影响，并对污染造成损害的赔偿进行行政调解。明确污染责任，制止违法行为，调解由此引起的侵权纠纷，是环境监察机构的基本责任。

（三）处理环境纠纷的法律规定

1. 行政调解程序

环境监察机构在处理环境污染纠纷时执行的是行政调解程序。以法律法规为依据，以当事人双方自愿为原则，促使双方当事人友好协商，达成协议，化解矛盾。

行政调解的主要特征是：

（1）行政调解以双方当事人自愿为原则。包括：自愿决定是否采取调解方式来解决争议，自愿决定是否达成协议，自愿决定是否接受协议。环境监察机构不能强制当事人接受调解，也不能强制当事人接受某种决定。

（2）行政调解是以当事人提出申请为前提的。

（3）进行行政调解在性质上属于行政机关之间对当事人之间的民事侵权争议的调解处理。

（4）如果对环境监察机构做出的调解协议，某一方当事人不接受，则调解协议不发生效力。

（5）当事人对环境监察机构就污染纠纷所作的行政调解不服的，可以就加害方向人民法院提起民事诉讼，而不能对行政调解要求行政复议或以环保部门作为被告提起行政诉讼。

2. 造成环境污染危害的，应当排除危害，赔偿损失

《民法通则》第124条规定："违反国家保护环境防治污染的规定，污染环境造成他人损害的，应当依法承担民事责任。"《环境保护法》、《大气污染防治法》、《水污染防治法》、《海洋环境保护法》、《固体废物污染防治法》、《环境噪声污染防治法》等法律，也作出了污染损害赔偿的规定。这些规定和其他有关规定明确了污染加害人的赔偿义务，同时也给予了受害人要求赔偿的法律依据。

3. 为了保证对污染受害人的赔偿，法律规定了对污染损害赔偿实行"无过错责任"原则

《民法通则》第106条规定了由于过错而造成他人损害应承担民事责任后，又明确规定"没有过错，但法律规定应承担民事责任的，应当承担民事责任"。同样，《环境保护法》第41条和《海洋环境保护法》第43条的规定，均具体体现了"无过错责任"原则，在法院和环境执法机关实际处理污染损害赔偿案件中，也是遵循"无过错责任"原则的，其目的就是保证受害人可以切实得到救济。

4. 为了保证对污染受害人的赔偿，实行连带责任

根据《民法通则》的规定，对两人以上共同污染环境造成他人损害的人，实行连带责任。

5. 为了保证对污染受害人的赔偿，实行全部赔偿原则，以使加害人占不到便宜，使受害人得到充分补偿

所谓全部赔偿，即应当赔偿因污染环境给他人造成的一切损失，包括直接损失和间接损失。主要包括：（1）公私财产遭受污染或破坏的损失；（2）受害者在正常情况下可以获得因环境污染破坏而未获得的利益；（3）以往在被污染破坏的自然环境花费的物质和劳动消耗；（4）为消除污染后果，恢复污染破坏的自然环境而需要付出的费用。根据《民法通则》第119条的规定，因污染环境造成他人身体伤害的，应当赔偿医药费、因误工减少的收入、伤残者生活补助费等费用；造成死亡的，还应当支付丧葬费、生者死前抚养的人必要的生活费用。

6. 为保护受害人的合法权益，实行被告举证原则

《最高人民法院关于适用〈中华人民共和国民事诉讼法〉若干问题的意见》指出：在因环境污染引起的损害赔偿诉讼中，对原告提出的侵权事实，被告否认的，由被告负责举证。环保部门和其他行使环境监督管理权的行政机关在调解处理民事纠纷时，

也实行这种被告举证原则。

（四）环境污染纠纷的解决途径

根据我国现行法律规定，环境污染纠纷的解决主要有以下四个途径。

1. 双方当事人自行协商解决

在实际生活中，常有当事人自行协商解决环境纠纷的事例。注意，当事人协商解决纠纷也必须遵守法律，必须遵守诚实信用的原则，而且一旦一方当事人发现对方不遵守法律，没有诚意，便应当及时地依照法定程序去解决，或者申请环境执法机关调解处理，或者直接诉诸法院，以便及时、合理地解决纠纷。

2. 环境执法行政机关调解处理

双方协商，长期不能缓解矛盾，污染纠纷通过来信来访反映到环保部门和有关部门，由环保部门邀请有关单位和矛盾双方进行座谈予以调处。

应注意如下三点：

（1）这里的"处理"是环境执法机关对民事权益争议进行调解，没有处罚的意思。如果当事人不服，即意味着调处不成，在这种情况下，如果当事人向法院起诉，即构成民事诉讼案件，而不是行政诉讼案件，诉讼当事人仍是环境纠纷的双方当事人，不能把进行调解处理的环境执法机关当作被告。

（2）对环境纠纷进行行政调处，以当事人的请求为前提，即进行行政调处必须根据当事人的请求；一方当事人请求的，应征得另一方当事人的同意，否则便无法进行调处。

（3）上述规定中虽然只明确了"赔偿责任和赔偿金额的纠纷"，但在实践中也包括排除危害的纠纷，因为这都是环境民事纠纷。

3. 司法处理

当事人不服行政调处和仲裁处理，或矛盾已经发展到公私财产与人身权益受到危害，就要按司法程序解决矛盾，由人民法院按民事诉讼程序处理污染纠纷案件。可以是当事人向人民法院起诉，也可以由环境保护部门提请人民法院进行处理。

4. 通过仲裁程序解决

仲裁程序只适用于涉外性的海洋环境污染损害赔偿案件不适用于一般污染损害赔偿案件。有时有些地方也尝试采用仲裁形式解决污染纠纷，目前还有待发展完善。

以上四种环境污染纠纷的解决途径是相互联系、相互补充的，各有优劣，都发挥了很好的作用。

（五）环境污染纠纷调查处理的操作步骤

1. 登记审查

环境监察机构调处环境污染纠纷是以当事人的请求为前提的。环境监察人员接到当事人书面或口头申请，应先接受登记。环境监察机构对人大、政协有关环境污染和生态破坏的提案、群众的污染举报、环保部门承接的来信来访也要先进行登记。环境监察人员在现场检查和行政执法过程中，对于当事人书面或口头申请，不管是否有权管辖、反映的情况是否属实、是否符合立案条件，都应认真登记备案，然后对是否立案进行审查。审查的内容包括：

（1）管辖权。

首先审查是否属本部门管辖，其次查级别管辖和地域管理问题。1）县级环境行政执法机关负责调处本行政区内的环境污染纠纷；市级环境行政执法机关管辖本行政区域内重大环境污染纠纷的调处。2）上级环境行政执法机关对所属下级环境行政执法机关管辖的环境纠纷有权处理；也可以把自己管辖的环境污染纠纷交下级环境行政执法机关处理。3）跨行政区域的环境污染纠纷，涉案各方面都有权管辖，但由被污染所在地（发生地）环境行政执法机关管辖，双方管辖发生争议的，由双方协商解决。不成的，由其共同的上级环境行政执法机关管辖。

（2）时效。

《环境保护法》第 42 条规定，因环境污染损害赔偿提起诉讼的时效时间为三年，从当事人知道或者应当受到污染损害时起计算外。超过三年不追溯的，权利人将丧失胜诉权。调处环境污染纠纷也适用此时效期间的规定。

（3）有无具体的请求事项和事实依据。

环境监察机构受理的污染纠纷调解申请，申请方必须申明引起纠纷的具体事项，还需提供相应的污染损害或污染影响的相应证据，以防止望风捕影。

2. 立案受理

是否立案受理最迟应在接到申请之日起 7 日内作出决定。对不符合受理条件的，告知当事人其解决问题的途径。对符合立案受理条件的，正式立案受理。环境监察机构发出受理通知书，同时将受理通知书副本送达被申请人，要求其提出答辩，不答辩的，不影响调处。在以下情况下，即使环保部门有管辖权，也不能受理：

（1）人民法院已经受理的环境污染纠纷。

（2）其他有权管辖的部门已经受理的重大环境污染纠纷。

（3）下级环境行政执法机关已经受理辖区内的环境污染纠纷。

（4）上级环境行政执法机关或人民政府已经受理的重大环境污染纠纷。

（5）行为主体无法确定的环境污染纠纷。

（6）因时过境迁，证据无法收集，也不可能收集到的环境污染纠纷。

（7）超过法定期限的环境污染纠纷。

3. 调查取证和鉴定

环保部门在案件受理后，除了对当事人双方提供的证据进行审核外，还要依法客观、公正、全面地收集与案件有关的证据，调查核实污染事实，需要专业技术鉴定的，还要请相关部门（比如环境监测站）作出鉴定，这里特别要注意证据的合法性和有效性问题。

4. 审理

（1）对调查取得的证据、信息及双方当事人提供的证据进行汇总分析，理顺案情，辨明是非，分清责任。

（2）调解。如果双方当事人都愿意接收调解，应召集双方当事人进行调解：当事人双方自愿达成协议的，应签订《环境污染纠纷调解协议书》，一式三份，在协议书上签字盖单位公章后送双方当事人。如果有一方当事人不愿意接受调解，对双方又无违法行为须查处的，告知当事人可以通过民事诉讼途径解决环境污染纠纷，调处结束。

5. 结案

（1）双方当事人通过调解达成协议，并写出纠纷处理过程的结案报告。环境保护部门作为见证人，留一份协议存查。

（2）对调解不成的，在告知双方当事人可采取民事诉讼途径解决之后，写出结案报告。

6. 立卷归档

将全部材料及时整理，装订成卷，按一案一卷的要求存档备查。

（六）处理环境污染纠纷应注意的事项

1. 对环境污染纠纷的处理是调解

环保部门根据当事人的请求，依照环境法规进行调解，并促成当事人自愿达成协议，调解决定不具有强制性。

当事人对环保部门所作的调解处理不服而向人民法院起诉时，不能以作出处理决定的环境保护部门为被告提起行政诉讼。

2. 解决赔偿问题的几个注意事项

（1）构成环境污染损害赔偿的要件。

根据法律、法规规定，构成环境污染损害赔偿的要件有三条：

一是意识行为实施了排污行为，即把污染物排入环境。

二是引起环境污染并产生了污染危害后果，危害后果主要表现为两种形式：第一种形式是造成财产损失，如因排放污染物引起养殖水域污染并导致鱼虾死亡，或因排放大气污染物使周围农作物枯萎而减产；第二种形式是造成人身伤害或死亡，如因污染饮用水源的水使饮水人中毒或者死亡，因排放高浓度有毒有害气体，使周围居民伤亡等。

三是排污行为与危害后果之间有因果关系。

具备了以上三条，排污单位就必须赔偿受害者由于污染危害造成的一切损失。

（2）排污单位达标排放造成的污染损失同样应负赔偿责任。

（3）环境污染纠纷赔偿金额的确定方法。

环境污染损害的赔偿责任是因环境污染而产生的。从这个意义上说，造成污染的单位应该全部赔偿受害单位或个人的经济损失，损害多少赔多少。只有这样，才能有效地制裁违法行为，使受害人的损害得到全部补偿。

损害赔偿金额一般应包括受害者遭受的全部损失；受害者为消除污染和破坏实际支付或必须支付的费用；受害者因污染损害而丧失的正常效益。但在实行全部赔偿原则的同时还必须兼顾加害人无力全部赔偿和涉外应按国际条例规定的两种情况。环境污染赔偿金额的确定经常采用以下几种方法和原则：

1）考虑当事人经济能力的原则。实行完全赔偿与考虑当事人经济能力相结合的原则，酌情确定赔偿金额。

2）直接计算法。首先确定受污染损害的范围和项目，然后确定污染程度与受害时的效应关系，最后用货币进行经济评估。

3）环境效益代替法。某一环境单位受污染后，完全丧失了功能，其损失费用可以借助能提供相同环境效益的工程来代替，这个方法也可以称为"影子工程法"。

4）防治费用法。即为防治污染采取防护和消除污染设施而支付的费用。由于环境污染造成损害而进行赔偿，经常遇到的是厂矿企业排放污染物造成农、林、牧、副的损失及人体健康危害。此类情况在具体确定金额时，首先实地勘察污染受害面积，受害物的种类、数量，受害禽畜、鱼类的数量和病情，以及它们在正常年景的平均产量。然后按当年的合理价格计算应赔偿的基本金额。同时还应考虑受污染危害者根治污染、减轻污染危害等所需人工、材料等金额，即治理污染的补偿金额。厂矿企业因污染环境而使群众身体健康受到严重损害时，应尽赔偿责任，其赔偿金额应包括受害人的医院检查、确诊费用，恢复健康而耗费的医疗费用、因检查和治疗所误工费用、转院治疗的路费和住宿费、护理误工费，因环境污染而致残、残疾或丧失劳动力，则应承担生活费用；如受害人丧失生活能力，经医院证明长期需有人照料，则不仅需要承担受害人的生活费用，还要按国家有关规定承担陪护人的生活费用，同时还应考虑受害人提出的其他合理的赔偿要求。

四、思考与训练

（1）环境污染纠纷的行政调解有什么特点？

（2）环境污染纠纷的金额赔偿如何确定？

（3）技能训练。

任务来源：根据情境案例2提出的要求完成相关工作任务。

训练要求：根据环境污染纠纷的法律规定进行调解处理，分析上述案例中环保执法部门的处理是否符合法律规定，指出环境污染纠纷的调解途径，判断行政诉讼的受理条件。指出对于该事件的原告、被告以及诉讼受理机构、诉讼内容，判断是否符合。如果可以受理，简述行政诉讼处理程序。

训练提示：参考环境污染纠纷的有关处理原则和程序进行分析调解，按照诉讼受理条件提出处理意见。

相关链接

【资料】 在排污行为与危害后果之间的因果关系变化后的以下三种情况，排污单位不负赔偿责任：

第一种情况是由于不可抗拒的灾害，如地震、海啸、台风、山洪、泥石流等，尽管已经及时采取了力所能及的合理措施，仍然无法避免发生环境污染，并造成损失，免除污染者承担污染责任和赔偿责任。

　　第二种情况是由于第三者的过错引起污染损失的，应由第三者承担责任。如某人挖开某工厂贮存污水的水池，使污水灌入他人农田造成农作物损害，挖池人承担责任，而工厂不承担责任。

　　第三种情况是由于受害者自身责任引起污染损害的，由受害者自己承担责任。如农民不听企业的劝阻和制止，擅自或强行将企业排放的废水引入农田灌溉或引入鱼塘、养殖水域而造成损害，则企业不承担污染损失的责任。

　　排污行为与危害后果之间的因果关系上还有另外一种情况，那就是双方构成混合责任。如厂方明知有人引污水灌溉，在排放的污染物种类、浓度等发生较大改变的情况下，未告知农民，致使引污水灌溉的农民遭受了本不应有的损失（或是扩大的那一部分损失），此时厂方与农民构成混合责任。根据《民法通则》第131条"受害人对于损害的发生也有过错的可以减轻侵害的民事责任"的规定，厂方和农民应根据各自过错的大小，承担各自赔偿责任。

　　按照法律规定，环境污染纠纷，可以根据当事人的请求，由环境行政执法机关协调处理，但在实际工作中，时常碰到排污单位在达标排放的情况下造成不同程度的污染损害。排污单位提出自己属合法的达标排放，造成损害不负责任，只对超标排放造成的损害承担赔偿责任。对于这种观念，环境行政执法人员应依法给予明确答复：根据国家环保局《关于确定环境污染损害赔偿责任问题的复函》的精神和《环境保护法》第41条第2款的规定，造成环境污染危害，有责任排除危害，并对直接受到损害的单位或个人赔偿损失。

　　由此可见，确定污染赔偿责任的法定条件，就是由于排污单位的污染行为造成环境污染危害，并使其他单位或个人直接受到人身和财产损失。即衡量排污单位是否造成污染危害（也就是排污单位是否应赔偿直接损失）的标准，主要依据的是形成了危害的客观事实与实际后果，而不将排污单位的排放物是否超过排放标准作为确定排污单位应否承担赔偿责任的条件。

　　至于国家或者地方的排放标准，只是保护地域环境质量的最低标准和环境保护部门决定排污单位应否缴纳超标排污费的依据，而不是确定排污单位应否承担赔偿责任的界限。《排污费征收使用管理条例》第12条及其他有关法规已明确规定，排污者缴纳排污费，并不免除其赔偿污染损害的责任。

项目七

环境监察信息化管理

一、任务导向

　　工作任务 1　污染源自动监控系统运行管理
　　工作任务 2　环境信息化建设与管理

二、活动设计

　　在教学中，以项目工作任务确定教学内容，以模块化构建课程教学体系，开展"导、学、做、评"一体教学活动。以环境监察信息化建设与管理为任务驱动，采用现场教学法、启发式教学法等形式开展教学，通过课业训练和评价达到学生掌握专业知识和职业技能的教学目标。

三、案例资料

　　【情境案例 1】　　"十一五"期间，环境保护任务不断加重，给环境执法工作提出了更高要求。全国 5 万多环境监察人员要对数十万家工业企业、70 多万家三产企业、几万个建筑工地进行日常监督管理，生态监察和农村监察工作量更大。如果环境监察手段仍然停留在人盯人的水平上，是无法真正做到监管到位的。实施污染源自动监控，可以大大减少现场检查次数，提高执法效能。污染源自动监控系统使环境监察部门能够以最快的速度及时处理企业的违规行为，从而保证了环境监察工作的时效性和权威性。

整个监控系统将基于 GIS 平台。监控系统能利用先进的通信方法，将排污现场的超标报警信息及时地传输到环保局相应应用软件系统，系统在接到报警信息后，直接在应用系统的 GIS 地图上显示排污超标发生的地点、排污数据、相关企业信息、污染类型，并将相关信息通过手机短信方式发送到指定检查人员手中，及时通知检查人员，防止污染事故的扩大。

系统数据传输可以兼容多种通信方式，采用电话网络、ADSL、CDMA/GPRS 或光纤等将现场监测仪器采集的排污数据上传到环保局中心的计算机，通过监控中心系统软件实现对污染源的实时监控。

工作任务 1：

1. 说明污染源自动监控系统由哪些部分组成。

2. 在当地环境监察机构学习操作污染源自动监控系统的运行与管理。

【情境案例 2】 随着我国社会经济的高速发展，我国也已进入环境污染事故的高发期，防控突发环境事件的形势十分严峻，松花江水污染事件、广东北江严重镉污染事件、贵（阳）新（寨）高速公路液态氨泄漏事件……在很短的时向内，全国各类事故引发的环境事件就多达数十起，频频发生的环境事件成为媒体和公众关注的焦点，政府开始重视环保部门监管体系的效率和对突发事故的应急能力建设。

国家环境保护部为了加强社会监督，防止污染事故的发生，鼓励公众举报并及时查处各类环境违法行为，决定在全国开通统一的环保举报热线，并委托北京长能科技公司研制开发了"环保举推信息自动管理系统"。该系统能够实现群众举报的自动受理、自动记录、自动转办、交办、自动查询、统计、应急处理等功能，并将在全国联网运行。同时，国家信息产业部为国家环境保护部核配"12369"作为全国统一的环保投诉举报电话号码。

工作任务 2：

发现环境违法行为，拨打当地"12369"举报电话，体验环境监察机构具体如何受理。

模块一 污染源自动监控系统运行管理

一、教学目标

能力目标

◇ 能操作区域内污染源自动化监控系统；

◇   能执行污染源自动化监控系统的管理；

    ◇   基本能承担企业污染源排放自动监控设施的操作和维护。

知识目标

    ◇   了解污染源自动化监控系统的构成和工作原理；

    ◇   熟悉污染源自动化监控系统的操作功能；

    ◇   了解污染源自动化监控系统的数据传输和异常情况处理。

二、具体工作任务

    ◇   认知污染源自动化监控系统的构成；

    ◇   操作污染源自动化监控系统的运行与维护；

    ◇   对污染源自动化监控系统的异常数据作出处理意见。

三、相关知识点

（一）污染源自动监控系统管理

为适应污染物总量控制工作的需要，满足工业污染源排放的定量化和自动化监督管理工作的需要，强化现场执法、污染源监控和环境监察办公自动化信息化手段，原国家环境保护总局主持开发了《国家环境监控信息系统》。该系统的一个分系统——污染源自动监控系统，是运用计算机网络技术通信，以实现污染源连续监控和信息自动传输为目标，逐步加强污染源现场监控设施的建设，达到环境监察对污染源监控的定量化、信息化的管理。该系统通过对污染源实施分级监控和基本数据的采集，为环境现场执法和污染源治理提供数据支持，为实施总量控制、"节能减排"、改善环境打下基础，同时强化对污染源的现场监督反应能力，实现环境执法的科学化、规范化。

污染源自动监控系统的建立是环境管理引入现代化手段的必然结果。

1. 污染源自动监控系统的组成

污染源自动监控系统，由自动监控设备和监控中心组成。

在线监控设备是指在污染源现场安装的用于监控、监测污染物排放的仪器、流量（速）计、污染治理设施运行记录仪和数据采集传输仪等仪器、仪表。在线监测仪器能够监测污染源污染物数据浓度，流量（速）计能够连续不断地记录污染物流量，污染治理设施运行记录仪则能够实时监控排污企业污染治理设施的开关情况。

监控中心是指环境保护部门通过通信传输线终端与自动监控设备连接，用于对重点污染源实施自动监控的软件和硬件，硬件主要包括服务器、污染源端数据接收专用设备、显示与交互系统、监控网络基础环境、网络安全系统等，软件有服务器操作系统与数据库软件（市售）、污染源基础数据库、监控操作应用系统、数据传输与备份系统等。

2. 污染源自动监控的职责与分工

（1）国家环境保护部负责指导全国重点污染源自动监控工作，制定有关工作制度和技术规范。

地方环境保护部门确定需要自动监控的重点污染源，制定工作计划。

（2）环境监察机构负责：

1）参与制定工作计划，并组织实施；

2）核实自动监控设备的选用、安装、使用是否符合要求；

3）对自动监控系统的建设、运行和维护等进行监督检查；

4）本行政区域内重点污染源自动监控系统联网监控管理；

5）核定自动监控数据，并向同级环境保护部门和上级环境监察机构等联网报送；

6）对不按照规定建立或者擅自拆除、闲置、关闭及不正常使用自动监控系统的排污单位提出依法处罚的意见。

（3）环境监测机构负责：

1）指导自动监控设备的选用、安装和使用；

2）对自动监控设备进行定期比对监测，提出关于自动监控数据有效性的意见。

（4）环境信息机构负责：

1）指导自动监控系统的软件开发；

2）指导自动监控系统的联网，核实自动监控系统的联网是否符合国家环境保护部制定的技术规范；

3）协助环境监察机构对自动监控系统的联网运行进行维护管理。

3．自动监控系统的建设

（1）列入污染源自动监控计划的排污单位，应当按照规定的时限建设、安装自动监控设备及其配套设施，配合自动监控系统的联网。

（2）新建、改建、扩建和技术改造项目应当根据经批准的环境影响评价文件的要求建设、安装自动监控设备及其配套设施，作为环境保护设备的组成部分，与主体工程同时设计、同时施工、同时投入使用。

（3）自动监控设备的建设、运行和维护经费由排污单位自筹，环境保护部门可以给予补助；监控中心的建设和运行、维护经费由环境保护部门编报预算申请经费。

4．建设自动监控系统必须符合的要求

（1）自动监控设备中的相关仪器应当选用经国家环境保护总局指定的环境监测仪器检测机构适用性监测合格的产品；

（2）数据采集和传输符合国家有关污染源在线自动监控（监测）系统数据传输和接口标准的技术规范；

（3）自动监控设备应安装在符合环境保护规范要求的排污口；

（4）按照国家有关环境监测技术规范，环境监测仪器的比对监测应当合格；

（5）自动监控设备与监控中心能够稳定联网；

（6）建立自动监控系统运行、使用、管理制度。

5. 自动监控系统的运行和维护，应当遵守的规定

(1) 自动监控设备的操作人员应当按国家相关规定，经培训考核合格、持证上岗；

(2) 自动监控设备的使用、运行、维护符合有关技术规范；

(3) 定期进行比对监测；

(4) 建立自动监控系统运行记录；

(5) 自动监控设备因故障不能正常采集、传输数据时，应当及时检修并向环境监察机构报告，必要时应当采用人工监测方法报送数据。

自动监控系统由第三方运行和维护的，接受委托的第三方应当依据《环境污染治理设施运行资质许可管理办法》的规定，申请取得环境污染治理设施运营资质证书。

6. 自动监控设备的维修、停用、拆除或者更换手续

自动监控设备需要维修、停用、拆线或者更换的，应当事先报经环境监察机构批准同意。

环境监察机构应当自收到排污单位的报告之日起 7 日内予以批复；逾期不批复的，视为同意。

(二) 污染源自动监控系统的运行

1. 系统的作用

污染源自动监控系统能及时掌控各重点污染源污染物排放及污染治理设施运行情况。管理人员可即时调整信息采集、传送频率与其他参数，在前端监控设备支持的前提下，实现对其进行远程控制和操作，发送远程采样等指令。

系统主要用于对企业排污、污染治理设备及监测、监控设备进行实时监控。当发生排污超标、治理设施停运等异常事件时，现场数采仪自动识别事件类型，报送环境监察部门，并告知事件内容。

污染源自动监控系统如图 7—1 所示。

污染源实时监控报警系统可监测以下事件：

(1) 数采仪关闭、掉电事件；

(2) 污染治理设施关闭事件；

(3) 污染治理设施掉线事件；

(4) 流量计关闭事件；

(5) 污染因子监测设备关闭事件；

(6) 实时排污浓度超标事件。

2. 污染源自动监控系统结构图

污染源自动监控系统主要包括污染源监控中心、传输网络以及企业现场端监控设备三部分，如图 7—1、图 7—2、图 7—3 所示，自动监控设备是在污染源现场安装的用于监控、监测污染物排放的仪器、流量（速）计、污染治理设施运行记录仪和数据采集传输仪等仪器、仪表。污染源监控中心可通过传输网络与现场端设备交换数据、发起和应答指令。

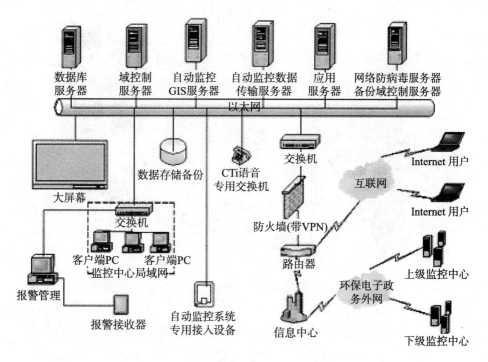

图 7—1　污染源在线监控系统示意图

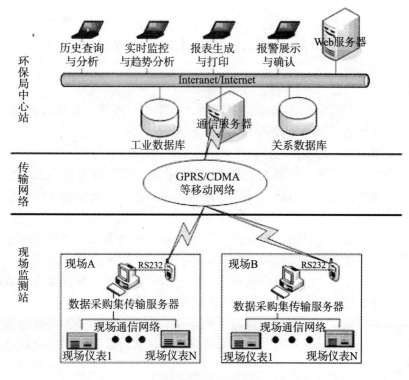

图 7—2　污染源自动监控数据传输网络示意图

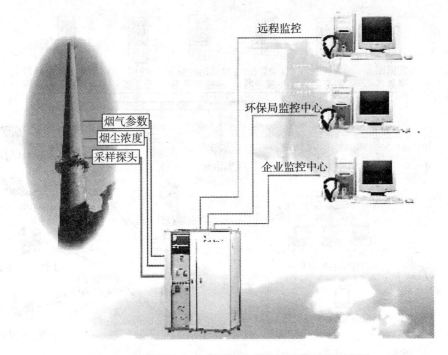

图7—3　污染源废气自动监控数据传输网络结构示意图

3. 数据传输网络结构

环境监察部门负责污染源监控系统的日常业务运行，对污染源现场和环境污染事故现场进行执法或调查。污染源废气自动监控数据传输网络结构如图7—3所示。

4. 系统功能操作

重点污染源自动监控系统应能实现以下功能：

（1）GIS基本操作。基本功能：窗口放大、缩小、移动、复位、更新、消除等；点位查询、信息查询；图形/数据库编辑。

（2）企业基本信息。显示选择企业保持数据的同步性。

（3）企业点定位。在GIS界面上定位一个企业的坐标，可以很直观地在GIS界面上看到一个企业的位置。从GIS界面获得地理坐标，作出企业坐标并保存在企业信息表中。

（4）在线监测数据。根据用户选择不同的企业，在界面上连动显示该企业对应的在线监测数据。在线监测数据包括：监测日期、排放口流量、污染物浓度。

（5）设备运行时间。根据用户选择不同的企业，在界面上通过图形和数据结合的方式显示出该企业在一天之中设备的运行时间。

（6）在线强制采样。根据用户选择不同企业，该企业的污染源数据的采集可以直接在截面上强制采样，通过GPRS联网测点定时发送实时数据即采集排放口流量数据和污染物浓度数据。

（7）数据主动上报和中心站轮巡采集功能。提供手动操作和定时轮巡采集数据的功能。

（8）设备状态显示。在 GIS 界面提供直观显示每台设备的通信状态。比如红色表示超标，绿色表示正常，黄色表示设备不在线，方便用户对设备状态的快速、直观查询。

（9）远程控制和设置功能。系统应能适应已有的仪器的通信规约，根据已有通信规约进行远程控制与设置。远程控制与设置不应低于通信规约内所包含的功能集。

（10）反控功能。对于前端设备（如等比例分瓶水采样器或 COD 等）实现反控命令功能。即远程控制现场在线分析设备的采样、校时、开启、立即检测、采样时间设置、标定等。

（11）远程控制——参数设置。可以远程设置现场设备的上报周期、报警门限参数等，实现对自动监测设备进行远程控制和操作。

（12）远程控制——数据补采。可以远程控制现场仪器进行遗漏数据的人工、自动采集。

（13）远程控制——设备校准。可以远程对现场仪器设备进行量程校准、时钟校准。

（14）远程控制——及时采样。可以远程控制现场仪器进行采样分析。

（15）通信流量统计。按月统计每一个数采仪通信卡的月通信传输流量，为用户及时了解各个通信卡的通信费用提供帮助。

（16）数据审核处理功能。对原始数据进行必要的逻辑性审核，剔除无效数据或修订存在问题的数据，然后存储到数据中心的核定库中。

（17）污染源数据过滤。提供按行政区划、监测状态、河流过滤、行业过滤的条件由用户来进行选择过滤。

（18）企业检索。由于企业比较多，需要提供按照关键字的匹配进行模糊查询。

（19）污染源信息管理。对企业基本信息、污染治理设施、黑匣子、适配器、排放口等进行常规管理。

（20）污染源分布。主要用于对锅炉、排污口等污染源分布信息进行显示、查询和统计。比如可按吨位、高度、用途等信息对锅炉分布进行不同的分层显示，每种类别使用不用的符号标志；可按吨位、高度、用途、地区分布等信息进行统计；可按不同的条件要求制作专题图。

（21）污染源在线数据监测。有线的数据采集需要通过电话线路和 MODEM 拨号的方式，能够采集以前部分企业保存的有线适配器的数据。

（22）数据汇总。对数据进行汇总，并把汇总数据存入汇总数据库中备上级采集调用和报表的输出。

（23）污染源数据分析。对于企业排放汇总数据（各种污染物排放量、污水排放量和治理设施运行时间），按指定的时段（年度、月度、周、日）进行列表和图形方式分析，列表分析将以表格方式给出上述数据，而图形方式通过使用三种图形（直方柱状图、曲线图、饼图）直观地给出上述数据。

（24）连续一段时间内的数据分析。连续采集完一段数据后，可以在此模块中查看采集到的一段时间内的数据，显示的方式可以通过图形方式显示和列表方式显示。

（25）数据查询。可以将企业某时段内的污染数据用列表方式显示出来，是按照时间段进行查询的。

（26）掉电记录。在企业列表中选择要查询掉电记录的企业，然后选择起始和截止时间，系统就会从数据库中得到该时间段中的掉电记录。根据用户的选择从数据中提取掉电记录，并且设置设施状态是开还是关。

（27）污染源无线监测。在监测点安装实时自动监控设备，负责监测污染。分析污染情况和传输监测数据。通过 GPRS 联网测点定时发送实时数据即采集排放口流量数据和污染物浓度数据。比较监测数据与监测标准，判断是否超标。

（28）报表输出。该模块提供特定企业、区在特定时间段内（年度、季度、月度）的各种常用报表，并可查询各种常用的环境监察历史档案以及污染源监控报表。

（29）系统管理。管理人员能够分配系统用户功能模块的操作权限，能够查看系统的操作日志，恢复被删除企业，设置编码表信息。

四、思考与训练

（1）简述污染源自动监控系统如何运行。

（2）技能训练。

任务来源：实地考察当地环境监察机构污染源在线监控中心和企业污染源在线监控现场，观摩污染源在线监控系统运行操作、管理和作用。

训练要求：注意污染源在线监控系统的组成，设备工作原理，监测指标，污染源自动监控数据的传输和报送，操作过程故障排除和系统维护，异常数据的处理，相关部门或单位的岗位职责和分工。

实训提示：编写实训报告书，观摩和上机操作演示。

相关链接

【资料 1】　杭州市普及安装了重点污染源的在线监控，使环保部门更快捷、更方便地解决环境污染问题。2007 年年底，浙江在全国率先完成所有省控、国控污染源的在线检测仪的安装。

污染源自动监控系统由现场自动监控设备、现场仪器控制室、数据传输网络、监控中心、运营公司等组成。烟气、废水污染源现场监控仪器安装于排污单位的烟气排放通道和废水排污口，并由专业运营公司进行运营管理。监测数据、仪器运行状态等信息，通过宽带网或无线传输的方式，传送到市环境监控中心。由监控中心实时监视现场仪器运行情况，对现场仪器采集的监测数据进行质量控制和分析，并将合格的数据存入数据库，供市领导、环境管理部门和排污单位通过网络进行查询。环境管理和监察部门依据监控中心报送的监控数据实施对排污单位的管理；排污单位则根据现场监控仪器获取的信息，及时调整生产和污染治理设施的运行情况。

杭州自开始普及污染源在线监测技术后，该技术不仅被用在各河道、风景点等重点污染源上，更广泛地被应用在各企业排污点的监控上。到 2009 年，杭州地区污染源在线监控点共 410 个，其中污染源污水 302 个，污染源烟气 72 个，环境质量地表水 14 个，环境质量大气 21 个，环境质量噪声 1 个。中大型企业基本安装了在线监控设备。特别是在印染、造纸和化工行业管理更加严格。

模块二　环境信息化建设与管理

一、教学目标

能力目标

◇　能运用环境保护举报热线对违法行为进行举报；

◇　基本能受理环境保护举报和环境信访工作；

◇　能操作环境监察办公自动化系统。

知识目标

◇　了解环境保护举报热线的建设和管理内容；

◇　了解环境信访制度和受理要求；

◇　了解排污收费管理自动化系统的流程；

◇　了解环境监察办公自动化系统的功能。

二、具体工作任务

◇　环境信访的调查与处理；

◇　操作环境监察办公自动化系统。

三、相关知识点

（一）环境保护举报工作信息化建设与管理

1. 环境保护举报热线

"12369 中国环保热线"自 2001 年开通以来，全国平均每年接到群众举报的环境事件 60 万～70 万件。这些环境事件均依靠全国 61 531 名环境监察执法人员到现场核实情况的真伪，并回复举报人和社会公众。

近年来的环境保护专项行动，平均每年立案查处的事件均在 2.5 万～3 万件。这些案件中有 56%～60%是广大人民群众通过"12369"热线举报投诉后立案侦查并进行查处的。

2. 热线举报整体建设平台

（1）非本地网（一个区号定义为一个本地网）的主叫举报电话。

只要拨通该市所在地的区号和"12369"，即可接通该市环保局举报中心。本地网中的举报电话直接拨"12369"，即可接通本市环保局举报中心，县级市和县城也可单独开通"12369"特服电话号码。

（2）24小时人/机值守。

即时接听、同步录音、呼叫转移、应急指挥、及时处理、分项统计、即时汇总、全国联网、资源共享、取信于民。

（3）虚拟交换机方案。

首先向本地电信公司申请在本地网内设立一个语音信箱（虚拟交换机），把呼叫本地"12369"的电话全部指向该语音信箱。当举报投诉者拨通"12369"后，语音信箱即提示："你好，这里是××市环保举报投诉热线……"该次呼叫即通过本地电话网的内部循环，接入对应的市局或区县环保局原有的举报电话。各级环保局安装国家环保局开发的"环保举报信息自动管理系统"后，即可以人工值守或自动值守的方式提供24小时不间断的人工或自动语音服务。

指挥中心系统是一个开放式的体系结构，业务流程可以由使用部门自行设定。中心城市可根据本地区的经济条件，在该指挥中心系统中选择增加各种辅助指挥系统，例如广播系统、对讲系统、无线寻呼系统、微波传输系统、GIS地理信息系统、DDN连接系统、GPS定位系统、光纤传输系统、城市扫描系统、污染源在线监测系统、排污收费等。

3. "12369"环保热线的管理

（1）管理职责。

国家环境保护部环境监察局代表国家环境保护部对"12369中国环保热线"实施全面综合管理，制定有关方针政策和标准，表彰先进，惩处违规行为；面向社会公布一部普通电话，以及听取公众对环境安全方面的意见和建议，受理全国重大环境污染事故、环境监察机构和环境执法人员违法及违纪行为的举报。

"12369中国环保热线"的建设、管理和运行工作，由各级环境保护机关的监察机构承担，以保证标准化建设工作的统一性和科学性。

各省、自治区、直辖市环保局的监察机构负责本辖区"12369中国环保热线"的建设、管理和运行工作，受理本辖区各类污染事件的举报和投诉，公众对环境安全问题的意见和建议，环境监察机构和环境执法人员违法、违纪行为的举报，以及听取环境安全方面的建议和意见。

各地级市环保局的监察机构，均须开通"12369中国环保热线"，负责本辖区"12369中国环保热线"的建设、管理和运行工作；受理本辖区各类污染事件的举报和投诉，公众对环境安全问题的意见和建议，环境监察机构和环境执法人员违法、违纪行为的举报。

市县级环保局的监察机构，应独立于中心城市或地区环保局开通"12369中国环保热线"，负责本辖区"12369中国环保热线"的建设、管理和运行工作，受理本辖区各类污染事故的举报和投诉，公众对环境安全问题的意见和建议，环境监察机构和环境执法人员违法、违纪行为的举报。

非独立行政区划建制的经济技术开发区、国家级自然保护区、林区、垦区，可根据本地区的实际情况，报经市（地）环保局同意后建设"12369中国环保热线"。

（2）应急处置。

如遇突发环境安全事件，"12369中国环保热线"管理员必须立即启动应急指挥程序，同时向值班长报告，不得延误。

环境监察机构须在接报后以最快的速度到达现场，立即采取紧急处置措施，阻止事态发展，并做好封锁现场、保护现场、现场取证和现场勘察工作。

环境监察机构经现场认定确属环境安全事故后，应立即与公安、消防、卫生防疫等相关部门取得联系，必要时请求军队支援。

"12369中国环保热线"受理的重大环境安全事故实行紧急报告制度。即在第一时间内向辖区政府和上一级环境保护机关如实报告，必要时可以越级直接向更高一级政府和环境保护部门报告，直至向国家环保部报告。

"12369中国环保热线"受理的重大环境安全事件结案后，应存储一份完整的档案，同时上报国家环境保护部备案，以便为本地区建立"环境安全管理系统"和"应急事故处置预案系统"积累素材。

有条件的中心城市应逐步建立"12369环境安全应急指挥中心"。指挥中心应按照全国统一标准建设，实行全国联网运行，以实现对突发性的、重大环境安全事故的联动处置。

（3）信息管理。

"12369中国环保热线"的管理实行一次电话解决问题的原则。即不论是人工值班还是电脑值班，均应明确无误地告知举报投诉人，他所举报投诉的问题能否被受理、由哪一级受理、如何找到受理机关等。坚决杜绝推诿扯皮等不负责任或不作为现象发生。

通过"12369中国环保热线"以及通过信件、传真、网络、面谈等方式受理的环境安全的有关内容（包括语音、文本、图像等），均应保留原始数据，以备处理环境安全事件时调用。

"12369中国环保热线"管理员应将受理的环境安全信息，及时交给环境监察人员处理，不得延误，环境监察人员必须及时处置该事件，并通过"12369中国环保热线"的信息反馈系统，及时向举报人反馈处理结果。

"12369中国环保热线"管理员每天应及时通过"环保举报信息管理系统"全国联网平台软件和"12369.gov.cn"数据传输系统，从中央数据库下载指向本辖区的工作指令，网上举报、网上建议以及相关工作软件等信息，以便使上级的工作指令及时贯彻执行，使相关信息及时处理。

（4）环境举报的调查处理操作步骤。

1）接报登记。有几种情况：a. 电话举报；b. 信访举报；c. 其他举报或上级转来。无论哪种情况都要对举报进行逐一详细记录，包括举报的时间、事发地点、举报内容、受理人、举报人的姓名、联系电话和方式等。

2）审报分办。接报后受理人要及时审报和处置：a. 填写环境举报登记表。b. 呈报有关负责人分批。上班时间交环境监察机构；下班时间交值班负责人。c. 分配办理并限时完成。遇紧急情况要立即处理，派人去现场和向上级报告；非紧急情况可待下一个工作日处理。

3）现场监察。a. 组成现场环境监察小组赴现场监察。b. 取证。现场检查要针对举报的事实进行取证。c. 建议。现场监察小组在调查取证的基础上提出判断意见和处理处罚建议，报环保部门。

4）复查核实。a. 环保部门要组织另外的人员复查事实和证据。b. 将案卷交法制机构审核。

5）反馈催办。a. 对现场检查中的疑点要向举报人反馈。b. 对环境监察行动迟缓者催办。

6）处理处罚。监察结果：a. 查实，经环保部门法制机构审核和经局办公会议定，进行处理处罚。b. 否定，填写环境举报结案表。c. 对不属环保处理范围的案件，向有关部门移交。

7）结案公告。a. 向举报人反馈。b. 必要时向公众公告。c. 如属重大案件应向上级或有关部门报告。

8）总结归档。年终或按规定向上级机关汇总报告。

4. 环境信访

环境保护是一项关乎公众的事，离不开公众参与。

1997年4月29日，国家环保总局颁布实施了《环境信访办法》，确立了环境信访制度。

（1）环境信访遵循的原则。

环境信访工作应遵循以下原则：

1）依照环境保护法律、法规和政策办事；

2）在各级人民政府的领导下，坚持分级负责、属地管理、就地解决；

3）深入调查研究，坚持实事求是，妥善、及时处理问题；

4）能够解决的问题应及时解决，一时解决不了的应能够耐心做好解释工作。

（2）环境信访工作机构与职责。

多数大中城市的环保局考虑到信访的调查处理工作的统一，在环境监察机构内设置信访科；多数县级环保部门环境信访工作主要由办公室负责。

国家规定各级环境信访机构应承担以下职责：

1）对本行政区环境信访工作进行业务指导，总结交流环境信访工作经验，负责环境信访工作人员的培训；

2）承办上级机关及领导交办的环境信访事项、跨行政区或在本辖区范围内有重大影响的环境信访案件，并负责上报处理结果；

3）向下级环保部门环境信访机构交办环境信访事项，并负责督促、检查、协调解决下级环保部门之间的环境信访问题；

4）综合研究信访情况，及时向本机关负责人、上级环保部门和有关部门反映环境信访信息；

5）向环境信访人宣传有关环保法律、法规，维护信访者的合法权益。

（3）环境信访的受理。

环境信访人在发现可能造成社会影响的重大、紧急环境污染信访事项和信息时，可就近向环保部门报告，当地环保部门应在职权范围内依法采取措施、果断处理，防止不良影响的发生和扩大，并立即报告当地人民政府和上一级环保部门。

当环境信访事项涉及两个以上环保部门时，环境信访可以选择其中一个环保部门提出环境信访事项。如环境信访人向两个以上环保部门提出环境信访事项的，由最先接收来信来访的环保部门受理；受理有争议时，由争议各方协商解决；协商不成的，报其共同上一级环保部门指定受理机关。

当环保部门发现受理的信访事项不属于环保部门处理时，信访工作人员应耐心告知信访人依法向有关行政机关提出。对应当通过诉讼、行政复议、仲裁解决的环境信访事项，应告知信访人依有关法规办理。

原则上环境信访人的环境信访事项应向当地或上一级环保部门提出，环境信访人越级上访提出环境信访事项的，一般应告知信访人按规定程序提出环境信访事项，但上级环保部门认为有必要直接受理的，可以直接受理。

（4）环境信访的形式。

环境信访的形式有书信、电话或当面来访等多种形式。

通过书信形式反映问题，应签署真实姓名，写明通信地址或编码。申述信、控告信或检举信应当写明环境信访者的姓名、单位、住址及所申述、控告或检举的基本事实。通过电话反映问题的，应在问题说完之后，记录下环境信访者的姓名、单位、住址。要求对方留下真实姓名，一方面是为了使反映的问题实事求是；另一方面为了便于在处理过程中与来信来访者保持联系，便于调查取证，也利于在问题处理结束后的回复。

采用走访形式反映问题的，应到环保部门设立或指定的接待场所，向环境信访工作人员提出。来访者在如实反映问题，由接待人员在来信来访登记册上记录后，留下真实姓名、地址、联系电话，就应离开，不得以反映问题为由，纠缠接待者，影响正常工作。一般对来访者，环保部门接待人员只负责记录所反映的问题，没有经过现场

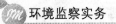

调查、弄清事实、确定处理结果之前，接待人员是不可以当面给出答复的。

多数人反映共同意见、建议和要求的，一般应采用书信、电话形式提出，需要当面反映问题的，应当推选代表提出，代表人数不得超过 5 人。多数人的来访在人数上应有限制，在反映问题的时间上，应事先推选主要负责人，负责把各方面意见简明扼要地进行陈述，不能影响环保部门的正常行政工作。

(5) 环境信访的办理。

各级环保部门应按《环境信访办法》的有关规定，对受理的来信、来电、来访事项建立严格的制度，明确登记、受理、处理、回复过程的有关规定，规定信访工作人员必须恪尽职守、秉公办事、查清事实、分清责任、正确疏导、妥善处理。

各级环保部门对受理的来信、来电、来访要进行认真登记，对登记的事项要造册，登记册上不仅要有填写信访人的姓名的栏目，而且要负责接待登记工作人员和负责回复处理意见的工作人员的姓名栏目，并有答复的时间和处理意见的栏目，做到每件环境信访事项有始有终。对写满的登记表要认真处理造册归档。

对受理的环境信访事项在登记后，应根据各级环保部门的职责权限和信访事项的性质，送有关部门办理。对本机关应当或者有权作出处理决定的环境信访事项，应当直接办理；对应由上级环保部门作出处理决定的，应当及时报送上级环保部门办理；对应由其他行政机关处理的，及时转送、转交其他行政机关办理。

涉及两个以上环保部门管辖的环境信访事项，由受理单位同有关部门协商办理，对办理结果有争议的，由共同的上一级环保部门协调处理。

环保部门直接办理的环境信访事项应在 30 日内办结，并将办理结果答复环境信访人。各级环保部门对上级交办的环境信访事项自受到之日起 90 日内办结，并将办理结果报告上级机关。不能办结的，应向上级机关说明情况。上级机关认为处理不当的，可以要求办理机关重新办理。

各级环保部门应遵守环境信访办理过程中的相关纪律。《环境信访办法》明确规定，各级环保部门及其工作人员在办理信访事项过程中，不得将检举、揭发、控告材料及有关情况透漏或转送给被检举、揭发、控告的人员和单位；办理环境信访的工作人员与信访事项或与信访人有直接利害关系的，应当回避。

(二) 排污费征收管理系统信息化管理

1. 排污收费信息系统

排污收费信息系统主要是从四个方面来实现排污申报收费工作的辅助管理。

(1) 业务流程管理。

即对排污申报登记、排污申报登记核定、排污费计算、排污费征收与缴纳等排污费征收环节利用计算机自动辅助管理，以提高排污费征收的工作效率。

(2) 排污费自动计算功能。

用计算机网络的强大处理能力开发高效、准确的排污费计算功能，降低排污费计算的工作强度，确保收费过程的公平、公正、科学、合理。

（3）数据共享。

利用数据接口实现本系统与污染源自动监控、污染源基础数据库、现场执法管理、行政处罚管理等系统的资源共享，进一步发掘环境监察各类信息资源，扩大监察信息的使用范围和深度。

（4）查询统计。

用各类查询、统计、分析、联网工具实现数据资源的深层次应用。

2. 排污收费系统流程

整个排污收费流程分两个部分，即排污收费业务流程和业务数据管理流程。

（1）排污收费业务流程。

1）排污申报登记。

在排污申报收费信息系统中，排污申报登记方式有三种：

第一种，环保部门开通网上申报管理系统，由企业在线填写，负责排污申报登记的环境监察人员在线审核企业填报的数据，通过网上几轮交互完成申报登记和审核的过程。

第二种，企业上报纸质表，由负责排污申报登记的环境监察人员录入排污申报收费信息系统并进行审核。

第三种，企业通过计算机软件，完成申报登记表格的填写，确认后，导出待上报的中间格式文件，通过电子邮件或报盘方式提交给环保部门，环保部门监察人员再把企业上报的中间格式文件导入排污申报收费信息系统。

2）排污申报登记审核。

各地环境监察机构对审核不合格的记录，责令排污申报单位进行限期改正补报；审核通过后需要打印排污申报登记表，向排污者发放审核同意的排污申报登记表。

该功能模块除了需要完成申报登记信息的审核外，还需要实现免缴管理。

3）排污申报登记核定。

系统实现这一部分功能时，需要从四个方面进行考虑：

第一，核定依据来源。根据相关规定，核定数据可用污染源自动监控数据、变更申报数据、申报核定通过数据等。需要注意的是，这些核定数据的来源存在优先顺序。通常，污染源自动监控数据和监督性监测数据是主要的核定依据。

第二，选择核定方法。核定方法有手工核定、自动核定、手工自动混合核定（先自动核定后手工检查）三种。

第三，核定业务流程管理。根据核定业务流程规定，排污申报核定存在核定、复核、变更申报等环节，在每一个环节，可能还存在内部审核、逐级批示。

第四，核定结果报表管理。核定结果报表有《排污核定通知书》、《排污核定复核决定通知书》等。系统要能够自动生成这些报表，并依据环保部门的管理模式完成内部审核。

4）排污收费计算。

排污收费计算过程包括污染物排放量计算、污染物当量计算、收费因子确定和排污费计算等四个环节，计算依据有三类：第一类是《排污核定通知书》中的核定数据；第二类是《排污核定复核决定通知书》中的复核数据；第三类是行政复议讼诉变更复议数据。

5）送达与公告。

系统在实现"送达与公告"功能模块时，一要保证能自动打印相应的文书，二要能准确地记录送达与公告的日志。送达/公告的日志要包括签批人、送达/公告签批内容、送达/公告送达与公告时间、送达/公告负责人、送达/公告方式、签收人、签收时间等。

6）排污费征收与缴纳。

根据业务情况，该模块要实现四个方面的功能：

第一，银行对账单核对。这可通过银行联网实现自动核对，也可通过手工输入对账单核对。

第二，过快对账单核对。可通过与相关财政部门联网实现自动核对，也可通过转账凭证手工核对。

第三，催缴管理。即对未缴或少缴的单位进行催办。系统实现催缴提醒、生成催缴文书、记录催缴日志等。

第四，定期汇总与上报。系统能生成汇总数据，通过联网上报报告。

（2）业务数据管理流程。

业务数据管理流程是在排污收费业务完成后，对排污收费数据进行统计、汇总、分析的过程。流程如下：数据汇总及下级数据的导入。至此，业务数据准备工作完成，接着可以进行排污费的查询及统计、排污者状况查询、通知单状况查询、数据的导出等项操作了。

（三）环境监察办公自动化

1. 环境监察办公自动化系统

环保监察办公自动化系统是为环保日常监察工作服务的办公系统，办公人员可以根据相应的操作权限各负其责，通过内部电子邮件收文、发文，提交、审批完成整个监察工作流程。它可以分为环境监察工作管理（包括污染源管理、建设项目监察、限期治理项目监察、投诉举报、污染事故处理、排污收费处理等内容）、资料管理（包括资料档案、声像档案、文书档案、照片档案等管理内容）、日常管理（包括物品管理、图书管理、车辆管理、差旅管理等内容）、会议管理（包括会议计划、会议材料、会议通知、会议纪要等内容）、公共信息管理（包括国家政策、规章制度、意见建议、日程安排、留言板等内容）、个人信息管理等模块，并且可以根据用户需要扩展新的应用和功能。

该系统对于促进环境监察工作的规范化、制度化有着十分积极的作用。对其功能简介如下：

（1）污染源管理。

对分布于各处企业的污染源进行排污许可证、污染源排放、污染治理设施监察等事件管理。整理企业污染源信息表，制定监察计划，填制现场监察处罚单，根据污染源的排放情况区分正常、异常，并进行分类列表。

（2）建设项目监察。

建设项目监察包括建设项目信息管理、监察计划、现场监察处罚单等事务，同时按项目监察的情况区分正常与异常情况。

（3）限期治理项目监察。

对于限期治理项目发出限期治理通知书，制定项目监察计划，填写限期治理项目现场处罚单，并根据治理成效区分正常与异常情况。

（4）环境纠纷/污染事故。

处理各种环境纠纷/环境污染事故投诉，能够根据环境纠纷/污染事故的处理程序和相关规定做出判断，提出整改、处罚意见。模块具有灵活的统计汇总功能，可以统计各种时段各种情况的污染事件，并形成方便、直观的报表。

（5）征收排污费。

按照环境监察工作规范流程征收排污费用，简化了以往的工作程序，并为用户提供一整套排污收费的报表和各种需要的数据文档。

（6）行政处罚。

建立起从立案、调查、审理、听证到结案的一系列行政处罚的流程，可嵌入包括图片、录像等各种证据，方便地实现环保法律的综合查询。

（7）工作汇总。

对辖区内环境监察工作进行汇总，形成月度监察情况汇总表和环境监察工作台账等文档。

（8）环保法律综合查询。

提供了环境保护法律法规目录、法律依据责任表、行政部门行为表、罚款量化的标准和案例分析五种方式查询。环境监察单位在执法过程中，可按照相关的法律、法规进行规范化处罚，提高监察工作的有效性和严肃性。

2. 环境监察移动办公执法系统

应用移动办公执法系统，可以达到以下目标：

第一，和报警的无线接入。

第二，以手机短消息和数据通信方式实现数据接入和报警接入。

环保移动办公应用整合，可广泛接入移动信息终端（PDA、WAP、手机等），实现就近告警、定向告警、移动间事故处理、移动报警、事故处理、预案分发等功能，实现环保办公系统的固定——移动互联，提高办事效率和应变能力。

移动办公执法系统主要由短信息平台、WAP 网站、Web 网站组成。

（1）短信息平台。

主要为配合有手机的移动监察人员或监察车提供短信息服务，能够接收现场办公人员的监察信息并将相关信息发给现场办公人员。

（2）WAP网站。

当外出办公人员所需信息较多的时候，可以通过WAP网站直接和环保局取得联系，可以方便、快捷地传递各种文件、资料，和环保办公自动化系统的工作流程紧密结合起来，并可以通过Web网站进行实时数据和历史记录的查询。

（3）Web网站。

环保局的领导外出的时候，可以通过Web网站了解到最新的环境状况，可以通过相应的查询系统了解企业的最新污染数据。同时，监察人员也可以通过手机或PDA等多种方式对企业排污数据进行查询，满足现场执法的需要。

（4）排污现场监测数据和报警的无线接入。

利用中国移动的移动通信线路作为数据采集的传输介质，以定制的工业手机作为现场数据采集的通信设备，以手机内置的Modem接口实现数据接收和转发，以手机端信息和数据通信方式实现数据接入和报警接入。此外，借助蜂窝网的双频覆盖，实现对手机方位的估测，对于违章移动适配器的操作提供报警功能。

（5）移动环境监控手段。

利用中国移动覆盖广泛的移动通信网络，实现对移动环境监控的全面支持，环境监督执法人员利用中国移动手机的WAP服务，即可实现对目标企业污染数据的实时接入，并可实现对污染源状况的查询，这样可以大大加强执法人员对现场状况的监控能力，提高环境监察质量。作为增值服务的一部分，还可以建立监察人员的移动执法系统等。

（6）环保移动办公应用整合。

利用中国移动的移动通信网络，实现对持有移动信息终端（PDA、WAP、手机等）的广泛介入，将环保信息系统的工作流管理功能与GID、GPS（通过中国移动网络得到）相结合，实现就近告警、定向告警、移动间事故处理、移动报警，实现环保办公的固定—移动互联，提高办事效率和应变能力。

3. 环保政务公开系统

环保政务公开系统作为环保局的一个对外窗口，提供美观、方便的人机交互界面，用户可通过置于环保局的大屏幕触摸屏进行操作，也可用普通计算机通过浏览器进行查询。系统接入环保信息库，提供方便的信息查询功能，公开环保局的作用流程、工作进度、处理情况、意见反馈、投诉申请等信息，实现环保局的政务公开，树立环保良好形象。

四、思考与训练

1. 简述环境监察机构在污染源在线监控中的工作职责。

2. 简述环境举报的调查处理程序。

排污申报登记统计表

排污类型	
污水	☐
废气	☐
固体废物	☐
噪声	☐

排放污染物申报登记统计表

申报年度：☐☐☐☐

行政区划代码☐☐☐☐☐☐-☐☐☐单位名称（盖章）_____

法定代表人（签章）_____申报单位法人代码☐☐☐☐☐☐☐☐-☐（☐☐）

填 表 人_____报出日期：_____年_____月_____日

环境保护部制

填报要求

1. 工业企业等一般排污单位应填报本表。

2. 表中上年度情况以上年度实际为准填报，本年度情况应结合上年度实际情况和本年度生产经营计划申报。

3. 当排污单位排放污染物需作改变或者发生污染事故等造成污染物排放紧急变化的，必须分别在改变 3 日前或变化后 3 日内填报相应的《排放污染物月变更申报表（试行）》，说明变更原因，履行变更申报手续。

4. 必须用钢笔填报，蓝、黑墨水均可，书写工整、清晰，填报数据一律用阿拉伯数字，文字说明一律用汉字，涂改后必须签章有效。

5. 本表须按"填表说明"如实规范填写，若填报表页数不够，可复印加页填报。各项栏目不得空缺，如属于"无"、"零"、"未检出"、"未测"、"不明"等，应用文字注明；《单位平面示意图》、《生产工艺示意图》、《主要污染治理工艺示意图》内容没有变化的，图中可注明"同上年"。

6. 本表每年填报一次，一式两份，每份需加盖公章，于每年 1 月 1 日至 1 月 15 日内报环境监察机构，环境监察机构审核后退申报单位一份。

7. 排污单位申报的相关数据经环境监察机构核定后，将作为征收排污费与其他环境监督管理事项的依据。

填表说明

【表封】

1. ［申报年度］：为报出日期所在年份。

2. ［行政区划代码］：为排污者所在地的行政区划代码，共 9 位。前六位按《中华人民共和国行政区代码》（GB /T 2260）规定填写，后三位按《县以下行政区划代码编制规则》（GB /T 10114）规定填写，没有县以下行政区划代码标准的后三位填写 000。

3. ［单位名称］：按法人登记或工商行政管理部门核准的名称填写。单位名称应与单位公章所使用的名称一致。

4. ［法定代表人］：由《法人单位代码证书》中的法定代表人签章认可。没有法定代表人的，由单位实际负责人签章认可。

5. ［申报单位法人代码］：按照技术监督部门颁发的《法人单位代码证书》上的代码填写。

对于有两种或两种以上国民经济行业分类或跨不同行政区划的大型联合企业（如联合企业、总厂、总公司、电业局、油田管理局、矿务局等），其所属二级单位为填报报表的基本单位，按属地管理原则向环境监察机构申报。前述不具有法人资格的二级单位在填写企业法人代码时，除填写上级单位（独立核算单位）的法人代码外，还应在九位法人代码后的括号内填写其在上级单位中的顺序编号（两位）。

6. ［填表人］：由填写报表的人员签名。

7．［报出日期］：填写报表报出日期。

8．［排污类型］：按照申报单位排放污染物的类型，在污水、废气、固体废物、噪声后画"√"。

审核意见

经办人意见：	环境监察机构审核意见：
经办人： 年　月　日	负责人：　　单位（盖章） 年　月　日

本申报表需附的相关材料：

1．污染源监测报告单复印件；

2．单位的用水情况单复印件；

3．燃料检测单复印件；

4．申报登记表格中需排污单位测算的数据应提供数据的计算说明；

5．有关的原辅材料购进、产品销售等情况资料；

6．当年新增排放口情况说明；

7．其他需要补充的材料：

（1）

（2）

（3）

一、基本情况及上年污染物排放情况

附表 1—1

单位基本信息

字段	字段	字段
1. 单位地址	省(自治区、直辖市)	市(地、州、盟)	县(市、旗、区)	乡、镇及街(道、路)	号
2. 中心经度 ° ′ ″			
3. 中心纬度 ° ′ ″			
4. 单位环保机构名称			
5. 专职环保人员数		6. 联系人	7. 电话/传真	
			8. 电子邮件	
9. 通讯地址		10. 邮政编码	11. 装机容量(万千瓦)	
12. 投产(开业)日期		14. 年末职工人数	15. 企业规模	
16. 单位类别 □			
17. 登记注册类型		18. 隶属关系	19. 行业类别 □ □ □	
20. 开户行		21. 账号	
22. 上年总产值(万元)		24. 上年"三废"综合利用产品产值(万元)	25. 上年末固定资产原值(万元)	
23. 上年利税金额(万元)			
26. 环保设施原值(万元)		28. 污水治理设施处理能力(万吨/日)	29. 上年污水治理设施运行费用(万元)	
27. 污水治理设施数(套)			
30. 锅炉数(台)	台	32. 其中烟尘排放达标数	34. 工业炉窑数(座)	35. 其中烟尘排放达标数(座)	
31. 锅炉总蒸吨数(蒸吨)	蒸吨	33. 其中二氧化硫排放达标数		36. 其中二氧化硫排放达标数(座)	
	台			
	蒸吨			
37. 废气治理设施数(套)		40. 脱硫设施数(套)	41. 脱硫设施脱硫能力(吨/小时)	
38. 废气治理设施处理能力(万标立方米/小时)			
39. 上年废气治理设施运行费用(万元)			
排污许可证	42. 编号	44. 环保管理关系 省管□ 地市□ 区管□ 县□ 镇管□	46. 上年缴纳排污费总额(万元) □	
	43. 发证日期	45. 重点污染源级别 国家级□ 省级□ 地市级□	47. 上年环境违法罚款(万元) □	

表内指标关系：30≥32,30≥33,34≥35,34≥36,37≥40。

258

附表 1—2

上年污染治理设施情况

1. 治理设施名称	2. 污染类别	3. 处理方法	4. 设计处理能力	5. 处理量	*6. 排向的排放口名称及编号	7. 运行天数	8. 运行费用（万元）	9. 投入使用日期
(1)								
(2)								
(3)								
(4)								
(5)								
(6)								
(7)								

备注：1. 计量单位：处理能力——污水（吨/日）、废气（标立方米/小时）、固体废物（吨/日）；年处理量——污水（万吨）、废气（万标立方米）、固体废物（吨）。

2. 如上表中治理设施为固体废物的处理设施，对表中"*"项指标不用填写。

上年主要产品、原辅材料年产（用）量

附表 1—3

1. 主要产品名称	2. 计量单位	3. 设计年产量	4. 年产量	5. 主要原辅材料名称	2. 计量单位	6. 用（耗）量	7. 单位产品用水量（吨）	8. 单位产品能耗量（吨标煤）	9. 单位产品煤耗量（吨）
(1)									
(2)									
(3)									
(4)									
(5)									

上年单位产品排污量

附表 1—4

1. 主要产品名称	2. 计量单位	3. 单位产品污水排放量（吨）	单位产品污水中主要污染物排放量		6. 单位产品废气排放量（标立方米）	单位产品废气中主要污染物排放量	
			4. 污染物名称	5. 排放量（千克）		7. 污染物名称	8. 排放量（千克）
(1)							
(2)							
(3)							
(4)							
(5)							

附表 1—5

上年能源消耗情况

燃料种类	固体燃料				液体燃料					气体燃料	
	煤炭		3. 原料煤（吨）	4. 其他固体燃料（吨）	油类燃料				9. 其他液体燃料（吨）	10. 天然气（万标立方米）	11. 其他气体燃料（万标立方米）
	1. 合计（吨）	2. 燃料煤（吨）			5. 合计（吨）	6. 重油（吨）	7. 柴油（吨）	8. 其他油类燃料（吨）			
消耗量（吨或万标立方米）											
硫份（%）	—				—				—	—	—
灰分（%）	—				—				—	—	—

附表 1—6

上年用水情况

（单位：万吨）

用水总量	新鲜用水量					重复用水	
1. 用水总量	2. 合计	3. 自来水	4. 地下水	5. 地表水	6. 其他水	7. 重复用水量	8. 重复用水率（%）

表内指标关系：1=2+7，2=3+4+5+6，8=（7÷1）×100%。

附表 1—7

上年污水及污染物排放汇总情况

1. 排放口数量（个）	2. 污水排放量（万吨）	3. 达标排放量（万吨）	4. 超标排放量（万吨）	其中 5. 直接排入海量（万吨）	6. 直接排入江河湖库量（万吨）	7. 排入城市管网量（万吨）	8. 其中排入城镇污水处理厂量	9. 其他去向量（万吨）

10. 污染物名称	11. 去除量（吨）	12. 其中当年新增设施去除量（吨）	排放量（吨） 13. 合计	14. 达标量	15. 超标量
(1)汞					
(2)镉					
(3)六价铬					
(4)铅					
(5)砷					
(6)挥发酚					
(7)氰化物					
(8)化学需氧量					
(9)石油类					
(10)氨氮					
(11)悬浮物					
(12)					
(13)					
(14)					
(15)					
(16)					

表内指标关系：$2＝3＋4＝5＋6＋7＋9,7\geq8,11\geq12,13＝14＋15$。

附表 1—8

上年废气及污染物排放汇总情况

1. 排放口数量(个)													
2. 其中工艺废气排放口数量(个)													
3. 其中燃烧废气排放口数量(个)													
4. 废气排放量(万标立方米)													
5. 其中工艺废气排放量(万标立方米)													
6. 其中燃烧废气排放量(万标立方米)													

7. 污染物名称	去除量(吨)				排放量(吨)								
	8. 合计	9. 其中当年新增设施去除量	10. 其中燃烧废气去除量	11. 其中工艺废气去除量	排放量合计			其中:燃烧废气排放量			其中:工艺废气排放量		
					12. 合计	13. 达标量	14. 超标量	15. 合计	16. 达标量	17. 超标量	18. 合计	19. 达标量	20. 超标量
(1)二氧化硫													
(2)烟尘													
(3)工业粉尘			—					—	—	—			
(4)氮氧化物													
(5)挥发性有机溶剂													
(6)													

表内指标关系:1=2+3,4=5+6,8=10+11,8≥9,12=13+14=15+18,13=16+19,14=17+20,15=16+17,18=19+20。

附表 1—9

上年固体废物产生及去向情况

(单位:吨)

1. 固体废物名称	2. 产生量	3. 主要有害成分	综合利用量		处置量						贮存量				15. 排放量	16. 是否办理转移联单
			4. 合计	5. 其中综合利用往年贮存量	6. 合计	7. 符合环保标准处置量	8. 不符合环保标准处置量	9. 其中运往集中处置厂量	10. 处置往年贮存量	11. 合计	12. 符合环保标准贮存量	13. 不符合环保标准贮存量	14. 历年累计贮存量		
(1)危险废物															
(2)其中含:															
①铬废物															
②铜废物															
③铝废物															
④废有机溶剂															
⑤废矿物物质															
⑥医疗废物															
⑦其他															
(3)冶炼渣															
(4)粉煤灰															
(5)炉渣															
(6)煤矸石															
(7)尾矿															
(8)放射性废物															—
(9)其他废物															
合计		—													

备注:危险废物包括医疗废物;按照《国家危险废物名录》;医疗废物包括医院临床废物、医药废物和废药物/药品三类。

表内指标关系:2=(4—5)+(6—10)+11+15,6=7+8,11=12+13≤14。

265

附表 1—10

上年工业企业污染治理项目建设情况

1. 污染治理项目名称	2. 治理类型	3. 开工年月	4. 建成投产年月	5. 计划总投资（万元）	6. 至上年底累计完成投资（万元）	上年完成投资及资金来源（万元）							14. 上年竣工项目新增处理能力
						7. 合计	8. 国家预算内资金	9. 环境保护专项资金	其他资金				
									10. 合计	其中			
										11. 国内贷款	12. 利用外资	13. 企业自筹	
(1)													
(2)													
(3)													

备注：1. 前年已竣工投入使用的项目不再填报，已纳入建设项目环境保护"三同时"管理的项目不再填报；

2. 废水治理处理能力单位为吨/日，废气治理处理能力单位为标立方米/小时，固体废物治理处理能力单位为吨/日，噪声治理填降低"分贝"值。

表内指标关系：6≥7,7=8+9+10。

附表 1—11

排污许可证情况

1. 污染物名称	2. 污水中污染物允许排放量（吨/年）	3. 最高允许排放浓度（毫克/升）	5. 污染物名称	6. 废气中污染物允许排放量（吨/年）	7. 最高允许排放浓度（毫克/立方米）
污水			废气		
4. 污水允许排放量（万吨/年）			8. 废气允许排放量（万标立方米/年）		

附表 1—12

污水排放口上年排放情况

1. 排放口名称			
2. 排放口编号			
3. 排放口位置			
4. 经度	° ′ ″		
5. 纬度	° ′ ″		
6. 功能区类别	□		
7. 执行标准类别			
8. 污水排放规律	□		
9. 排放天数			
10. 排放时间（小时／天）			
11. 排放去向	□		
12. 水体名称			
13. 污水排放量（万吨）			
14. 其中达标排放量（万吨）			
15. 其中超标排放量（万吨）			
16. 排放月份	01月□ 02月□ 03月□ 04月□ 05月□ 06月□ 07月□ 08月□ 09月□ 10月□ 11月□ 12月□		
17. 最近一次建设的项目名称			
18. 建设日期			
19. 污染源自动监控仪器名称			

20. 污染物名称	污染物排放量（吨）	其中	
	21. 合计	22. 达标排放量	23. 超标排放量
(1) 汞			
(2) 镉			
(3) 六价铬			
(4) 铅			
(5) 砷			
(6) 挥发酚			
(7) 氰化物			
(8) 化学需氧量			
(9) 石油类			
(10) 氨氮			
(11) 悬浮物			
(12)			
(13)			
(14)			
(15)			
(16)			

备注：执行标准类别分为：1. 国家排放标准；2. 地方排放标准；3. 行业排放标准。
表内指标关系：13＝14＋15，21＝22＋23。

附表 1—13

废气排放口上年排放情况

1. 排放口名称	
2. 排放口编号	
3. 排放口位置	4. 经度 ° ′ ″　5. 纬度 ° ′ ″　6. 功能区类别 □
7. 执行标准类别	
8. 是否两控区	是□ 否□
9. 排放口类型	工艺废气排放口□ 燃烧废气排放口□
10. 设备名称	
11. 废气排放规律	□
12. 排放天数	
13. 排放时间（小时/天）	
14. 排放口高度（米）	15. 出口内径（米）　*16. 装机容量（万千瓦）
17. 废气排放量（万标立方米）	
18. 其中达标排放量（万标立方米）	
19. 其中超标排放量（万标立方米）	
20. 排放月份	01月□ 02月□ 03月□ 04月□ 05月□ 06月□ 07月□ 08月□ 09月□ 10月□ 11月□ 12月□
21. 污染源自动监控仪器名称	

22. 污染物名称	23. 合计	污染物排放量（吨） 其中	
		24. 达标排放量	25. 超标排放量
（1）二氧化硫			
（2）烟尘			
（3）工业粉尘			
（4）氮氧化物			
（5）挥发性有机溶剂			
（6）			

备注：1. 表中"△"项指燃料燃烧设备及排放口情况不填，表中"＊"项指标工艺废气排放口情况不填；

2. 执行标准类别分为：1. 国家排放标准；2. 地方排放标准；3. 行业排放标准。

表内指标关系：17＝18＋19，23＝24＋25。

附录二

污水综合排放标准（GB 8978—1996）（部分）

1. 主题内容与适用范围

1.1 主题内容

本标准按照污水排放去向，分年限规定了69种水污染物最高允许排放浓度及部分行业最高允许排水量。

1.2 适用范围

本标准适用于现有单位水污染物的排放管理，以及建设项目的环境影响评价、建设项目环境保护设施设计、竣工验收及其投产后的排放管理。

按照国家综合排放标准与国家行业排放标准不交叉执行的原则，造纸工业执行《造纸工业水污染物排放标准（GB 3544—92）》，船舶执行《船舶污染物排放标准（GB 3552—83）》，船舶工业执行《船舶工业污染物排放标准（GB 4286—84）》，海洋石油开发工业执行《海洋石油开发工业含油污水排放标准（GB 4914—85）》，纺织染整工业执行《纺织染整工业水污染物排放标准（GB 4287—92）》，肉类加工工业执行《肉类加工工业水污染物排放标准（GB 13457—92）》，合成氨工业执行《合成氨工业水污染物排放标准（GB 13458—92）》，钢铁工业执行《钢铁工业水污染物排放标准（GB 13456—92）》，航天推进剂使用执行《航天推进剂水污染物排放标准（GB 14374—93）》，兵器工业执行《兵器工业水污染物排放标准（GB 14470.1～14470.3—93 和 GB4274～4279—84）》，磷肥工业执行《磷肥工业水污染物排放标准（GB 15580—95）》，烧碱、聚氯乙烯工业执行《烧碱、聚氯乙烯工业水污染物排放标准（GB 15581—95）》，其他水污染物排放均执行本标准。

1.3　本标准颁布后，新增加国家行业水污染物排放标准的行业，按其适用范围执行相应的国家水污染物行业标准，不再执行本标准

2. 引用标准

下列标准所包含的条文，通过在本标准中引用而构成为本标准的条文。

GB3097—82 海水水质标准

GB3838—88 地面水环境质量标准

GB8703—88 地面水环境质量标准

GB8703—88 辐射防护规定

3. 定义

3.1　污水：指在生产与生活活动中排放的水的总称。

3.2　排水量：指在生产过程中直接用于工艺生产的水的排放量。不包括间接冷却水、厂区锅炉、电站排水。

3.3　一切排污单位：指本标准适用范围所包括的一切排污单位。

3.4　其他排污单位：指在某一控制项目中，除所列行业外的一切排污单位。

4. 技术内容

4.1　标准分级

4.1.1　排入 GB3838 Ⅲ类水域（划定的保护区和游泳区除外）和排入 GB3097 中二类海域的污水，执行一级标准。

4.1.2　排入 GB3838 中Ⅳ、Ⅴ类水域和排入 GB3097 中三类海域的污水，执行二级标准。

4.1.3　排入设置二级污水处理厂的城镇排水系统的污水，执行三级标准。

4.1.4　排入未设置二级污水处理厂的城镇排水系统的污水，必须根据排水系统出水受纳水域的功能要求，分别执行 4.1.1 和 4.1.2 的规定。

4.1.5　GB3838 中Ⅰ、Ⅱ类水域和Ⅲ类水域中划定的保护区，GB3097 中一类海域，禁止新建排污口，现有排污口应按水体功能要求，实行污染物总量控制，以保证受纳水体水质符合规定用途的水质标准。

4.2　标准值

4.2.1　本标准将排放的污染物按其性质及控制方式分为二类。

4.2.1.1　第一类污染物，不分行业和污水排放方式，也不分受纳水体的功能类别，一律在车间或车间处理设施排放口采样，其最高允许排放浓度必须达到本标准要求（采矿行业的尾矿坝出水口不得视为车间排放口）。

4.2.1.2　第二类污染物，在排污单位排放口采样，其最高允许排放浓度必须达到

本标准要求。

4.2.2　本标准按年限规定了第一类污染物和第二类污染物最高允许排放浓度及部分行业最高允许排水量。

附表 2—1　　　　　　　　　第一类污染物最高允许排放浓度　　　　　　　　（单位：mg/L）

序号	污染物	最高允许排放浓度
1	总汞	0.05
2	烷基汞	不得检出
3	总镉	0.1
4	总铬	1.5
5	六价铬	0.5
6	总砷	0.5
7	总铅	1.0
8	总镍	1.0
9	苯并（a）芘	0.000 03
10	总铍	0.005
11	总银	0.5
12	总 α 放射性	1 Bq/L
13	总 β 放射性	10 Bq/L

附表 2—2　　　　　　　　　第二类污染物最高允许排放浓度

（1997 年 12 月 31 日之前建设的单位）　　　　　　　　　　单位：mg/L

序号	污染物	适用范围	一级标准	二级标准	三级标准
1	pH 值	一切排污单位	6～9	6～9	6～9
2	色度(稀释倍数)	染料工业	50	180	—
		其他排污单位	50	80	—
3	悬浮物(SS)	采矿、选矿、选煤工业	100	300	—
		脉金选矿	100	500	—
		边远地区砂金选矿	100	800	—
		城镇二级污水处理厂	20	30	—
		其他排污单位	70	200	400

续前表

序号	污染物	适用范围	一级标准	二级标准	三级标准
4	五日生化需氧量（BOD₅）	甘蔗制糖、苎麻脱胶、湿法纤维板工业	30	100	600
		甜菜制糖、酒精、味精、皮革、化纤浆粕工业	30	150	600
		城镇二级污水处理厂	20	30	—
		其他排污单位	30	60	300
5	化学需氧量（COD）	甜菜制糖、焦化、合成脂肪酸、湿法纤维板、染料、洗毛、有机磷农药工业	100	200	1 000
		味精、酒精、医药原料药、生物制药、苎麻脱胶、皮革、化纤浆粕工业	100	300	1 000
		石油化工工业（包括石油炼制）	100	150	500
		城镇二级污水处理厂	60	120	—
		其他排污单位	100	150	500
6	石油类	一切排污单位	10	10	30
7	动植物油	一切排污单位	20	20	100
8	挥发酚	一切排污单位	0.5	0.5	2.0
9	总氰化合物	电影洗片（铁氰化合物）	0.5	5.0	5.0
		其他排污单位	0.5	0.5	1.0
10	硫化物	一切排污单位	1.0	1.0	2.0
11	氨氮	医药原料药、染料、石油化工工业	15	50	—
		其他排污单位	15	25	—
12	氟化物	黄磷工业	10	20	20
		低氟地区（水体含氟量<0.5 mg/L）	10	20	30
		其他排污单位	10	10	20
13	磷酸盐(以 P 计)	一切排污单位	0.5	1.0	—
14	甲醛	一切排污单位	1.0	2.0	5.0
15	苯胺类	一切排污单位	1.0	2.0	5.0
16	硝基苯类	一切排污单位	2.0	3.0	5.0
17	阴离子表面活性剂（LAS）	合成洗涤剂工业	5.0	15	20
		其他排污单位	5.0	10	20

续前表

序号	污染物	适用范围	一级标准	二级标准	三级标准
18	总铜	一切排污单位	5.0	1.0	2.0
19	总锌	一切排污单位	2.0	5.0	5.0
20	总锰	合成脂肪酸工业	2.0	5.0	5.0
		其他排污单位	2.0	2.0	5.0
21	彩色显影剂	电影洗片	2.0	3.0	5.0
22	显影剂及氧化物总量	电影洗片	3.0	6.0	6.0
23	元素磷	一切排污单位	0.1	0.3	0.3
24	有机磷农药（以 P 计）	一切排污单位	不得检出	0.5	0.5
25	粪大肠菌群数	医院 *、兽医院及医疗机构含病原体污水	500 个/L	1 000 个/L	5 000 个/L
		传染病、结核病医院污水	100 个/L	500 个/L	1 000 个/L
26	总余氯（采用氯化消毒的医院污水）	医院 *、兽医院及医疗机构含病原体污水	<0.5 **	>3（接触时间≥1 h）	>2（接触时间≥1 h）
		传染病、结核病医院污水	<0.5 **	>6.5（接触时间≥1.5 h）	>5（接触时间≥1.5 h）

注：* 指 50 个床位以上的医院。** 指加氯消毒后须进行脱氯处理，达到本标准。

附表 2—3　　　　　　　　第二类污染物最高允许排放浓度

（1998 年 1 月 1 日后建设的单位）

序号	污染物	适用范围	一级标准	二级标准	三级标准
1	pH 值	一切排污单位	6～9	6～9	6～9
2	色度(稀释倍数)	一切排污单位	50	80	—
3	悬浮物(SS)	采矿、选矿、选煤工业	70	300	—
		脉金选矿	70	400	—
		边远地区砂金选矿	70	800	—
		城镇二级污水处理厂	20	30	—
		其他排污单位	70	150	400

续前表

序号	污染物	适用范围	一级标准	二级标准	三级标准
4	五日生化需氧量（BOD₅）	甘蔗制糖、苎麻脱胶、湿法纤维板、染料、洗毛工业	20	60	600
		甜菜制糖、酒精、味精、皮革、化纤浆粕工业	20	100	600
		城镇二级污水处理厂	20	30	—
		其他排污单位	20	30	300
5	化学需氧量（COD）	甜菜制糖、合成脂肪酸、湿法纤维板、染料、洗毛、有机磷农药工业	100	200	1 000
		味精、酒精、医药原料药、生物制药、苎麻脱胶、皮革、化纤浆粕工业	100	300	1 000
		石油化工工业（包括石油炼制）	60	120	—
		城镇二级污水处理厂	60	120	500
		其他排污单位	100	150	500
6	石油类	一切排污单位	5	10	20
7	动植物油	一切排污单位	10	15	100
8	挥发酚	一切排污单位	0.5	0.5	2.0
9	总氰化合物	一切排污单位	0.5	0.5	1.0
10	硫化物	一切排污单位	1.0	1.0	1.0
11	氨氮	医药原料药、染料、石油化工工业	15	50	—
		其他排污单位	15	25	—
12	氟化物	黄磷工业	10	15	20
		低氟地区（水体含氟量<0.5 mg/L）	10	20	30
		其他排污单位	10	10	20
13	磷酸盐(以 P 计)	一切排污单位	0.5	1.0	—
14	甲醛	一切排污单位	1.0	2.0	5.0
15	苯胺类	一切排污单位	1.0	2.0	5.0
16	硝基苯类	一切排污单位	2.0	3.0	5.0
17	阴离子表面活性剂（LAS）	一切排污单位	5.0	10	20
18	总铜	一切排污单位	0.5	1.0	2.0

续前表

序号	污染物	适用范围	一级标准	二级标准	三级标准
19	总锌	一切排污单位	2.0	5.0	5.0
20	总锰	合成脂肪酸工业	2.0	5.0	5.0
		其他排污单位	2.0	2.0	5.0
21	彩色显影剂	电影洗片	1.0	2.0	3.0
22	显影剂及氧化物总量	电影洗片	3.0	3.0	6.0
23	元素磷	一切排污单位	0.1	0.1	0.3
24	有机磷农药（以P计）	一切排污单位	不得检出	0.5	0.5
25	乐果	一切排污单位	不得检出	1.0	2.0
26	对硫磷	一切排污单位	不得检出	1.0	2.0
27	甲基对硫磷	一切排污单位	不得检出	1.0	2.0
28	马拉硫磷	一切排污单位	不得检出	5.0	10
29	五氯酚及五氯酚钠（以五氯酚计）	一切排污单位	5.0	8.0	10
30	可吸附有机卤化物（AOX）	一切排污单位	1.0	5.0	8.0
31	三氯甲烷	一切排污单位	0.3	0.6	1.0
32	四氯化碳	一切排污单位	0.03	0.06	0.5
33	三氯乙烯	一切排污单位	0.3	0.6	1.0
34	四氯乙烯	一切排污单位	0.1	0.2	0.5
35	苯	一切排污单位	0.1	0.2	0.5
36	甲苯	一切排污单位	0.1	0.2	0.5
37	乙苯	一切排污单位	0.4	0.6	1.0
38	邻-二甲苯	一切排污单位	0.4	0.6	1.0
39	对-二甲苯	一切排污单位	0.4	0.6	1.0
40	间-二甲苯	一切排污单位	0.4	0.6	1.0
41	氯苯	一切排污单位	0.2	0.4	1.0
42	邻-二氯苯	一切排污单位	0.4	0.6	1.0
43	对-二氯苯	一切排污单位	0.4	0.6	1.0

续前表

序号	污染物	适用范围	一级标准	二级标准	三级标准
44	对-硝基氯苯	一切排污单位	0.5	1.0	5.0
45	2，4-二硝基氯苯	一切排污单位	0.5	1.0	5.0
46	苯酚	一切排污单位	0.3	0.4	1.0
47	间-甲酚	一切排污单位	0.1	0.2	0.5
48	2，4-二氯酚	一切排污单位	0.6	0.8	1.0
49	2，4，6-三氯酚	一切排污单位	0.6	0.8	1.0
50	邻苯二甲酸二丁酯	一切排污单位	0.2	0.4	2.0
51	邻苯二甲酸二辛酯	一切排污单位	0.3	0.6	2.0
52	丙烯腈	一切排污单位	2.0	5.0	5.0
53	总硒	一切排污单位	0.1	0.2	0.5
54	粪大肠菌群数	医院＊、兽医院及医疗机构含病原体污水	500 个/L	1 000 个/L	5 000 个/L
		传染病、结核病医院污水	100 个/L	500 个/L	1 000 个/L
55	总余氯（采用氯化消毒的医院污水）	医院＊、兽医院及医疗机构含病原体污水	<0.5＊＊	>3（接触时间≥1 h）	>2（接触时间≥1 h）
		传染病、结核病医院污水	<0.5＊＊	>6.5（接触时间≥1.5 h）	>5（接触时间≥1.5 h）
56	总有机碳（TOC）	合成脂肪酸工业	20	40	—
		苎麻脱胶工业	20	60	—
		其他排污单位	20	30	—

注：其他排污单位指除在该控制项目中所列行业以外的一切排污单位。＊指50个床位以上的医院。＊＊指加氯消毒后须进行脱氯处理，达到本标准。

环境监察工作制度

一、内部管理制度

（一）环境监察人员工作守则

1. 认真学习掌握环保法律、法规、政策、标准及环保专业知识。

2. 热爱本职工作，熟悉监察业务，掌握监察工作程序和工作方法。

3. 做到依法行政，执法必严，违法必究。

4. 正确行使职权，秉公执法，清正廉洁，遵守行为规范。

5. 查处迅速，及时报告监察工作情况。

6. 履行工作职责，恪守监察工作范围，严守被监察单位技术业务秘密。

（二）公开办事规则

1. 增加执法透明度，自觉接受各方监督。

2. 公开环境监察工作制度和工作程序。

3. 公开环境监察执法依据和结论。

4. 公开环境监察举报电话和举报信箱。

5. 现场监察必须有两名以上监察人员参加。

6. 执行任务时佩戴统一执法标志，出示环境监察证件。

二、现场环境监察制度

1. 对重点污染源及其污染防治设施的现场监察每月不少于 1 次。

2. 对一般污染源及其污染治理设施的现场监察每季不少于 1 次。

3. 对建设项目、限期治理项目现场监察每月不少于 1 次。

4. 对海洋生态、自然保护区、生态示范区、综合治理工程、烟尘控制区、噪声达标区现场监察每季不少于 1 次。

5. 对机动车尾气、禁鸣路段噪声等按规定进行现场监察。

6. 对群众举报的污染源，及时进行现场监察。

三、污染源现场巡视监察制度

1. 保证现场巡视监察次数，提高巡视监察质量。

2. 开展节、假日期间和夜间的值班巡视监察。

3. 现场巡视监察须带便携监测仪器和取证设备。

4. 认真询问，耐心回答有关问题。

5. 详细记录现场查访情况，认真填写《现场监察记录》，经被监察单位有关人员签字后，报监察机构负责人阅批。

6. 发现异常情况，应及时取证并按规定采取相应处理措施。

四、征收排污费工作制度

1. 严格执行排污收费标准，坚持"依法、全面、足额、按时"的征收原则。

2. 征收依据充分，核算金额准确，操作程序合法。

3. 对被征收排污费的单位公布污染物排放标准和排污费征收标准，公布监测数据或污染量核定依据。

4. 统一票据、统一征收、统一收费专户、统一管理。

5. 符合排污费减、缓、免条件的，由缴费单位提出申请，按规定审批。

6. 排污收费应按月或按季结清，及时解缴国库。

五、污染事故和纠纷查处制度

1. 登记报告：对管辖范围内的事故、纠纷投诉及时登记，对重大、特大的事故或纠纷应及时按规定上报。

2. 快查快办：查处人员应尽快着手进行案件的查处工作，一般要求一周内立案，三个月内结案。

3. 现场调查：所有受理案件都应进行现场调查、取证，掌握第一手资料。

4. 查处案件：所有受理案件均必须进行查处，有调查情况，有处理意见，任何人无权扣压不办。

六、对排污单位来文、来函的回复制度

1. 坚持分级处理，按权限回复的原则，做到件件复函。

2. 上级和主管部门批办件，一周内提出处理意见，报批办单位。

3. 对来文、来函应按收文登记、领导阅示、专人处理程序办理，由主管领导签发直接复函。

4. 来文、来函一般在 15 日内复函，对口头、电话报告，做好记录，一般不做正式复函。

5. 对已函复的来文、来函，监察人员应按函复意见执行。

6. 已来文、来函及函复件，全部资料应整理存档。

七、环境监察档案管理制度

1. 环境监察工作中形成的、具有保存价值的文件资料应定期移交档案管理人员。

2. 档案管理人员对接收进库的各类档案资料要及时登记，进行科学分类、编目、排架。

3. 定期检查档案保存情况，发现破损和字迹不清的应及时修补、复制。

4. 档案库存做到账务相符，搞好档案开发利用。

5. 环境监察人员可按规定查阅环境监察业务档案，借出使用须办理借阅手续。

6. 非监察机构人员查阅环境监察业务档案，须经监察机构负责人批准后，方可查阅。

7. 需要摘抄、复制档案材料，须经主管领导批准同意。

8. 借阅档案材料必须妥善保管，注意保密。

八、环境监察票据使用管理制度

按照财务制度进行管理。

九、执法文书使用管理制度

1. 执法文书由档案管理人员负责保管。

2. 领用执法文书，须经主管领导批准。

3. 填写执法文书，应按规定要求填写，内容规范、准确。

4. 发送执法文书须按管理权限经有关领导审核签发。

5. 送达执法文书，须办理执行单位签收手续。

6. 执法文书使用完毕，按一事一卷的原则立卷归档。

十、环境监察报告制度

环境监察报告按内容和报告时间分为快报、季报、半年简报和年报。

十一、环境监察人员培训管理制度

1. 环境监察人员均应接受岗位培训，经考核合格后持证上岗。

2. 县及县以上环境监察机构负责人，应取得国家环境保护局岗位培训合格证书，其他环境监察人员应取得国家环境护局或省环境保护局岗位培训合格证书。

3. 新上岗或换新岗的环境监察人员应经岗前培训，经考核合格后持证上岗。

4. 环境监察人员每工作五年至少应经一次业务培训，考核不合格者不得上岗。

5. 积极引导、鼓励环境监察人员学习政治理论、科学文化和环保专业知识。

6. 积极创造条件，组织环境监察人员相互交流、相互学习。

1. 陆新元主编．环境监察（第二版）．北京：中国环境科学出版社，2008．

2. 郭正，陈喜红主编．环境监察．北京：化学工业出版社，2007．

3. 郭正，卢莎主编．环境法规．北京：化学工业出版社，2006．

4. 程信和编．环境保护行政执法、处罚程序操作规范与典型案例评析实务全书．北京：
中国科技文化出版社，2007．

5. 国家环境保护总局编著．排污收费制度．北京：中国环境科学出版社，2005．

6. 刘健等著．废水污染源在线监控系统理论与实践．郑州：黄河水利出版社，2006．

7. 许宁，胡伟光主编．环境管理．北京：化学工业出版社，2006．

8. 国家环境保护总局环境监察局，监察部执法监察司编著．环境保护行政监察实用手
册．北京：中国环境科学出版社，2005．

9. 环境保护部．工业污染源现场检查技术规范（HJ 606—2011）．

10. 环境保护部．突发环境事件信息报告办法．

11. 环境保护部环境监察局．环境行政处罚证据指南，2011．

12. 环境保护部．水环境标准/水质采样样品的保存和管理技术规定（HJ 493—2009）．

13. 陈海洋．环境监察信息化．北京：中国环境科学出版社，2010．

14. 李丽霞，彭丽娟，阮亚男．环境监察．北京：科学出版社，2011．

教师信息反馈表

　　为了更好地为您服务，提高教学质量，中国人民大学出版社愿意为您提供全面的教学支持，期望与您建立更广泛的合作关系。请您填好下表后以电子邮件或信件的形式反馈给我们。

您使用过或正在使用的我社教材名称		版次	
您希望获得哪些相关教学资料			
您对本书的建议（可附页）			
您的姓名			
您所在的学校、院系			
您所讲授课程的名称			
学生人数			
您的联系地址			
邮政编码		联系电话	
电子邮件（必填）			
您是否为人大社教研网会员	□ 是，会员卡号：＿＿＿＿＿＿＿＿＿＿ □ 不是，现在申请		
您在相关专业是否有主编或参编教材意向	□ 是　　　　　□ 否 □ 不一定		
您所希望参编或主编的教材的基本情况（包括内容、框架结构、特色等，可附页）			

我们的联系方式：北京市海淀区中关村大街 31 号
中国人民大学出版社教育分社
邮政编码：100080
电话：010-62515210
网址：http://www.crup.com.cn/jiaoyu/
E-mail：jyfs_2007@126.com